全国应用型人才培养工程指定教材
工程制造类

SolidWorks 2007 基础教程

工程制造类教材编写组　组　编

李长春　主　编

胡影峰　参　编

内 容 简 介

通过本书的学习,读者可以快速有效地掌握 SolidWorks 2007 的设计方法、设计思路和技巧。

本书采用理论与实践相结合的形式,深入浅出地讲解 SolidWorks 2007 软件的设计环境、操作方法,同时又从工程实用性的角度出发,根据作者多年的实际设计经验,通过大量的工程实例,详细讲解了 SolidWorks 2007 软件设计的流程、方法和技巧。主要内容包括 SolidWorks 2007 软件的功能特点、二维草图、工业产品设计、曲面设计、装配设计、工程图、动画设计、钣金设计、渲染设计等。

本书附光盘 1 张,内容包括书中所举实例图形的源文件以及多媒体、语音、视频教学录像。

本书是全国应用型人才培养工程指定用书,教学重点明确、结构合理、语言简明、实例丰富,具有很强的实用性,可作为工程技术人员的技术参考用书,也可作为 SolidWorks 爱好者的自学教程,还可以作为大中专院校师生及社会培训班的实例教材。

图书在版编目(CIP)数据

SolidWorks 2007 基础教程/李长春主编. —北京:北京大学出版社,2009.8
(全国应用型人才培养工程指定教材. 工程制造类)
ISBN 978-7-301-15331-4

I. S… II. 李… III. 计算机辅助设计—应用软件,SolidWorks 2007—工程技术人员—资格考核—教材 IV. TP391.72

中国版本图书馆 CIP 数据核字(2009)第 091221 号

书　　　名:	SolidWorks 2007 基础教程
著作责任者:	李长春 主 编
责 任 编 辑:	胡伟晔 范 晓
标 准 书 号:	ISBN 978-7-301-15331-4/TH・0139
出 版 者:	北京大学出版社
地　　　址:	北京市海淀区成府路 205 号　100871
电　　　话:	邮购部 62752015　发行部 62750672　编辑部 62765126　出版部 62754962
网　　　址:	http://www.pup.cn
电子信箱:	xxjs@pup.pku.edu.cn
印 刷 者:	北京宏伟双华印刷有限公司
发 行 者:	北京大学出版社
经 销 者:	新华书店
	787 毫米×980 毫米　16 开本　23.5 印张　512 千字
	2009 年 8 月第 1 版　2009 年 8 月第 1 次印刷
定　　　价:	48.00 元(附多媒体光盘 1 张)

未经许可,不得以任何方式复制或抄袭本书之部分或全部内容。
版权所有,侵权必究
举报电话: 010-62752024;电子信箱: fd@pup.pku.edu.cn

全国应用型人才培养工程
指定教材编委会

主　任　　李希来　杨建中

副主任　　赵匡名　吴志松　李若曦

编　委　　（排名不分先后）

柳淑娟	唐　琴	谭继勇	倪永康	曹晓浩	吕　俊
倪永康	朱志明	连成伟	郭训成	周　扬	付开明
曹福来	吴全勇	林　岚	徐飞川	王　睿	刘国成
臧乐全	李　勇	赵丰年	王建国	杨文林	王松海
邹大民	王树理	胡志明	闫作溪	刘关宾	彭　杨
秦　柯	龚　海	潘明桓	秦绪祥	曲东涛	杨光强
王　义	陈　鹏	黄天雄	罗勇君	陈　涛	何一川
廖智科	邹雨恒	曾天意	卿平武	邹　鹏	朱　鹏
罗伟臣	王　翔	郭胜荣	吴　平	张　明	李　伟

执行编委　　康　悦　孙臣英　彭卫平　黎　阳　林　军
　　　　　　李国胜　万　鹏　邓　波　谢　飞　张云忠

丛 书 序

　　社会要发展，人才是关键。随着知识经济时代的到来，人才资源在经济发展中的地位和作用日益突出，已经成为现代经济社会发展的第一资源。目前，国内各行业对于应用型人才的需求日益迫切，无论是在IT技术、工程制造领域，还是经济管理，甚至社会科学领域，都是如此。

　　"全国应用型人才培养工程"，是由中外科教联合现代应用技术研究院组织开展的面向现代企业用人需要的人才工程。工程以"职业能力为导向，职业素质为核心"的课程设计原则，重点突出"职业精神、职业素质、职业能力"的培养，以提高学员的职业能力为目的，弥补技术人才与岗位要求的差距，提高学员的从业竞争力，培养适应现代信息社会需要的高技能应用型专业人才。

　　全国应用型人才培养工程包括培训、测评、就业三大部分内容。以企业对特定岗位的实际技术要求以及对从业人员的职业精神和素质要求为依据，通过课程嵌入或者集中培训的方式，解决企业在岗前培训设置方面的诸多问题。人才工程还集合社会普遍认可的考核、评测体系，通过整合及学分互认等方式，实现国家认证、国际学历的有益结合；实现职业资格、职业能力、专项技能、人才资格等多种认证的有益互补；实现紧缺人才库入库、技能大赛选拔，以及人才择优推荐的有益支持；从而实现始于培训、专于认证、达于就业的完整的人才培养和服务体系。

　　全国应用型人才培养工程培训项目课程设置内容包括IT技术类、工程制造类、经济管理类和社会科学类4大类，13个专业方向，共100多门课程。

　　为了更好地配合全国应用型人才培养工程在全国的推广工作，我们专门成立了教材编写组，负责指定教材的编写工作。在编写过程中，依照人才工程所开设课程的考核标准，设定教材的编写纲目、分解知识点、选择常用经典案例、组合知识模块。

　　本套指定教材的特点体现在以下几个方面：

　　1．行业特点

　　人才工程标准教材由全国各级院校的专业教师、中大型培训机构培训师、企业相关技术人员提出的对新世纪本、专科学生培养的明确目标而设定内容，因此具备了明显的符合当前行业细分原则的侧重与方向，更加符合企业的用人要求。

　　2．内容侧重

　　人才工程主要解决当前本、专科学生所学知识内容与企业实际需要之间的差距问题，人才工程的指定教材则以企业对用人的实际技能需求为设定依据，按照"理论够用为度"

的原则，对各个专业的核心课程进行了梳理整合，并以实训内容为侧重点编写。因此不仅适用于人才工程培训，亦可适用于普遍的大、专科院校。

3．编写团队

全国应用型人才培养工程教研中心负责标准教材的组织编写工作。由教研工作经验较为丰富的专业编写团队负责编写，既可以解决教学实践与工程案例的接口问题，也可有效地提高实训教材的实用性。

4．编写流程

注重整体策划。在策划以及编写过程中，严格按照"岗位群→核心技能→知识点→课程设置→各课程应掌握的技能→各教材的内容"的编写流程，保证了教学环节内容的设定和教材的编写与当前企业的实际工作需要紧密衔接。

为了方便教学，我们免费为选择本套教材的老师提供部分专业的整体教学方案以及教学相关资料。

◇ 所有教材的电子教案。

◇ 部分教材的习题答案。

◇ 部分教材中实例制作过程中用到的素材。

◇ 部分教材的实例制作效果以及一些源程序代码。

本套教材的出版，是在教育部、中国科学院、工业和信息化部、人力资源和社会保障部众多领导和专家的支持和帮助下顺利完成的，在此我们表示衷心的感谢。同时，我们也衷心地欢迎读者朋友们对本套教材给予指正和建议。来信请发至 napt.untis@gmail.com。

全国应用型人才培养工程指定教材编委会

2009 年 5 月

前　言

◇ **编写目的**

SolidWorks 是一套基于 Windows 的 CAD/CAE/CAM/PDM 桌面集成系统，是由美国 SolidWorks 公司（该公司是法国 Dassult System 公司的子公司，Dassult System 公司的 CATIA 是高端 CAD 软件中的引领者）于 1995 年 11 月研制开发的三维 CAD 产品，它功能强大，使用方便，目前其用户群数量已经超过 38 万，是应用范围十分广泛的中端 CAD 产品。

本书作者结合多年实际设计经验，内容安排上采用由浅入深、循序渐进的方式，详细地介绍了 SolidWorks 软件在工业设计中的具体应用；并结合工程实践中的典型应用实例，详细讲解工业设计的思路、设计流程及详细的操作过程。

希望通过本书的学习，使读者能掌握工业设计方法和思路，提高读者使用 SolidWorks 软件的设计水平，并帮助拓宽设计思路。

◇ **内容简介**

全书在每章的内容安排上，首先详细讲解基础命令的使用和各命令的具体功能，其次通过讲解针对命令的简单实例使读者掌握基础命令的应用，再次通过复杂实例使读者对该章所涉及的命令进行综合应用，最后附有习题和练习题，使读者通过自己的实际操作掌握设计的方法和思路，提高设计水平。全书共包括 9 章，主要内容安排如下：

第 1 章为软件入门，主要介绍 SolidWorks 2007 软件及其工作环境；包括 SolidWorks 的功能特点、用户界面、自定义操作环境、模型显示效果。该章内容简单，但却是读者熟练使用 SolidWorks 软件的基础。

第 2 章为二维草图设计，主要内容包括 SolidWorks 中的草图环境、基本图元的绘制和编辑，尺寸标注和几何约束，在该章的最后通过遥控器底面图、连接件草图两个具体实例，使读者更好地掌握 SolidWorks 中二维草图的设计方法和操作技巧。

第 3 章为工业产品设计，主要内容包括基础特征、应用特征、特征变换的操作，在该章最后通过懒人簸箕、电蚊香支座两个具体实例，使读者更好地掌握 SolidWorks 中三维实体特征的创建方法和操作技巧。

第 4 章为曲面设计，主要内容包括基本曲面设计基础、三维曲线、曲面建模、曲面编辑、曲面分析等，在该章的最后通过油壶、女式凉鞋两个典型工业造型的创建实例，使读者更好地掌握 SolidWorks 中曲面的设计方法和操作技巧。

第 5 章为装配设计，主要内容包括装配设计操作基础、几何装配、零件的复制、镜像与阵列、装配体特征、装配体爆炸图、设计库和智能扣件等，在该章的最后通过偏心柱塞泵这一典型实例，使读者更好地掌握 SolidWorks 中零件装配的设计方法和操作技巧。

第 6 章为工程图，主要内容包括工程图概述、图纸格式设定、标准视图及派生视图、工程视图操作、工程图的输出方法，在该章的最后通过球阀装配体工程图的具体绘制实例，使读者更好地掌握 SolidWorks 中工程图的设计方法和操作技巧。

第 7 章为动画设计，主要内容包括界面介绍、基本动画、精确动画、视向动画、装配体的动态装配演示、动画输出，在该章的最后通过千斤顶动画的具体创建实例，使读者更好地掌握 SolidWorks 中动画设计的方法和操作技巧。

第 8 章为钣金设计，主要内容包括钣金概述、钣金特征、钣金设计、钣金编辑等，在该章的最后通过钣金零件设计的典型实例，使读者更好地掌握 SolidWorks 中钣金设计的方法和操作技巧。

第 9 章为渲染设计，主要内容包括渲染设计的基本概念、材质、布景、光源、贴图、图像输出等，在该章的最后通过螺旋桨渲染的典型实例，使读者更好地掌握 SolidWorks 中渲染设计的方法和操作技巧。

◇ 特色说明

本书作者结合多年实际设计经验，内容安排上采用由浅入深、循序渐进的方式，详细地介绍了 SolidWorks 软件在工业设计中的具体应用；并结合工程实践中的典型应用实例，详细讲解工业设计的思路、设计流程及操作过程。本书主要特色如下：

（1）语言简洁易懂、层次清晰明了、步骤详细实用，对于无 SolidWorks 基础的初学者也适用。

（2）案例经典丰富、技术含量高，具有很高的实用性，对工程实践有一定的指导作用。

（3）技巧提示实用方便，是作者多年实践经验的总结，能帮助读者快速掌握 SolidWorks 软件的应用。

◇ 专家团队

本书由苏州工业职业技术学院李长春主编，华东交通大学胡影峰参编，内容提要、前言、第 1 章、第 3 章、第 5 章、第 6 章、第 8 章、第 9 章主要由李长春编写，第 2 章、第 4 章、第 7 章主要由胡影峰编写，此外，佟亚男、和庆娣、刘路、孙蕾、雷源艳等也参与了本书的编辑和后期整理工作。

由于时间仓促、作者水平有限，书中疏漏之处在所难免，欢迎广大读者批评指正。

编　者

2009 年 7 月

目 录

第1章 软件入门 ... 1
1.1 SolidWorks 的功能特点 ... 1
1.2 用户界面 ... 2
1.2.1 控制区 ... 4
1.2.2 绘图区 ... 6
1.3 自定义操作环境 ... 9
1.3.1 定制工具栏 ... 9
1.3.2 定制工作环境 ... 13
1.4 模型显示效果 ... 16
1.4.1 视图的定义和操作 ... 17
1.4.2 颜色与纹理 ... 19
1.4.3 光源设定 ... 21
1.4.4 贴图 ... 24
1.5 本章小结 ... 27
思考与练习 ... 28

第2章 二维草图 ... 29
2.1 草图设计环境 ... 29
2.1.1 进入草图设计环境 ... 30
2.1.2 基本设置 ... 30
2.1.3 捕捉设置 ... 32
2.2 基本元素的绘制 ... 34
2.2.1 直线 ... 35
2.2.2 多边形 ... 36
2.2.3 椭圆 ... 37
2.2.4 中心线 ... 38
2.2.5 文字 ... 38
2.2.6 课堂练习：垫片草图 ... 39
2.3 编辑草图 ... 44
2.3.1 绘制圆角 ... 45

  2.3.2 等距实体 45
  2.3.3 实体转换 47
  2.3.4 剪裁实体 48
  2.3.5 镜像实体 49
  2.3.6 阵列复制实体 50
 2.4 尺寸标注与几何约束 53
  2.4.1 草图基本尺寸的标注方法 54
  2.4.2 为草图添加几何约束关系 55
 2.5 综合实例一：遥控器底面草图 57
  2.5.1 案例预览 57
  2.5.2 案例分析 58
  2.5.3 常用命令 58
  2.5.4 设计步骤 58
 2.6 综合实例二：连接件草图 66
  2.6.1 案例预览 66
  2.6.2 案例分析 67
  2.6.3 常用命令 67
  2.6.4 设计步骤 67
 2.7 本章小结 74
 思考与练习 75
第 3 章　工业产品设计 76
 3.1 基础特征 76
  3.1.1 拉伸特征 77
  3.1.2 旋转特征 79
  3.1.3 扫描特征 81
  3.1.4 放样特征 84
 3.2 应用特征 87
  3.2.1 圆角 87
  3.2.2 筋 92
  3.2.3 抽壳 94
  3.2.4 拔模 96
  3.2.5 孔 97
 3.3 特征变换 99
  3.3.1 移动和复制 100
  3.3.2 镜像 101

3.3.3 阵列 102
3.4 综合实例一：懒人簸箕 104
　　3.4.1 案例预览 105
　　3.4.2 案例分析 105
　　3.4.3 常用命令 105
　　3.4.4 设计步骤 106
3.5 综合实例二：电蚊香支座 118
　　3.5.1 案例预览 119
　　3.5.2 案例分析 119
　　3.5.3 常用命令 119
　　3.5.4 设计步骤 120
3.6 本章小结 126
思考与练习 126

第 4 章 曲面设计 127
4.1 曲面设计基础 127
　　4.1.1 曲线的基本概念 128
　　4.1.2 曲面基础概念 129
4.2 曲线 129
　　4.2.1 分割线 129
　　4.2.2 投影曲线 132
　　4.2.3 组合曲线 132
　　4.2.4 通过 XYZ 点的曲线 133
　　4.2.5 通过参考点的曲线 133
　　4.2.6 螺旋线和涡状线 134
4.3 曲面建模 135
　　4.3.1 拉伸曲面 135
　　4.3.2 旋转曲面 136
　　4.3.3 扫描曲面 136
　　4.3.4 放样曲面 137
　　4.3.5 平面区域 138
　　4.3.6 等距曲面 139
　　4.3.7 生成中面 140
　　4.3.8 延展曲面 142
4.4 曲面编辑 142
　　4.4.1 延伸曲面 143

  4.4.2 剪裁曲面 144
  4.4.3 解除剪裁曲面 145
  4.4.4 圆角曲面 147
  4.4.5 填充曲面 148
  4.4.6 缝合曲面 149
  4.4.7 删除和修补面 150
  4.4.8 替换面 152
4.5 曲面分析 153
  4.5.1 斑马条纹 153
  4.5.2 曲率 155
4.6 综合实例一：油壶 155
  4.6.1 案例预览 156
  4.6.2 案例分析 156
  4.6.3 常用命令 157
  4.6.4 设计步骤 157
4.7 综合实例二：女式凉鞋 167
  4.7.1 案例预览 168
  4.7.2 案例分析 168
  4.7.3 常用命令 169
  4.7.4 设计步骤 169
4.8 本章小结 184
思考与练习 185

第 5 章 装配设计 186
5.1 装配体设计操作基础 186
  5.1.1 工作环境 186
  5.1.2 【装配体】工具栏 189
  5.1.3 基本操作步骤 191
5.2 几何装配 194
  5.2.1 配合类型 194
  5.2.2 零件调整 195
  5.2.3 配合调整 197
5.3 零件的复制、镜像与阵列 200
  5.3.1 零部件复制 200
  5.3.2 零件镜像 201
  5.3.3 零件阵列 202

5.4 装配体特征	202
5.5 装配体爆炸图	205
5.6 设计库和智能扣件	207
5.6.1 调用标准化零件	208
5.6.2 智能扣件	209
5.6.3 添加自定义零件	212
5.7 综合实例：偏心柱塞泵	215
5.7.1 案例预览	215
5.7.2 案例分析	215
5.7.3 常用命令	215
5.7.4 设计步骤	215
5.8 本章小结	223
思考与练习	223

第6章 工程图

6.1 工程图概述	224
6.1.1 【工程图】工具栏	224
6.1.2 【线型】工具栏	226
6.1.3 图层	227
6.1.4 生成工程图	229
6.1.5 创建三视图	231
6.1.6 移动工程图	234
6.2 设定图纸格式	234
6.2.1 图纸格式	235
6.2.2 修改图纸设定	235
6.3 标准视图及派生视图	238
6.3.1 标准三视图	238
6.3.2 投影视图	240
6.3.3 辅助视图	242
6.3.4 局部视图	244
6.3.5 剖面视图	246
6.3.6 断裂视图	248
6.3.7 相对视图	249
6.4 工程视图操作	250
6.4.1 工程视图属性	250
6.4.2 工程图规范	251

6.4.3 选择与移动视图 253
6.4.4 视图锁焦 254
6.4.5 更新视图 255
6.4.6 对齐视图 256
6.4.7 隐藏和显示视图 257
6.5 工程图的输出 258
6.5.1 彩色打印工程图 258
6.5.2 打印工程图的所选区域 259
6.6 综合实例：球阀装配体工程图 260
6.6.1 案例预览 260
6.6.2 案例分析 261
6.6.3 常用命令 261
6.6.4 设计步骤 261
6.7 本章小结 274
思考与练习 274

第 7 章 动画设计 276

7.1 界面介绍 276
7.1.1 时间线 277
7.1.2 时间栏 278
7.1.3 更改栏 278
7.1.4 键码画面 279
7.1.5 动画设计树 280
7.1.6 动画向导 280
7.2 基本动画 281
7.2.1 基本动画的概念 281
7.2.2 课堂练习一：基本动画的生成 281
7.3 精确动画 282
7.3.1 精确动画的概念 282
7.3.2 课堂练习二：精确动画的生成 283
7.4 视向动画 284
7.4.1 创建相机橇 284
7.4.2 添加与定位相机 285
7.4.3 以相机生成动画 287
7.5 装配体的动态装配演示 288

7.6 动画输出 289
    7.6.1 生成动画 289
    7.6.2 PhtotoWorks 选项 290
    7.6.3 压缩视频 291
7.7 综合实例：千斤顶 291
    7.7.1 案例预览 291
    7.7.2 案例分析 292
    7.7.3 设计步骤 292
7.8 本章小结 295
思考与练习 295

第 8 章 钣金设计 296

8.1 钣金概述 296
    8.1.1 折弯系数 296
    8.1.2 折弯扣除 297
    8.1.3 K 因子 297
    8.1.4 折弯系数表 298
8.2 钣金特征 300
    8.2.1 钣金特征 300
    8.2.2 零件转换为钣金特征 301
    8.2.3 设定选项 301
8.3 钣金设计 303
    8.3.1 基体法兰 303
    8.3.2 边线法兰 305
    8.3.3 斜接法兰 306
    8.3.4 褶边 308
    8.3.5 绘制折弯 309
    8.3.6 闭合角 311
    8.3.7 转折 311
8.4 钣金编辑 313
    8.4.1 编辑折弯 313
    8.4.2 切口特征 314
    8.4.3 展开与折叠 315
    8.4.4 切除折弯 316
    8.4.5 断开边角 317
    8.4.6 放样的折弯 318

8.5 综合实例：钣金零件 ... 319
    8.5.1 案例预览 ... 319
    8.5.2 案例分析 ... 319
    8.5.3 常用命令 ... 319
    8.5.4 设计步骤 ... 320
8.6 本章小结 ... 329
思考与练习 ... 330

第9章 渲染设计 ... 331

9.1 渲染设计的基本概念 ... 331
    9.1.1 启动 PhotoWorks ... 331
    9.1.2 用户界面 ... 332
    9.1.3 渲染选项 ... 333
    9.1.4 渲染的基本流程 ... 336
    9.1.5 预览窗口 ... 336
9.2 材质 ... 336
    9.2.1 材质编辑器 ... 337
    9.2.2 材质库 ... 339
9.3 布景 ... 340
    9.3.1 布景编辑器 ... 340
    9.3.2 布景库 ... 344
9.4 光源 ... 345
    9.4.1 线光源属性 ... 345
    9.4.2 点光源属性 ... 346
    9.4.3 聚光源属性 ... 347
    9.4.4 光源库 ... 347
9.5 贴图 ... 347
    9.5.1 图像和掩码文件 ... 348
    9.5.2 纹理映射 ... 348
    9.5.3 照明度 ... 349
    9.5.4 贴图文件夹 ... 349
9.6 图像输出 ... 350
    9.6.1 渲染区域 ... 350
    9.6.2 图像输出到文件 ... 350
9.7 综合实例：螺旋桨渲染 ... 351
    9.7.1 案例预览 ... 351

  9.7.2 案例分析 351
  9.7.3 常用命令 351
  9.7.4 设计步骤 351
 9.8 本章小结 356
思考与练习 356

第 1 章 软件入门

【本章导读】
本章将详细介绍 SolidWorks 的工作界面，使读者达到初步操作软件的水平。读者需重点掌握 SolidWorks 界面的组成，以及各个部分的功能和操作方法，熟悉 SolidWorks 软件的设计特点。

序号	名称	基础知识参考学时（分钟）	课堂练习参考学时（分钟）	课后练习参考学时（分钟）
1.1	SolidWorks 的功能特点	5	0	0
1.2	用户界面	10	0	0
1.3	自定义操作环境	15	0	0
1.4	模型显示效果	30	0	0
	总计	60	0	0

1.1 SolidWorks 的功能特点

SolidWorks 是一套基于 Windows 的 CAD/CAE/CAM/PDM 桌面集成系统，是由美国 SolidWorks 公司（该公司是法国 Dassult System 公司的子公司，Dassult System 公司的 CATIA 是高端 CAD 软件中的引领者）于 1995 年 11 月研制开发的三维 CAD 产品，它功能强大，使用方便，目前其用户群数量已经超过 38 万，是应用范围十分广泛的中端 CAD 产品。它的主要功能特点有：

➢ SolidWorks 基于 ParaSolid 几何造型核心，是用 VC++编程和面向对象的数据库来开发。SolidWorks 具有基于特征的参数化实体造型、NURBS 复杂曲面造型、实体与曲面融合、基于约束的装配造型，以及 IGES、STEP、VDA-FS、DWG 数据交换和世界独有的特征识别器（FeatureWorks）等一系列先进的三维设计功能及工具，将 2D 绘图与 3D 造型技术融为一体，为在 PC 上实现 CAD/CAM 的集成提供了条件。

➢ 基于特征的参数化实体建模。SolidWorks 的特点是基于特征的参数化实体造型，不仅在产品设计开发效率上远远强于二维 CAD 软件，更为重要的是，SolidWorks 的数据可以和高端 CAD 软件进行转换与共享。

用 SolidWorks 的拉伸、旋转、倒角、抽壳和倒圆等基于特征的三维实体造型工具，能够方便、快捷地创建任何复杂形状的实体，而具有参数化特征的实体能够通过对尺寸的改变来进行编辑，通过在嵌入或插入的 Microsoft Excel 工作表中指定参数的系列零件设计表（Design Table），简单地改变它们的尺寸配置，就可以同时完成对一个零件多个尺寸值的修改，从而实现对系列零件尺寸驱动设计和编辑。此外，还可以通过使用代数表达式来定义参数间或尺寸变量间的数学关系。

➢ 装配设计和工程分析。SolidWorks 的装配设计工具能够采用"自顶而下"或是"自底而上"的方法创建和管理包含成百上千个零部件的装配和子装配，利用 SolidWorks 分析工具能进行动态、静态干涉检查，计算质量特征，如质心、惯性矩等。

➢ 图纸的全相关性。SolidWorks 通过零部件与零部件之间和三维零部件与二维图纸之间的关联，智能地链接三维模型和二维图纸，能自动生成零部件尺寸、材料明细表（BOM）、具有指引线的零部件编号等技术资料，从而简化了工程图纸的生成过程。

➢ 具有多种加速产品设计的功能特点。如支持在零件上进行特征的动态变化和复制等。这些功能特点可以激发用户在枯燥的产品设计中的创作激情。在功能界面的配置上，SolidWorks 在最近的几个版本中进行了细致的调整，将工作区域分为绘图区与控制区，提供了丰富的操作反馈信息，充分合理地显示操作过程，减少了界面转换和鼠标移动次数，这些都极大地提高了用户操作效率。

➢ 拥有最为丰富的第三方支持软件。SolidWorks 作为中端 CAD 软件的领先者，同时提供了方便的二次开发环境和开放数据结构，因此 SolidWorks 逐渐成为中端工程应用的通用 CAD 平台，在世界范围内有数百家公司基于 SolidWorks 开发了相关的工程应用系统，包括制造、分析、产品演示、数据转换等方面。

1.2 用户界面

SolidWorks 的用户界面为典型的 Windows 应用程序类型，其中包括菜单栏、工具栏、状态栏等。在工作区域的左侧控制区中主要显示模型的特征树、命令操作选项等。在右侧绘图区中预设了三个相互垂直的基准面和位于三个基准面交点的原点，用来建立零件的基本参照。在不同的模式下，界面上的要素是动态更新的，零件、装配体、工程图环境中的菜单栏和工具栏都会有所变化。

安装好 SolidWorks 后，可以通过创建新的设计环境或打开一个原有设计文件进入设计界面，按照以下步骤打开一个设计环境：

（1）双击桌面上的 SolidWorks 2007 快捷方式图标，启动 SolidWorks，如图 1-1 所示的是 SolidWorks 2007 启动画面。

图 1-1　启动画面

（2）选择菜单【文件】|【新建】，或者单击【标准】工具栏中的【新建】按钮。系统弹出【新建 SolidWorks 文件】对话框，如图 1-2 所示。

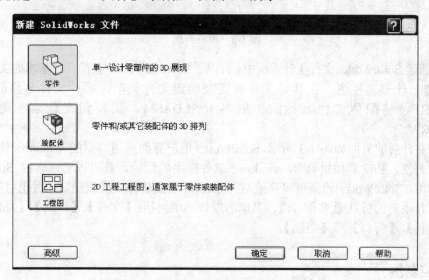

图 1-2　【新建 SolidWorks 文件】对话框

（3）选择该对话框中的【零件】图标，单击【确定】按钮完成用户界面的开启，如图 1-3 所示。

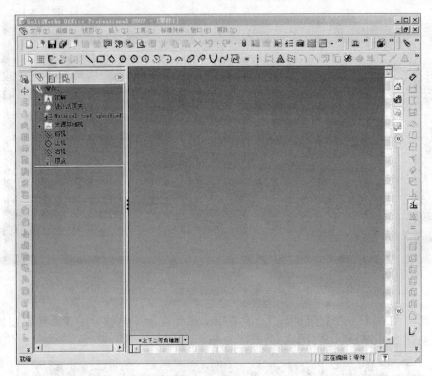

图 1-3 用户界面

从【新建 SolidWorks 文件】对话框中，可以看出 SolidWorks 中有三种基本的文件类型：零件、装配体和工程图，在新建文件时需要确定文件类型，零件文件名称的扩展名为.SLDPRT，装配体文件名称的扩展名为.SLDASM，工程图文件名称的扩展名为.SLDDRW。

打开文件后的界面如图 1-3 所示，SolidWorks 用户界面采用典型的 Windows 软件风格，操作十分方便，初学者如果具有 Windows 软件应用的经验，就可以迅速掌握 SolidWorks 的基本使用。SolidWorks 的菜单风格遵从 Windows 桌面软件应用惯例，同时也可以自定义设置来符合用户的特殊要求和习惯。菜单的默认选项包括：【文件】、【编辑】、【视图】、【插入】、【工具】、【窗口】和【帮助】。

1.2.1 控制区

在 SolidWorks 中，控制区具有管理产品模型信息、控制命令操作流程的作用。在控制区上方有三个管理器标签，分别为特征树管理器、属性管理器和配置管理器，用于切换不同的管理器，如图 1-4 所示。

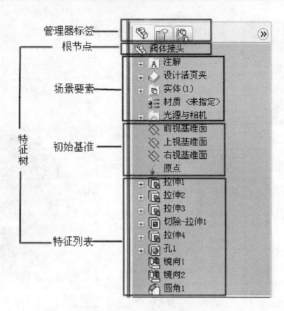

图 1-4 控制区中的特征树

各个管理器的功能如下所述。

1．特征树管理器（ ）

在控制区中特征管理器采用特征树的形式保存所建立的特征。当建立一个特征后，就在特征树上增加一个节点。通过特征树可以方便地查看、选取零件中的特征，从而对零件特征再进行编辑，以达到参数化修改模型的目的。特征树的根节点就是零件本身，在特征树中包括了设计活页夹、材质、光源等场景要素，前视基准面、原点等模型初始基准，拉伸、抽壳等的特征列表，在特征树的尾部是一条横线，称为回退棒。

在特征树中可以拖动项目名称来重新调整特征的生成顺序，这将更改重建模型时特征重建的顺序。通过双击特征的名称，可以显示特征的尺寸，还可以更改特征节点的名称。

选中特征树中的对象后右击，会出现一快捷菜单，可以通过快捷菜单中的选项对特征进行各种操作，如图 1-5 所示。

2．属性管理器（ ）

属性管理器负责控制 SolidWorks 命令的执行过程，例如拉伸特征有【拉伸方向】、【拉伸距离】等，建立特征时，这些要素主要是在属性管理器中定义的。

在零件环境下拉伸命令的属性管理器如图 1-6 所示。同样在装配体、工程图环境中命令的执行也是通过属性管理器进行的。

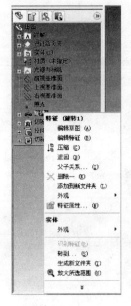

图 1-5 快捷菜单

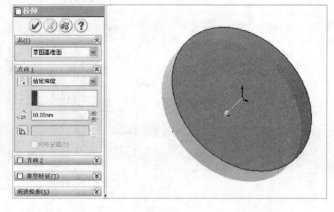

图 1-6 拉伸命令的属性管理器

当零件很复杂，不容易在零件上选择元素时，还可以在此编辑特征下单击绘图区左上角的零件图标，以便查看特征树。

3．配置管理器（ ）

配置管理器是 SolidWorks 进行零件系列化设计的工具。同一个时刻只能激活一个零件的一个配置。例如轴系，其变动的参数为轴的直径，每改变一个直径值就建立一个配置。这样一个零件就能包含大量信息。

1.2.2 绘图区

绘图区中显示操作结果，并提供当前命令执行的反馈信息。在用 SolidWorks 进行设计时，大部分的工作就是在绘图区中完成的，这极大地提高了操作效率。

图 1-7 三重轴图标

1．参考坐标轴

在绘图区的左下角，有一个指示模型坐标方位的三重轴，它出现在零件和装配体文件中，可以查看模型的视向。三重轴仅供参考之用，不能选择它或将它用作推理点。也可隐藏三重轴，且可指定其颜色，其图标如图 1-7 所示。

2. 确认角落

在命令执行期间,绘图区的右上角会出现一个小勾(✓)和一个小叉(✗)符号,单击✓可完成命令,单击✗取消当前的操作,如图 1-8 所示。

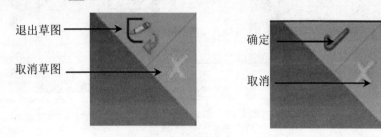

图 1-8　确认角落

3. 智能手柄

智能手柄可以在不退出绘图区域的情形下,动态单击、移动和设置某些参数。当光标移动到智能手柄附近时,智能手柄将红色加亮显示并且光标旁出现一个四方箭头,此时智能手柄即被激活,如图 1-9 所示。往任意两个方向拖动光标,就可以改变拉伸深度。

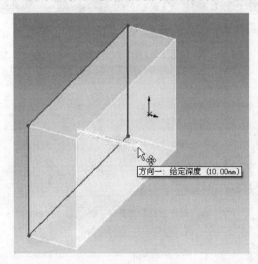

图 1-9　激活智能手柄

4. 鼠标指针

在 SolidWorks 建模过程中,鼠标指针会不断地变换形态以指导操作。图 1-10 显示了不同类型的鼠标指针。

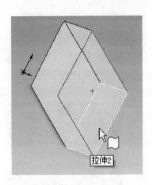 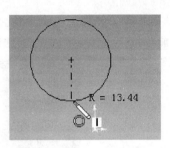

图 1-10 鼠标指针的类型

5. 多窗口显示

绘图区的右侧和下方是滚动条区域，在下方滚动条的左端和右侧滚动条的上端有窗口分割条，往下或往右拖动分割条，可以将窗口分割为两个子窗口。如果需要关闭分割窗口，将分割条拖动到原来位置即可。如果要同时打开多个 SolidWorks 文件，可以选择菜单【窗口】|【层叠】、【横向平铺】或【纵向平铺】，来同时显示多个文件窗口，如图 1-11 所示。

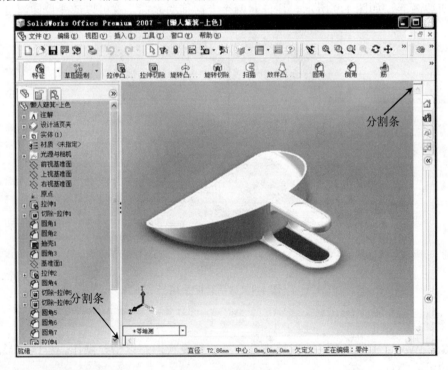

图 1-11 分割窗口

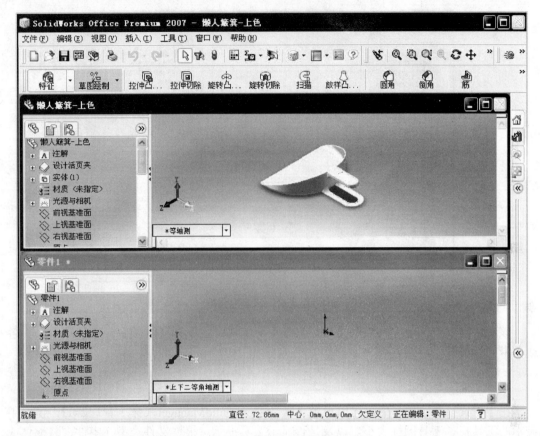

图 1-11 分割窗口（续）

1.3 自定义操作环境

在系统默认状态下，有的工具栏是隐藏的，我们可以按照自己的工作需要，显示或隐藏工具栏。

1.3.1 定制工具栏

选择菜单【工具】|【自定义】命令，或在工具栏区域右击，在出现的快捷菜单中选择【自定义】命令，则弹出【自定义】对话框，如图 1-12 所示。

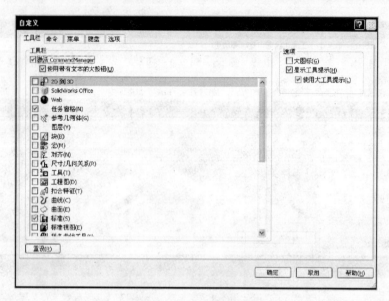

图 1-12 【自定义】对话框

该对话框中包括【工具栏】、【命令】、【菜单】、【键盘】和【选项】5 个选项卡，其各选项卡的功能如下所述。

1．【工具栏】选项卡

在【工具栏】选项卡中，可以设定【激活 CommandManager（命令管理器）】、窗口中显示的工具栏、工具图标大小，以及是否显示工具提示。根据文件类型（零件、装配体或工程图）来放置工具栏并设定其显示状态，还可设定哪些工具栏在没有文件打开时可显示。

2．【命令】选项卡

在【命令】选项卡中，可以设定工具栏中按钮的构成。在【类别】列表中选择任意一个工具栏名称，将在对话框右侧的 Buttons（按钮）区域中显示该工具栏中的所有命令按钮，单击任意一个按钮，在对话框下方的说明区域中将会出现关于此命令的相应说明，如图 1-13 所示。

3．【菜单】选项卡

在【菜单】选项卡中，用户可以设定菜单中的命令构成及排列次序。在【类别】列表中选择【文件】选项，在【命令】列表中将出现【文件】菜单中包含的命令，选中其中的一个命令，单击对话框右侧的【更名】或【移除】按钮，可以对其进行更名或移除操作。同时还可以在对话框的下方改变命令在菜单中的位置，如图 1-14 所示。

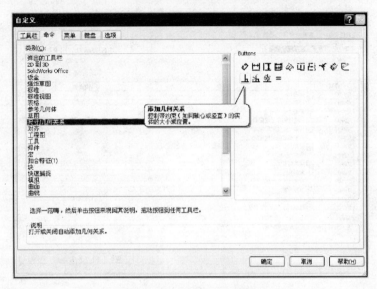

图 1-13 【命令】选项卡

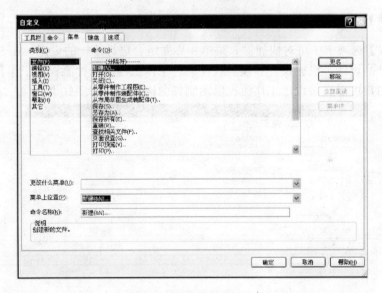

图 1-14 【菜单】选项卡

4.【键盘】选项卡

在【键盘】选项卡中可以设定命令的快捷键。如图 1-15 所示,可通过【范畴】列表及【命令】列表选择需要修改的快捷键的命令。

图 1-15 【键盘】选项卡

5.【选项】选项卡

在【选项】选项卡中可对快捷键、菜单和界面组合进行统一的设定。在 SolidWorks 中提供了消费产品设计、机械设计和模具设计三种工作流程,每种流程的工作界面包含不同的工具栏,用户可以直接设定工作流程以定制界面构成,如图 1-16 所示。

图 1-16 【选项】选项卡

1.3.2 定制工作环境

在用 SolidWorks 进行设计时，可以根据个人喜好定制工作区和控制区的背景颜色、尺寸标注的字体等。

1. 颜色的设定

选择【工具】|【选项】命令，出现【系统选项（S）-颜色】对话框，在此对话框中打开【系统选项】选项卡，然后选择【颜色】目录，在【系统颜色】列表中选择所需的颜色，如图 1-17 所示。如果在【系统颜色】列表中没有所需要的颜色，则可以单击【编辑】按钮，在弹出的【颜色】对话框中单击【规定自定义颜色】按钮，如图 1-18 所示，在此对话框中可以自定义颜色，完成后单击【确定】按钮即可。

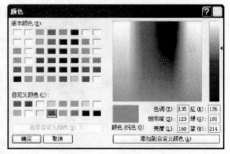

图 1-17 【系统选项（S）-颜色】对话框　　　　图 1-18 【颜色】对话框

2. 图像显示质量

通过定制三维模型在绘图区中显示的细致程度和显示质量，可以获得更好的视觉效果。在【系统选项】选项卡中选择【显示/选择】目录，出现如图 1-19 所示的对话框。在此对话框中可以设定是否显示及隐藏边线、相切边线的显示方式等。选中【反走样边线】复选框将会极大地提高模型边线的显示质量。

图 1-19 【系统选项（S）-显示/选择】选项卡

选择【文件属性】选项卡中的【图像品质】目录，出现如图 1-20 所示的对话框。在此对话框中可以调整线架图、上色图和 HLR/HLV 图的显示分辨率。

图 1-20 【文件属性（D）-图像品质】选项卡

3. 文字的字体

选择【文件属性】选项卡中的【注解字体】目录，在【注解字体】列表中单击一个项目，即可出现【选择字体】对话框。在此对话框中可以设定字体的类型和字号的大小，如图 1-21 所示。

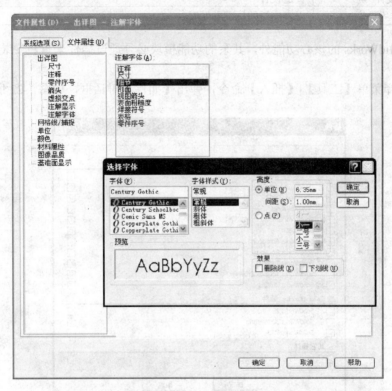

图 1-21 【文件属性（D）-出详图- 注解字体】选项卡

4. 调用插件

SolidWorks 的功能非常强大，而且价格较昂贵，一般只有基本的造型功能模块，用户可以根据自身的需要来调入其他功能模块。在 SolidWorks 中，主要的功能模块如表 1-1 所示。

表 1-1 SolidWorks 的主要功能模块介绍

功能模块	说　明
SolidWorks 核心功能	参数化特征造型功能、零件、装配体、工程图
PhotoWorks 产品渲染	产品材质、场景设置、图像渲染

（续表）

功能模块	说　明
Animator 产品动画	产品演示动画、爆炸过程动画
FeatureWorks 特征识别	在特征识别上转化其他 CAD 软件产生的模型数据
Piping 管路设计	管道设计
Toolbox 三维零件库	内容广泛的标准零件库

除了 SolidWorks 的核心功能外，其余的功能模块必须通过插件来重新安装。具体的操作步骤如下。

（1）选择菜单【工具】|【插入】命令，弹出【插件】对话框，如图 1-22 所示。

图 1-22 【插件】对话框

（2）选择需要安装的插件，然后单击【确定】按钮即可。

1.4 模型显示效果

在 SolidWorks 中，可以设置不同的视图角度，以便观察模型的整体结构。所有的绘制操作都在绘图区中进行。

1.4.1 视图的定义和操作

在 SolidWorks 中可以调整模型显示的形态、角度和区域，以便用户观察和操作模型。【视图】工具栏（图 1-23）中各工具的功能如下所述。

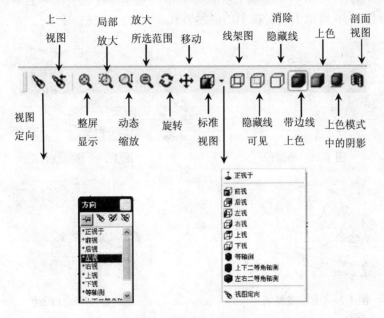

图 1-23 【视图】工具栏

- （视图定向）：显示一对话框来选择标准或用户定义的视图。
- （上一视图）：当一次或多次切换模型视图之后，可以将模型或工程图恢复到先前的视图，还可以撤销最近 10 次的视图更改。
- （整屏显示）：调整放大、缩小的范围，显示整个模型、装配体或工程图纸。
- （局部放大）：放大通过拖动边界框选取的视图区域。
- （动态缩放）：向上或向下拖动指针时放大或缩小视图。
- （放大所选范围）：放大到所选实体。
- （旋转）：旋转模型视图。
- （移动）：滚动视图。
- （标准视图）：标准视图。
- （线架图）：显示模型的所有边线。
- （隐藏线可见）：显示所有模型边线，当前视图所隐藏的边线以不同颜色或字体显示。
- （消除隐藏线）：只显示那些从当前视向可看到的模型边线。

▣（带边线上色）：以其边线显示模型的上色视图。
▣（上色）：显示模型的上色视图。
▣（上色模式中的阴影）：在模型下显示阴影。
▣（剖面视图）：使用一个或多个横断面/基准面显示零件或装配体的剖切。

图 1-24～图 1-30 展示了几种模型的显示方式。

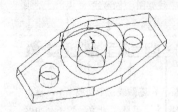

图 1-24　线架图

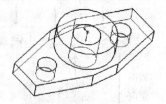

图 1-25　隐藏线可见

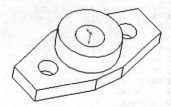

图 1-26　消除隐藏线

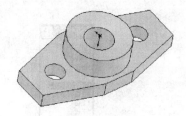

图 1-27　带边线上色

图 1-28　上色

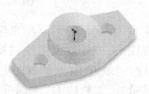

图 1-29　上色模式中的阴影

图 1-30　剖面视图

1.4.2 颜色与纹理

1. 编辑颜色

此工具用来更改模型整体或者指定模型表面的颜色,具体操作步骤如下。

(1)单击【标准】工具栏上的【编辑颜色】按钮,在控制区内出现【颜色和光学】属性管理器,如图 1-31 所示。

(2)在【颜色和光学】属性管理器中,单击【选择】区域中 4 个选取过滤器按钮中的【选择面】按钮。

各按钮的功能如下所述。

(选择面):限制选择的对象为模型表面。

(选择曲面):限制选择的对象为曲面。

(选择实体):限制选择的对象为实体。

(选择特征):限制选择的对象为特征。

(3)单击选择模型的表面,然后在【常用类型】区域中选择所需的颜色,并在【生成新样块】下拉列表中选择新的样块类型,如图 1-32 所示。

图 1-31 【颜色和光学】属性管理器

图 1-32 选择颜色及新的样块类型

(4)单击确认角落的确定按钮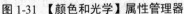,模型表面的颜色就改变了,如图 1-33 所示。

图 1-33 改变模型表面的颜色

（5）如果在【常用类型】区域中没有所需的颜色及显示效果，则可以打开【颜色】属性表和【光学】属性表，并在属性表中拖动滑动条来调节颜色属性和光学属性，如图 1-34 所示。

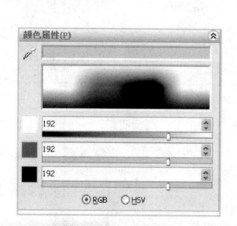

图 1-34 调节颜色属性和光学属性

2．编辑纹理

此工具主要用来设定模型表面的材料纹理，具体的操作步骤如下。

（1）单击【标准】工具栏上的【编辑纹理】按钮，在控制区内出现【纹理】属性管理器，如图 1-35 所示。

（2）在【纹理】属性管理器中，单击【选择】区域中 4 个选取过滤器按钮中的【选择面】按钮。

（3）选择模型的表面，在【纹理选择】下拉列表中选择纹理【塑料】|【褐色】，与此

同时选择的纹理效果会在【纹理属性】区显示出来，如图1-36所示。

图1-35 【纹理】属性管理器

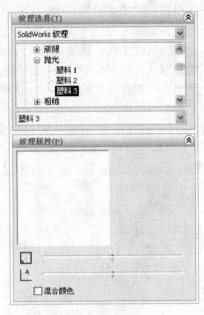

图1-36 选择纹理

（4）单击确认角落的确定按钮 ，模型的表面即出现了纹理，如图1-37所示。

图1-37 为模型添加纹理

（5）还可以拖动【纹理属性】区域下方的【比例】、【角度】滑动条来设定纹理的尺寸比例和角度。

1.4.3 光源设定

在特征树管理器中存在着一个【光源与相机】节点，它控制着绘图区场景的光照效果。其中包括了4种光源类型。

> 环境光源：从所有方向均匀地照亮模型。环境光源没有光源点，因此也不会产生阴影。

> 线光源：光来自于距离模型无限远处，它是一种聚焦光源，由来自同一方向的平行光组成，例如太阳光。
> 点光源：光来自位于模型空间特定坐标处的一个非常小的光源。此类型的光源向所有方向发射光线。其效果就像浮动在空间中的一个小灯泡。
> 聚光源：光来自位于一个限定的聚焦光源，具有锥形光束，其中心位置最为明亮。聚光源可以投射到模型的指定区域，可以调整光源相对于模型的位置和距离，以及光束扩散的角度。

在建立模型的过程中，环境光源是不可缺少的，环境光源提供绘图区的基本光照效果。线光源除了加强光照外，还同时在模型上提供阴影效果，点光源和聚光源一般用于在渲染模型过程中制造特定的效果，使零件的显示更为逼真。

1. 添加光源

在【光源与相机】节点中已经包括了环境光源，如果需要其他光源，则可以通过特征管理树来添加。右击【光源与相机】节点或任何现有的光源，在弹出的快捷菜单中选择需要添加的光源类型，如图1-38所示。在【光源与相机】节点下就会增加一个新添加的光源。

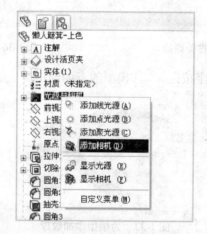

图1-38　添加其他光源

2. 删除光源

单击 ⊞ 展开【光源与相机】，选择需要删除的光源，然后按 Delete 键，或者右击，在弹出的快捷菜单中选择【删除】命令。此时弹出【确认删除】对话框，如图1-39所示。在此对话框中单击【是】按钮即可。

> 注意：环境光源是SolidWorks工作环境中必需的，因此只能暂时关闭，而不能删除。

第 1 章 软件入门

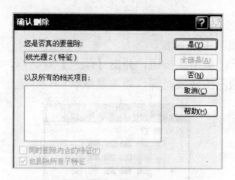

图 1-39 【确认删除】对话框

3. 关闭光源

单击田展开【光源与相机】，选择需要关闭的光源，然后右击，在弹出的快捷菜单中选择【关闭】选项。用同样的方法可以重新打开关闭的光源。

4. 编辑光源

单击田展开【光源与相机】，选择【线光源】选项，然后右击，在弹出的快捷菜单中选择【属性】命令，则在设计环境中显示出光源的基本形状，如图 1-40 所示。同时在控制区出现【线光源】属性管理器，如图 1-41 所示。

图 1-40 光源的基本形状

图 1-41 【线光源】属性管理器

【线光源】属性管理器中各选项的意义如下。
- ⚲：打开或关闭模型中的光源。
- 【编辑颜色】按钮：单击此按钮，弹出【颜色】对话框，如图 1-42 所示。在该对话框中可以选择带颜色的环境光源，而不是默认的白色光源。

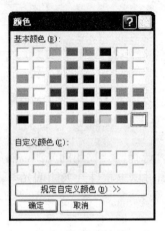

图 1-42 【颜色】对话框

- 【环境光源】：该选项用以控制光源的强度。可移动滑动条或在文本框中输入 0～1 的数值。数值越高，光源强度就会越强。在模型各个方向上，光源强度均等改变。完成属性设置后，单击确认角落的确定按钮 ✔ 即可。

其他类型光源的编辑方法基本与此一致，在这里就不再重复介绍了。右击其他类型的光源，也会弹出相对应的光源属性管理器，在对应的光源属性管理器中可以拖动不同选项的滑动条来改变光源的属性，最后单击确认角落的【确定】按钮 ✔ 即可。

1.4.4 贴图

贴图可以让所设计的产品更具有独特性，添加贴图的方法有两种：从任务窗格添加和从 PhotoWorks 工具栏添加。

1. 添加贴图

（1）从任务窗格添加贴图。具体的操作步骤如下。

① 单击任务窗格中的 PhotoWorks 项目按钮 ▦，出现【PhotoWorks 项目】选项表，如图 1-43 所示。

② 单击 ▦ 贴图 图标前面的 ⊞ 按钮，展开贴图图标，然后选择 ▦ 标志 文件夹，出现新的图标，如图 1-44 所示。

 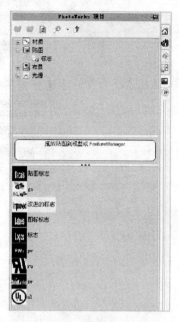

图 1-43 【PhotoWorks 项目】选项表　　　　图 1-44 打开【标志】文件夹

③ 选中所需要的贴图，然后拖至绘图区的模型上，如图 1-45 所示，此时在控制区出现【贴图】属性管理器，如图 1-46 所示。

图 1-45 贴图添加完成　　　　　　　图 1-46 【贴图】属性管理器

（2）从 PhotoWorks 添加贴图。具体的操作步骤如下。

① 单击 PhotoWorks 工具栏中的【新的贴图】按钮，在控制区出现【贴图】属性管

理器，如图 1-47 所示。

图 1-47 【贴图】属性管理器

② 单击【贴图】属性管理器中的【浏览】按钮，弹出【打开】对话框，如图 1-48 所示。

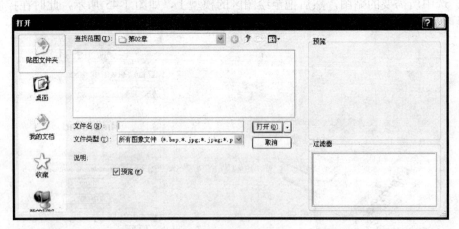

图 1-48 【打开】对话框

③ 在【打开】对话框中找到一个合适的图像，然后单击【打开】即可。

2. 编辑贴图

有些时候已经把贴图添加到模型上了，可是贴图的位置不是所预期的，这样就需要对贴图的位置进行调整。系统提供了三种编辑方式，如表 1-2 所示。

表 1-2　编辑贴图的三种方式

编辑方式	鼠标形状
移动贴图	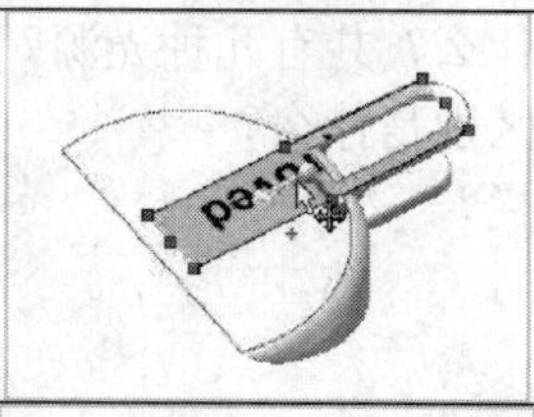
缩放贴图	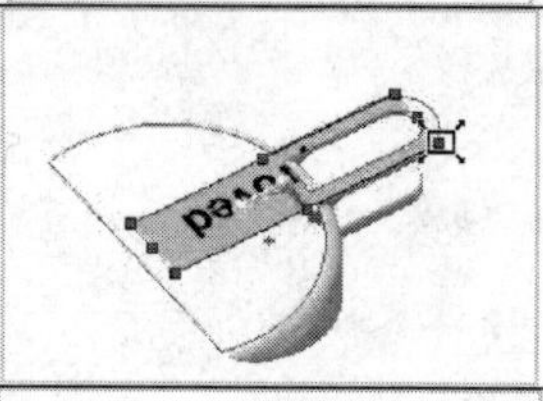
旋转贴图	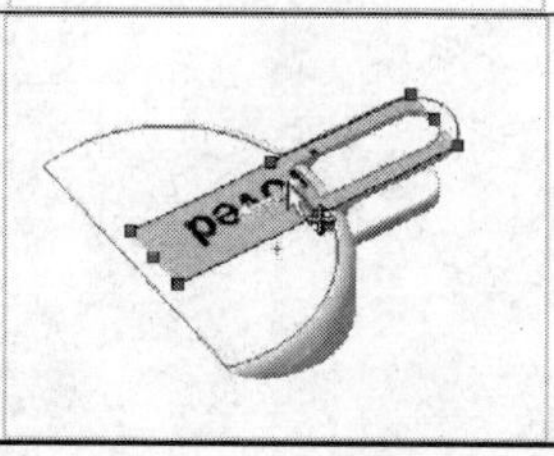

如果需要重新编辑贴图，可以单击 RenderManager 标签（渲染管理器），单击⊞展开贴图文件夹，右击贴图图标，在弹出的快捷菜单中选择【编辑】选项，出现如图 1-47 所示的【贴图】属性管理器。通过【贴图】属性管理器就可以重新更改或编辑贴图，也可以单击此管理器中的【保存贴图】按钮，保存贴图以备今后重复使用。

1.5　本章小结

作为 SolidWorks 的入门章节，本章主要介绍了 SolidWorks 的主要功能特点。同时，对工作界面做了介绍，并说明如何自定义工作界面。为了更好地进行设计，在设计环境中展示产品的设计样式及状态，最后一节对模型的显示效果从视图、颜色、纹理、光源、贴图几个方面进行了详细的介绍。

通过本章的学习，读者可以初步进入到 SolidWorks 的工作环境，为进一步学习具体设计打下基础。

思考与练习

1. SolidWorks 有几个管理器标签？分别有什么功能？
2. 光源的作用是什么？共有几种光源？分别有什么作用？
3. 颜色与纹理的区别是什么？
4. 如何定制工具栏？

第 2 章 二维草图

【本章导读】

本章将详细介绍 SolidWorks 中草图的设计环境,二维草图是指绘制 2D 平面图形。它是构建三维实体模型的基本元素,可以说二维草图设计是构建三维实体模型的一个最基本且很重要的阶段。本章主要介绍草图的基本绘制、编辑、标注及约束关系。重点是要读者掌握绘制草图的基本方法及绘制技巧。

序 号	名 称	基础知识参考学时(分钟)	课堂练习参考学时(分钟)	课后练习参考学时(分钟)
2.1	草图设计环境	5	0	0
2.2	基本元素的绘制	15	30	5
2.3	编辑草图	30	30	10
2.4	尺寸标注与几何约束	10	10	10
2.5	综合实例一:遥控器底面草图	0	40	20
2.6	综合实例二:连接件草图	0	30	15
	总 计	60	140	60

2.1 草图设计环境

SolidWorks 是基于实体特征的建模系统,但特征需要通过二维草图产生,因此草图是建立实体特征的基础。草图绘制的合理性和准确性直接影响后续的特征设计乃至产品设计。

在一些复杂的特征建模过程中,草图扮演着更多的角色,例如扫描和放样特征中的轮廓(相当于截面)、路径及引导线。如图 2-1 显示了特征中的草图。

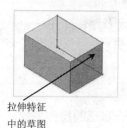
拉伸特征中的草图

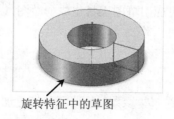
旋转特征中的草图

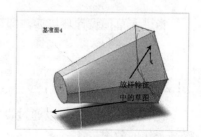
放样特征中的草图

图 2-1 特征中的草图

2.1.1 进入草图设计环境

草图设计一般在基准面上绘制,同时也可在平坦曲面上、曲面的样条曲线上或实体的面上生成草图。

(1)单击【草图】工具栏上的【草图绘制】按钮 ,或选择【插入】|【草图绘制】命令。

(2)选择所显示的三个基准面(前视基准面、上视基准面及右视基准面)之一,或者选择其他平面,基准面旋转到正视于所选择平面方向。如图2-2所示,即为草图设计的主要工具栏及相应的设计平面。

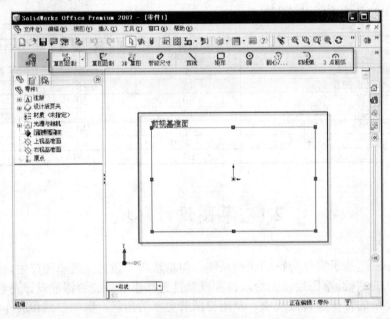

图2-2 设计环境

当进入草图设计环境后,即可应用草图工具生成一草图,并对草图标注尺寸和添加约束。

2.1.2 基本设置

在SolidWorks中可以通过设置一些参数,使草图环境更加符合自己的操作习惯,大大提高工作的效率。

SolidWorks提供了许多绘制草图的辅助工具,为了方便绘图,在绘制草图之前需要对整个草图绘制环境进行设置,下面就介绍这些辅助工具。

选择菜单【工具】|【选项】，弹出【系统选项（S）-草图】对话框，然后选择【草图】节点，对话框右侧出现【草图】选项卡，如图 2-3 所示。

图 2-3 【系统选项（S）-草图】选项卡

在此选项卡中可以对草图绘制的各种环境进行设定，如果在改变了设置后又想回到初始的设置状态，则可以单击对话框左下方的【全部重设】按钮。

此选项表中各选项的含义如下。

- 【使用完全定义草图】：草图必须完全定义后才可以用来生成特征。完成定义草图时，传统的参数化作图方法虽然严谨但缺乏灵活性，尤其在做初步设计时应当取消该复选框。
- 【在零件/装配体草图中显示圆弧中心点】：草图中的圆弧显示圆心点。
- 【在零件/装配体草图中显示实体点】：草图实体的节点和端点以填实圆点的方式显示。
- 【提示关闭草图】：当使用具有开环轮廓的草图来拉伸凸台，而该草图可以借助模型的边线来封闭时，系统就会出现【封闭草图到模型边线？】对话框，如图 2-4 所示。

图 2-4 【封闭草图到模型边线？】对话框

- 【打开新零件时直接打开草图】：打开新零件窗口时自动进入草图绘制状况。
- 【尺寸随拖动/移动修改】：允许通过拖动草图实体来修改尺寸值。拖动完成后，尺寸会自动更新。
- 【上色时显示基准面】：采用上色方式显示基准面。
- 【显示虚拟交点】：设定是否在草图绘制时显示两条线的虚拟交点。
- 【以 3d 在虚拟交点之间所测量的直线长度】：显示长度时在三维空间中进行测量。
- 【激活样条曲线相切和曲率控标】：选择样条曲线时，显示其相切和曲率控标。
- 【提示设定从动状态】：当添加一个过定义尺寸到草图时，会出现对话框询问尺寸是否应为从动。
- 【默认为从动】：当添加一个过定义尺寸到草图时，尺寸自动被默认为从动。

2.1.3 捕捉设置

捕捉是在草图绘制过程中自动对齐其他几何对象的一种模式。开启捕捉能够确保快速准确地完成草图绘制工作。

在【系统选项（S）-几何关系/捕捉】对话框中，选择【几何关系/捕捉】目录，对话框右侧则出现相应的命令选项，如图 2-5 所示。在此对话框中的【草图捕捉】区域中选择用户需要的捕捉方式。

在【草图捕捉】区域中显示 14 个捕捉类型选项，其中包括了【网格】捕捉。单击对话框中的【转到文档网格设定】按钮，将直接进入【文件属性】选型卡中的【网格线/捕捉】选项表，如图 2-6 所示，在此对话框中的右侧区域，用户可以设置网格的显示状态以及网格线的疏密参数。

此外，在菜单【工具】|【草图设定】的级联菜单中还有一些设定草图绘制行为方式的相关命令，如图 2-7 所示。

其各选项的含义如下。

- 【自动添加几何关系】：添加草图实体时自动建立几何关系。
- 【自动求解】：自动解算生成的草绘元素。

- ➢ 【激活捕捉】：在草图绘制过程中开启捕捉模式。
- ➢ 【移动时不求解】：移动时忽略草图实体的尺寸与几何关系。
- ➢ 【独立拖动单一草图实体】：当拖动草绘元素时，该元素与相邻元素分离。
- ➢ 【尺寸随拖动/移动修改】：拖动尺寸并可以修改尺寸。

图 2-5 【系统选项（S）-几何关系/捕捉】选项卡

图 2-6 【文件属性（D）- 网格线/捕捉】选项表

图 2-7 【工具】菜单中的草图设定

下面列举一些常见的捕捉状态下的鼠标指针形态，如表 2-1 所示。

表 2-1　捕捉状态下的鼠标指针形态

名　称	实　例	说　明
水平	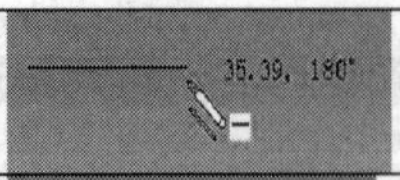	绘制水平线
竖直	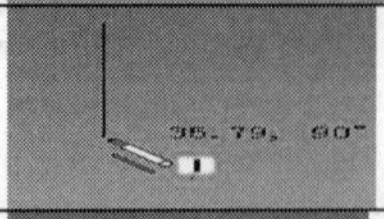	绘制竖直线
中点	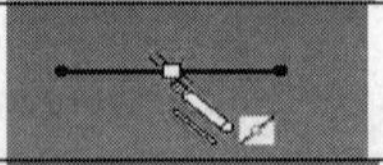	捕捉直线或曲线的中点
端点	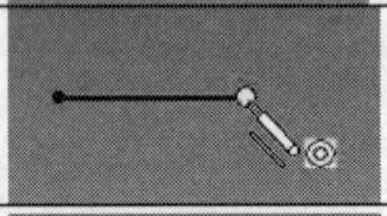	捕捉草图线条端点
位于线上（重合）	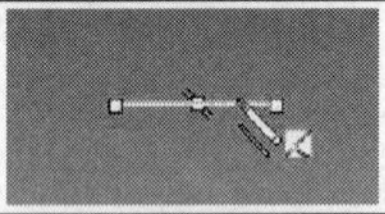	当鼠标指针在直线附近时，鼠标指针旁显示重合标记
垂直	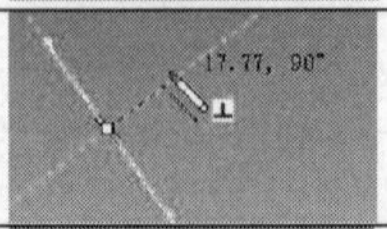	首先选择直线起点，按照大致垂直方向移动鼠标指针到其他直线上，出现垂直标志
平行	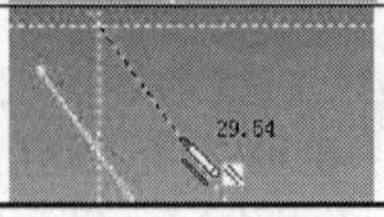	首先选择直线起点，按照与其他直线大致平行的方向移动鼠标指针，出现平行标志

2.2　基本元素的绘制

　　在大多数设计中，草图是三维造型的构建基础，通过分析三维造型，最终往往由草图的二维轮廓开始设计。构建合理的草图对于模型的整体设计而言非常重要，草图由几何图形、几何关系、尺寸标注等关系构成。因此在绘制草图前一定要详细规划。优秀的草图具有可再修改性强、各个元素之间的配合关系恰当、尺寸合理的特点。

　　在 SolidWorks 三维造型设计中，草图是设计的基础内容。草图绘制的合理性和准确性直接影响后续的特征设计乃至产品设计。绘图工具存在于【草图】工具栏、CommanManager 工具栏以及菜单【工具】|【草图绘制实体】中。其中菜单【工具】|【草图绘制实体】中的工具最全，在此只对【草图】工具栏进行介绍，在上方工具栏的空白处右击，在弹出的快捷菜单中选择【草图】选项，在图形区右侧出现【草图】工具栏，如图 2-8 所示。

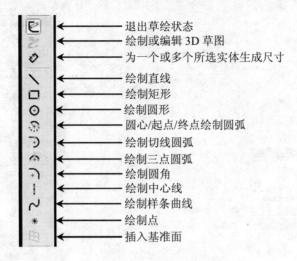

图 2-8 【草图】工具栏

要进行草绘，可从草绘环境中的 CommanManager 工具栏中选取一个绘图命令，在图形区中单击开始绘制草图实体，然后通过移动或拖动生成草图实体的中间部分，再次单击绘图命令可完成图形的绘制。下面通过一些草图工具的绘制方法来说明 SolidWorks 中草图实体绘制方法的主要特点。

2.2.1 直线

直线是图形绘制的基本工具，绘制直线的方法有两种。

1. 方法一

（1）选择一个草图绘制平面，进入草图绘制环境。

（2）单击 CommanManager 工具栏中的【直线】按钮 \，或选择菜单【工具】|【草图绘制实体】|【直线】，控制区出现【插入线条】属性管理器，如图 2-9 所示。此时【方向】中选中的是默认的【按绘制原样】单选按钮。

（3）单击鼠标，确定直线的一个端点。然后将光标移动到直线的第二个端点位置，再次单击，确定直线的第二个端点。

（4）此时，在属性管理器中可以编辑当前线条的设定，可以设置当前直线的几何关系、长度、角度等相应关系，如图 2-10 所示。

（5）在图形区的空白处右击，在弹出的快捷菜单中选择【选择】命令，或双击，完成直线的绘制。

图 2-9 【插入线条】属性管理器　　　　　图 2-10 【参数】区域

2. 方法二

（1）选择一个草图绘制平面，进入草图绘制环境。

（2）单击 CommanManager 工具栏中的【直线】按钮，或选择菜单【工具】|【草图绘制实体】|【直线】，控制区出现【插入线条】属性管理器，如图 2-9 所示。

（3）在【插入线条】属性管理器中的【方向】区域中选择直线的方向。当【方向】中选择为【角度】选项时，在弹出的【参数】区域中输入直线的长度值以及角度值。

（4）在绘图区域单击鼠标，确定直线的第一个端点。

（5）选择直线的方向，完成直线的绘制。

注释：当在【方向】区域中选择【水平】或【竖直】时，在【参数】区域中输入直线的长度值，可以使用同样的方法绘制。

2.2.2 多边形

多边形往往在草图绘制中有较广泛的应用，在设计草图时，可以通过多边形工具直接绘制多边形。具体操作步骤如下。

（1）选择一个草图绘制平面，进入草图绘制环境。

（2）选择菜单【工具】|【草图绘制实体】|【多边形】，控制区出现【多边形】属性管理器，如图 2-11 所示。

（3）在【多边形】属性管理器中的【参数】区域中设置多边形的边数为 6，选择多边形的类型为【内切圆】。

（4）在绘图区域中单击鼠标，确定多边形的中心点，移动鼠标确定多边形的另一个点。

（5）在【多边形】属性管理器中的【参数】区域中的【圆直径】文本框中设置多边形内切圆的直径为 100，按下 Enter 键。

（6）在图形区的空白处右击，在弹出的快捷菜单中选择【选择】选项，或双击，完成多边形的绘制，如图 2-12 所示。

图 2-11 【多边形】属性管理器

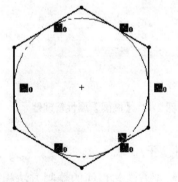

图 2-12 绘制的六边形

2.2.3 椭圆

对椭圆的绘制同样要通过定义相关参数来完成。具体操作步骤如下。

(1) 选择一个草图绘制平面,进入草图绘制环境。

(2) 选择菜单【工具】|【草图绘制实体】|【椭圆】,然后在绘图区内单击,确定椭圆的圆心。

(3) 移动鼠标,在适当的位置单击确定椭圆的长轴。然后再移动鼠标,在适当的位置单击确定椭圆的短轴。

(4) 在控制区将会出现【椭圆】属性管理器,如图 2-13 所示。

(5) 在【椭圆】属性管理器中的【参数】区域中输入椭圆的 X、Y 轴的长度,按 Enter 键。

(6) 在图形区的空白处右击,在弹出的快捷菜单中选择【选择】选项,或双击,完成椭圆的绘制。结果如图 2-14 所示。

图 2-13 【椭圆】属性管理器

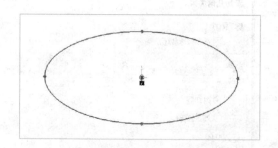

图 2-14 绘制的椭圆

2.2.4 中心线

绘制方法与直线的绘制方法相同。中心线可作为构造几何线使用,并将其用于辅助生成对称的草图实体、镜像草图和旋转特征。中心线相当于几何绘图中的辅助线,不参与其后特征的生成。

2.2.5 文字

文字是标签等设计时必不可少的元素,在进行草图绘制时,可以通过文字工具快速地在指定曲线上进行文字绘制。具体操作步骤如下。

（1）在【草图】工具栏中单击【文字】按钮A，出现【草图文字】属性管理器，如图2-15所示。

（2）选择一条曲线作为依附线，然后在文本框中输入相应的文字，经过适当调整，单击确定按钮✓后结果如图2-16所示，可以看出所输入的文字沿相应曲线排列。

图2-15 【草图文字】属性管理器

图2-16 添加文字

2.2.6 课堂练习：垫片草图

光盘链接：

零件源文件——见光盘中的"\源文件\第2章\part2-2-6.SLDPRT"文件。

1. 预览图形

（参考用时：20分钟）

应用直线和圆工具绘制如图2-17所示的二维草图。

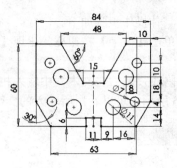

图 2-17 垫片草图

2. 设计步骤

(1) 启动 SolidWorks 2007，通过【文件】|【新建】菜单命令，或者单击【标准】工具栏的【新建】按钮，创建一个新的零件文件。

(2) 选取前视基准面作为草图平面，单击【草图】工具栏中的【草图绘制】按钮，单击【标准视角】工具栏中的【正视于】按钮，进入草图绘制环境。

(3) 单击【草图】工具栏的【中心线】按钮，在右视基准面的投影线上绘制一条中心线，作为镜像线。光标沿着坐标原点向上滑动，显示如图 2-18 所示的光标形式，笔下的线表示正在画直线，笔右侧的竖线表示默认的竖直限位关系。单击确定中心线的起始点。光标向下延伸，显示如图 2-19 所示的光标形式，表示此中心线与原点重合，表示此条线默认的竖直限位关系，光标右侧的数字表示线段的长度和角度。在适当的位置单击，完成中心线的绘制，如图 2-20 所示。

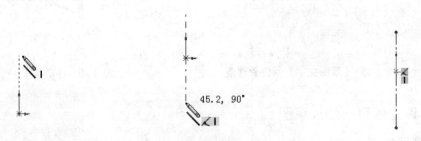

图 2-18 默认的垂直关系　　图 2-19 默认的重合和垂直关系　　图 2-20 绘制中心线

(4) 单击【草图绘制】工具栏的【直线】按钮，绘制如图 2-21 所示的直线段。在坐标原点上单击，显示如图 2-22 所示的光标形式，表示起始点与坐标原点重合，光标水平向左滑动，显示如图 2-23 所示的光标形式，表示此条线默认的水平限位关系，在适当的位置单击，绘制完成第一条线段。此时默认该结束点为下一直线段的起始点，光标继续向斜上方延伸，在适当的位置单击，绘制完成第二条线段。依次完成其余直线段的绘制。

> 注释：绘制的过程中，注意使用默认的竖直和水平几何关系，这样可以省去后面添加几何关系的步骤，提高绘图效率。

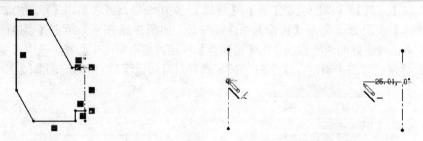

图 2-21　绘制左半部外轮廓　　　图 2-22　直线段起始点　　　图 2-23　绘制第一条直线段

（5）单击【草图绘制】工具栏的【智能尺寸】按钮◆，靠近中心线，显示如图 2-24 所示的光标形式，当中心线成为红色的时候，单击确定标注的第一对象，然后单击最左侧的竖直线段，将光标移动到中心线右侧，则标注出对称尺寸，如图 2-25 所示。单击确定，此时弹出【修改】对话框，如图 2-26 所示。输入要求的尺寸，单击✔完成标注。再照此法标注其他尺寸，完成全部要求尺寸的标注，如图 2-27 所示。

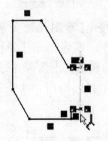

图 2-24　标注尺寸的第一步

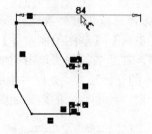

图 2-25　标注第一个尺寸

图 2-26　尺寸的【修改】对话框

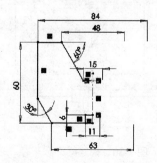

图 2-27　标注左半部外轮廓

注释：标注角度时，依次选择相交的两直线，再选择要标注的位置。

注释：在【尺寸】属性管理器下部的【尺寸界线/引线显示】中，可单击按钮 或 改变箭头的方向。

（6）选取【工具】|【草图绘制工具】|【镜像】[①]菜单命令，或者单击【草图绘制】工具栏的【镜像实体】按钮，显示【镜像】属性管理器，如图 2-28 所示。单击【要镜像的实体】区域，依次单击绘制好的线段组。单击【镜像点】区域，然后单击中心线。选中【复制】复选框，当光标变为 时右击确定，或单击 按钮确定，得到镜像后的草图，如图 2-29 所示。

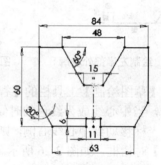

图 2-28　【镜像】属性管理器　　　　　图 2-29　镜像后的草图

注释：若想隐藏几何关系的标示，可单击【视图】|【草图几何关系】取消显示。

（7）选取【工具】|【草图绘制实体】|【圆】菜单命令，或者单击【草图绘制】工具栏的【圆】按钮，在适当的位置单击初步确定第一个圆的圆心，拖动光标到适当位置，显示如图 2-30 所示的光标形式，光标右侧的数字表示圆的半径，单击初步确定圆的大小。依次绘制另外三个圆，绘制完成的效果如图 2-31 所示。

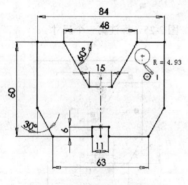
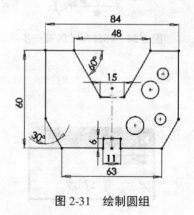

图 2-30　确定圆心和半径　　　　　图 2-31　绘制圆组

① 编者注：本书软件中的"镜向"实应为"镜像"。

(8)单击【草图绘制】工具栏的【添加几何关系】按钮，显示【添加几何关系】属性管理器，如图 2-32 所示。依次选择如图 2-33 所示的第一组圆，在【添加几何关系】下单击【相等】按钮=，再依次选择如图 2-33 所示的第二组圆，在【添加几何关系】下单击【相等】按钮=，完成几何关系的定义。

图 2-32 【添加几何关系】属性管理器   图 2-33 直径相等的两组圆

(9)单击【草图绘制】工具栏的【智能尺寸】按钮，单击最下面的圆，然后单击下边线，尺寸自动标注为圆心到下边线的距离，标注圆的相对位置，如图 2-34 所示，在适当的位置单击，确定尺寸标注放置的位置，此时弹出【修改】对话框。输入要求的尺寸，单击✓完成标注。依次完成其他相对位置的尺寸标注，如图 2-35 所示。

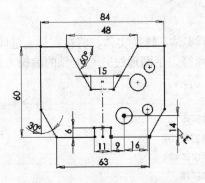
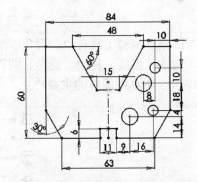

图 2-34 标注圆的第一个相对位置   图 2-35 标注圆的相对位置

注释：标注时若依次单击两圆，则标注为两圆圆心的距离。

(10)单击【草图绘制】工具栏的【智能尺寸】按钮，单击最下面的圆，显示如图

2-36 所示的光标形式，在适当的位置单击，确定尺寸标注放置的位置，标注圆的直径，此时弹出【修改】对话框。输入要求的尺寸，单击✔完成标注。之后标注另一组圆的直径，如图 2-37 所示。

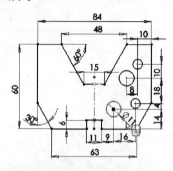
图 2-36　标注第一组圆的直径

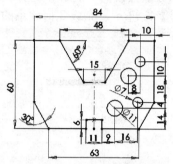
图 2-37　标注圆的直径

> 注释：由于已经添加了两组圆半径分别相等的几何关系，标注时，每组只需标一个圆的直径即可。

（11）选取【工具】|【草图绘制工具】|【镜像】菜单命令，或者单击【草图绘制】工具栏的【镜像】按钮，显示【镜像】属性管理器，单击【要镜像的实体】下面的选取框，选取右侧的 4 个圆。单击【镜像点】下面的选取框，选取中心线。选中【复制】复选框，当光标变为时右击确定，或单击✔按钮确定，得到镜像后的草图，如图 2-17 所示。

2.3　编辑草图

草图的基本编辑工具有绘制圆角、倒角、等距实体、转换实体、剪裁实体、延伸实体、转折线、构造几何线、移动、旋转、圆周草图阵列等。下面通过几个工具的编辑方法来说明 SolidWorks 中草图编辑的主要特点，如图 2-38 所示。

图 2-38　【草图编辑】工具栏

2.3.1 绘制圆角

"绘制圆角"操作的功能等同于工程上的倒圆角,即在两个草图实体的交点处生成一个与两个草图实体都相切的圆弧。具体的操作步骤为:

(1)单击 CommanManager 工具栏中的【圆角】按钮,在控制区出现【绘制圆角】属性管理器。

(2)在【绘制圆角】属性管理器中输入圆角的半径值为 10。选中【保持拐角处约束条件】复选框,如图 2-39 所示。

> 注意:如果选中该复选框,绘制圆角的操作不会消除交叉点处的几何关系,而是通过在交叉点处保留虚拟交点的方式保留几何关系。

(3)选择图形区中两条交叉的边。

(4)单击确定按钮,结束圆角绘制,结果如图 2-40 所示。

 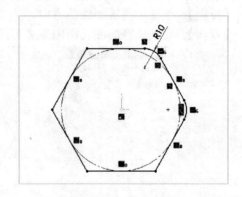

图 2-39 【绘制圆角】属性管理器　　　图 2-40 圆角绘制结果

2.3.2 等距实体

将已有草图实体沿其法向偏移一段距离的方法称为等距实体,其操作对象既可以是同一个草图中已有的草图实体,也可以是已有模型的边界或者其他草图中的草图实体。

(1)单击 CommanManager 工具栏中的【等距实体】按钮,控制区出现【等距实体】属性管理器。

(2)在【等距实体】属性管理器的【参数】区域中选择【选择链】选项,在文本框中设置等距线的偏移距离为 10,如图 2-41 所示。

(3)单击图形轮廓上的任意一条边线,该轮廓上的所有边线都将被选取。在需要绘制等距线的一侧单击,等距操作完成,如图 2-42 所示。

 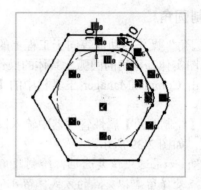

图 2-41 【等距实体】属性管理器　　　图 2-42 绘制完成等距实体

【等距实体】属性管理器中的几个选项的含义如下所述。

➤ 【反向】：改变单向等距线的方向。
➤ 【双向】：在被选择的图元两侧生成等距线，如图 2-43 所示。

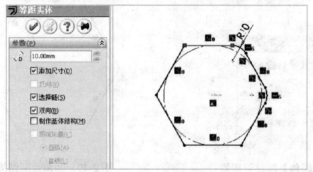

图 2-43 生成双向等距线

➤ 【制作基体结构】：将原有的图元转换为构造性直线，如图 2-44 所示。

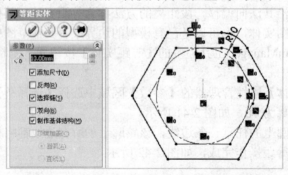

图 2-44 使用【制作基体结构】生成等距线

- 【顶端加盖】：通过选择【双向】给生成的等距线加盖，可以选择其下方的【圆弧】或【直线】单选按钮改变盖的形状，如图 2-45 和图 2-46 所示。

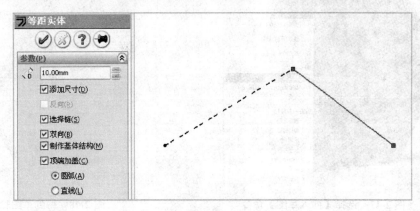

图 2-45 【顶端加盖】选项为【圆弧】

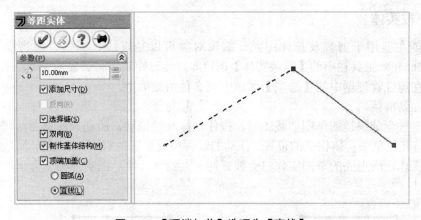

图 2-46 【顶端加盖】选项为【直线】

2.3.3 实体转换

在 SolidWorks 中，生成零件是逐一建立实体特征的过程。在这个过程中，后期的特征经常需要引用已有特征的边界作为参考，引用已有特征边界的方法就是转换实体引用工具。其具体的操作步骤为：

（1）先选择模型实体的表面作为草图绘制平面（表面绿色加亮显示），然后右击表面，在弹出的快捷菜单中选择【插入草图】命令，如图 2-47 所示。

（2）单击 CommanManager 工具栏中的【转换实体引用】按钮 ，该边界变成黑色，即得到完全定义的草图实体，如图 2-48 所示。

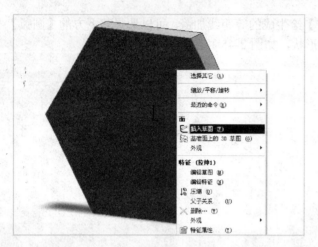
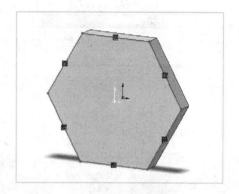

图 2-47　选择【插入草图】命令　　　　　图 2-48　得到草图轮廓

2.3.4　剪裁实体

该功能主要用于剪裁及拉伸图元。编辑对象可以是直线、圆弧、抛物线等。单击 CommanManager 工具栏中的【剪裁实体】按钮，此时控制区将会显示【等距实体】属性管理器，在属性管理器中的【选项】区域中有 5 种剪裁类型。

（1）强劲剪裁。

这是一种十分快捷的草图剪裁工具，按住鼠标左键拖动，所遇到的草图实体都将被剪裁，直到与其他草图实体相交的位置。拖动的过程中可以随时按下 Shift 键，剪裁操作将切换为延伸操作，所遇到的草图实体将会被延伸，直到与其他草图实体相交为止，如图 2-49 所示。

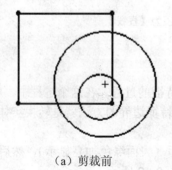
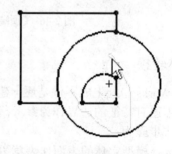

（a）剪裁前　　　　　　　　　　（b）剪裁后

图 2-49　强劲剪裁

（2）边角。

边角剪裁针对两个草图实体。选择两个草图实体后，将其剪裁或者延伸，使两个实体相交，如图 2-50 所示。

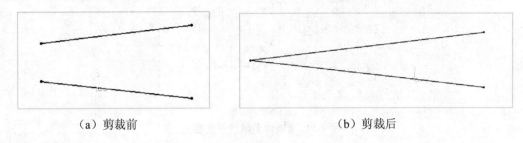

（a）剪裁前　　　　　　　　　　　　（b）剪裁后

图 2-50　边角剪裁

（3）在内剪除。

利用在内剪除方式时，首先选择两条草图线条作为剪裁边界，然后选取剪裁操作的草图实体，有两种草图实体会被剪裁。一种是草图实体与两个剪裁边界相交，则其位于剪裁边界的内部被剪除；另一种是草图实体与两个剪裁边界都不相交，而且位于剪裁边界内部，则该草图实体被删除。而只与一个剪裁边界相交的草图实体或者封闭形式的草图实体不会被剪裁。

（4）在外剪除。

在外剪除的操作方法与在内剪除完全相同，只是剪除的是剪裁边界以外的草图部分。

（5）剪裁到最近端。

剪裁删除一个草图实体与其他草图实体相互交错产生的分段，如果草图实体没有与其他实体相交，那么整个草图实体都将被删除。这种方法是一种常用的方法。

选择剪裁对象后，按住鼠标拖动到其他草图实体，可将剪裁对象延伸到其他草图。

2.3.5　镜像实体

对称是工程领域经常采用的设计手法，镜像将形体按照选定的平面或者中心线复制出对称的形体。SolidWorks 提供了草图层次、零件层次和装配层次的镜像方法。在草图中，镜像是一种快速的草图绘制方法，只需绘制出对称图形的一半和一条中心线，就可以通过镜像命令复制出另一半。其具体操作步骤为：

（1）单击 CommandManager 工具栏中的【镜像实体】按钮 △，出现【镜像】属性管理器，如图 2-51 所示。

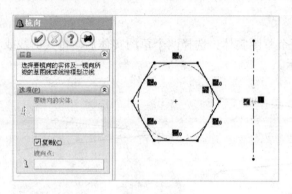

图 2-51 【镜像】属性管理器

（2）选择需要镜像复制的草图实体，鼠标指针变为 状。

（3）右击完成实体的选取，属性管理器中的【镜像点】选取区被激活，选择图中的构造几何线作为镜像线，鼠标指针变为 ，如图 2-52 所示。右击或者在属性管理器中单击确定按钮 生成镜像复制实体。

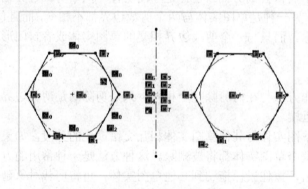

图 2-52 镜像实体

注意：如果在属性管理器中不选中【复制】复选框，则镜像操作的结果将删除原始的镜像操作对象。

2.3.6 阵列复制实体

对于有规则几何形状的草图，可以使用圆周草图排列或者直线工具来生成草图实体，这样能够简化草图绘制的步骤。

阵列草图有了属性管理器，可以在属性管理器中设置阵列的各项属性，各项参数意义也十分清晰，需要注意的是阵列草图保留源阵列元素的特征，当源草图元素发生变化时，其余阵列的元素也会发生相应的更新。这就提高了草图元素之间的关联性，有利于草图的参数化驱动。

1. 线性阵列（X 轴方向）

线性阵列是在两个直线方向生成均匀分布的阵列，其具体的操作步骤为：

（1）选择需要阵列的草图实体，然后再单击【线性草图阵列】按钮 ![icon]，出现【线性阵列】属性管理器，X 方向默认为第一方向，Y 方向为第二方向，如图 2-53 所示。

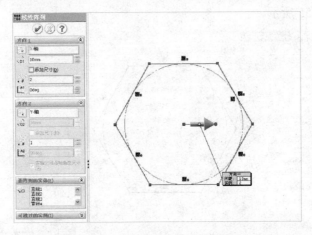

图 2-53　【线性阵列】属性管理器

（2）在【方向 1】中填入阵列的距离为 50，阵列的个数为 2。在【方向 2】中也填入阵列的距离为 50，阵列个数为 2。

（3）在图形区的空白处单击，出现如图 2-54 所示的预览图形。

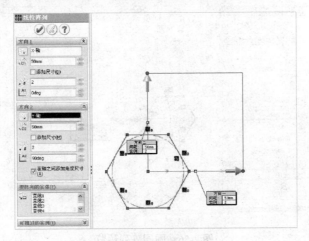

图 2-54　线性阵列预览

(4)单击【线性阵列】的属性管理器中的确定按钮✔,完成操作。

> 注意:选中【添加尺寸】复选框,在线性阵列完成后会自动标注移动的距离。

2. 圆周阵列

圆周阵列是围绕轴线旋转生成圆周形态均匀分布的阵列,其具体的操作步骤为:

(1)选择需要阵列的草图实体,然后单击【圆周阵列】按钮❀,出现【圆周阵列】属性管理器,如图 2-55 所示。

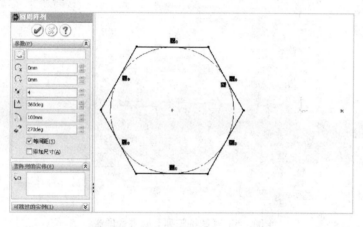

图 2-55 【圆周阵列】属性管理器

(2)选择中心点,然后输入要阵列的个数为 4,所要阵列圆周的的度数为 360,图形区出现如图 2-56 所示的预览图形。

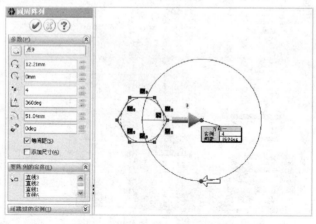

图 2-56 圆周阵列预览

(3) 单击【圆周阵列】属性管理器中的确定按钮✔，完成操作。

2.4　尺寸标注与几何约束

在草图绘制的初级阶段，首先需要确定草图的形状和位置，然后添加几何约束和几何尺寸约束来完全定义草图的形状和位置。添加几何约束和尺寸约束就是一个减少草图元素自由度的过程。通过尺寸约束得到草图元素的尺寸，这些尺寸是实现后期产品设计更改的变量参数。

通过绘制基本草图元素，添加必要的几何关系，草图就具备了大致的形状。通过尺寸约束，可以定量地确定各个草图的长短。SolidWorks 提供了一个名为尺寸标注的工具，但是它在这里并不是用来测量，而是为了定量地约束草图元素。草图中标注的尺寸是一个变量，可以随时进行修改，并且驱动草图的形状发生更新。尺寸标注和几何约束的命令在【尺寸/几何关系】工具栏中，如图 2-57 所示。

图 2-57　【尺寸/几何关系】工具栏

此工具栏中各工具的意义如下。

　　◆（智能尺寸）：为一个或多个所选实体生成尺寸。
　　◆（水平尺寸）：在所选实体之间生成水平尺寸。
　　◆（竖直尺寸）：在所选实体之间生成竖直尺寸。
　　◆（基准尺寸）：在所选实体之间生成参考尺寸。
　　◆（尺寸链）：从工程图或草图的零纵轴生成一组尺寸。
　　◆（水平尺寸链）：从第一个所选实体水平测量，而在工程图或草图中生成水平尺寸链。
　　◆（竖直尺寸链）：从第一个所选实体竖直测量，而在工程图或草图中生成竖直尺寸链。
　　◆（倒角尺寸）：在工程图中生成倒角的尺寸。
　　◆（自动标注尺寸）：在草图和模型的边线之间生成适合定义草图的自动尺寸。
　　◆（添加几何关系）：控制带约束（如同轴心或竖直）的实体的大小或位置。
　　◆（显示/删除几何关系）：显示和删除几何关系。
　　◆（完全定义草图）：此工具计算需要哪些尺寸和几何关系才能完全定义欠定义的草

图或所选的草图实体。

SolidWorks 采用不同的显示颜色表明当前草图实体的约束状态。
- 欠定义（蓝色）：几何图元可以发生某种变化。
- 完全定义（黑色）：完整而正确地设定图元的约束关系。
- 过定义（红色）：设定了过多的约束。
- 无解（粉红色）：当前位置无法采用几何关系。
- 无效（黄色）：几何体是无效的，如 0 长度的线条等。

2.4.1 草图基本尺寸的标注方法

标注草图尺寸最常用的工具是【智能尺寸】工具，这时尺寸命令可以根据所标注尺寸类型的不同自动调整其标注的方式。单击【尺寸/几何关系】工具栏中的【智能尺寸】按钮，鼠标指针形状变为 。下面通过对草图的标注举例，来说明草图标注的方法及技巧。

1. 标注直线长度

方案一：

（1）单击【尺寸/几何关系】工具栏中的【智能尺寸】按钮。
（2）选取要标注的直线，直线变成红色。
（3）移动鼠标指针到标注尺寸的位置，单击鼠标左键，弹出【修改】对话框，如图 2-58 所示。
（4）在【修改】对话框中输入数值，单击确定按钮，标注尺寸变为绿色。
（5）单击鼠标左键或单击【尺寸】属性管理器中的确定按钮，结果如图 2-59 所示。

图 2-58 【修改】对话框

图 2-59 标注结果

方案二：

（1）单击【尺寸/几何关系】工具栏中的【水平尺寸】按钮。
（2）选取要标注的直线，直线变成红色。
（3）移动鼠标指针到标注尺寸的位置，然后单击鼠标左键，弹出【修改】对话框。
（4）在【修改】对话框中输入数值，单击【确定】按钮。
（5）单击鼠标左键或单击【尺寸】属性管理器中的确定按钮，结果如图 2-60 所示。

方案三：

单击【尺寸/几何关系】工具栏中的【竖直尺寸】按钮 I，后面的操作步骤与方案二一样，其结果如图 2-61 所示。

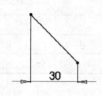

图 2-60　水平标注的结果

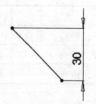

图 2-61　竖直标注的结果

2. 标注两条直线间的角度

（1）单击【尺寸/几何关系】工具栏中的【智能尺寸】按钮。
（2）分别选取两条直线，两条直线分别变为绿色。
（3）移动鼠标指针到标注尺寸的位置，然后单击，弹出【修改】对话框。
（4）在【修改】对话框中输入数值，单击确定按钮。
（5）单击鼠标左键或单击【尺寸】属性管理器中的确定按钮，结果如图 2-62 所示。

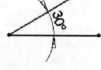

图 2-62　角度标注

3. 自动标注尺寸

自动标注尺寸是指由用户或者 SolidWorks 软件确定尺寸标注的基准，然后由 SolidWorks 自动完成草图实体尺寸标注的工作。在完成草图绘制后，单击【自动标注尺寸】按钮，出现【自动标注尺寸】属性管理器，可以针对所有的草图实体或者指定的草图实体进行尺寸标注。SolidWorks 会自动设定原点作为水平和竖直方向的尺寸标注参照，单击确定按钮，尺寸即被自动标注到草图上。

2.4.2　为草图添加几何约束关系

草图实体之间存在着平行、垂直、共线等几何关系，这些关系保证了草图元素之间的相对位置关系，如表 2-2 所示。

SolidWorks 支持在绘制几何实体的过程中自动添加几何约束关系，选择菜单【工具】|【草图设定】|【自动添加几何关系】，或者在【选项】对话框的【系统选项】选项卡【几何关系/捕捉】目录中选中【自动几何关系】复选框，或者在 CommanManager 工具栏中单击【自动几何关系】按钮。这样在绘制过程中，就会根据绘制过程中鼠标指针的显示形

状自动添加几何实体的几何约束关系。

表 2-2 几何约束关系

	点	直线	圆
点	水平、竖直、重合	中点、重合	同心
直线	中点、重合	水平、竖直、共线、垂直平行、相等	相切
圆	同心、重合	相切	全等、相切、同心、相等

1. 添加几何关系

（1）在【尺寸/几何关系】工具栏中单击【添加几何关系】按钮 ⊥，或者选择菜单【工具】|【几何关系】|【添加】，出现【添加几何关系】属性管理器，如图 2-63 所示。

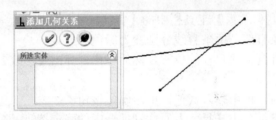

图 2-63 【添加几何关系】属性管理器

（2）选择需要设定几何关系的两条直线，此时两条直线被添加到所选的区域。属性管理器出现【添加几何关系】区域，如图 2-64 所示。

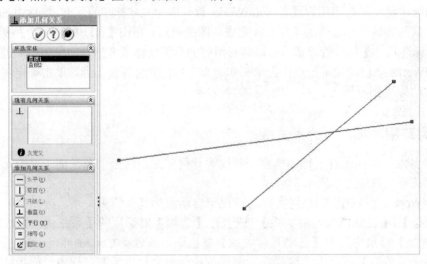

图 2-64 【添加几何关系】属性管理器

(3) 在【添加几何关系】区域中,选取【平行】和【相等】选项。图形区的两条直线即被重新定义了几何关系,如图 2-65 所示。

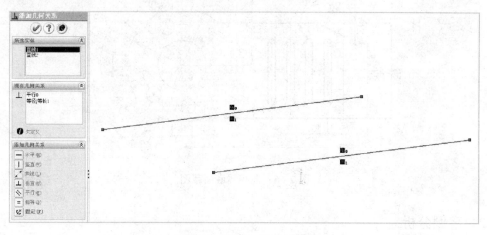

图 2-65　添加完成几何关系

(4) 单击【添加几何关系】属性管理器上的确定按钮,结束添加几何关系。

2. 显示/删除几何关系

单击【尺寸/几何关系】工具栏中的【显示/删除几何关系】按钮,出现【显示/删除几何关系】属性管理器,在管理器的列表中会显示所有的几何约束。选择列表中的几何约束选项,图形区中的草图对象和约束标记将加亮显示。单击【几何关系】区域中的 删除(D) 按钮,可以删除选中的几何约束关系,单击 删除所有(L) 按钮,可以删除当前列表中的所有几何约束关系。选择【压缩】选项将临时关闭几何约束。

2.5　综合实例一:遥控器底面草图

光盘链接:
零件源文件——见光盘中的 "\源文件\第 2 章\part2-5.SLDPRT" 文件。

2.5.1　案例预览

(参考用时:40 分钟)

本例将介绍一个遥控器底面的草图绘制过程,最终的绘制结果如图 2-66 所示。

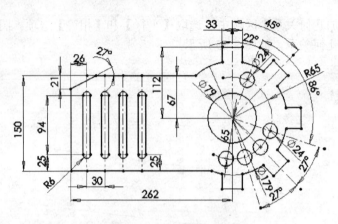

图 2-66 遥控器底面草图

2.5.2 案例分析

此遥控器底面草图左侧的槽是等距的,需要使用【线性阵列】功能辅助绘制,右侧的圆在圆周上等角度分布,需要使用【环形阵列】功能来辅助绘制。

2.5.3 常用命令

- 【直线】:【工具】|【草图绘制实体】|【直线】菜单命令;【草图】工具栏中的【直线】按钮 ╲ 。
- 【圆】:【工具】|【草图绘制实体】|【圆】菜单命令;【草图】工具栏中的【圆】按钮 ⊙ 。
- 【线性阵列】:【工具】|【草图绘制工具】|【线性阵列】菜单命令;【草图】工具栏中的【线性阵列】按钮 ▦ 。
- 【圆周阵列】:【工具】|【草图绘制工具】|【圆周阵列】菜单命令;【草图】工具栏中的【圆周阵列】按钮 ✤ 。

2.5.4 设计步骤

1. 新建零件文件

(参考用时:1分钟)

启动 SolidWorks 2007,通过【文件】|【新建】菜单命令,或者单击【标准】工具栏的【新建】按钮 ,创建一个新的零件文件。

2. 绘制基本轮廓

✵（参考用时：6 分钟）

(1) 选取前视基准面作为草图平面，单击【草图】工具栏中的【草图绘制】按钮 ，单击【标准视角】工具栏中的【正视于】按钮 ，进入草图绘制环境。

(2) 选取【工具】|【草图绘制实体】|【圆】菜单命令，或者单击【草图绘制】工具栏的【圆】按钮 ，绘制右侧圆 1 和圆 2。单击【草图绘制】工具栏的【智能尺寸】按钮 ，标注两圆尺寸，如图 2-67 所示。

(3) 单击【草图绘制】工具栏的【直线】按钮 ，绘制如图 2-84 所示的直线段。绘制过程中，注意应用默认的竖直和水平几何关系。单击【草图绘制】工具栏的【智能尺寸】按钮 ，标注尺寸，如图 2-68 所示。

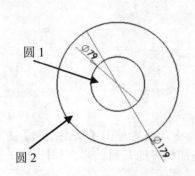
图 2-67　绘制右侧基圆

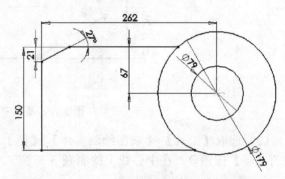
图 2-68　绘制左侧外轮廓

(4) 单击【草图绘制】工具栏的【剪裁实体】按钮 ，将圆 2 多余的圆弧剪除。可在【选项】处选择剪裁方式为【强劲剪裁】 ，拖动鼠标指针，其经过的部分将被剪除。剪裁完成的效果如图 2-69 所示。

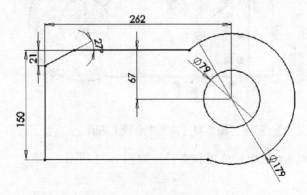
图 2-69　整体轮廓

3. 绘制槽组

（参考用时：15 分钟）

（1）选取【工具】|【草图绘制实体】|【中心线】菜单命令，或者单击【草图绘制】工具栏的【中心线】按钮，绘制中心线 1，其距左边线的距离为 26，绘制完成后单击【草图绘制】工具栏的【智能尺寸】按钮，标注尺寸，如图 2-70 所示。

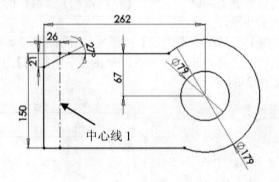

图 2-70　基准中心线

（2）选取【工具】|【草图绘制实体】|【圆】菜单命令，或者单击【草图绘制】工具栏的【圆】按钮，在中心线上绘制圆 3 和圆 4，并添加相等的几何关系，如图 2-71 所示。

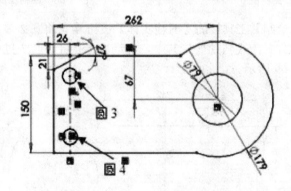

图 2-71　绘制中心线上的圆

（3）标注圆 3 和圆 4 的相对位置和直径，如图 2-72 所示。

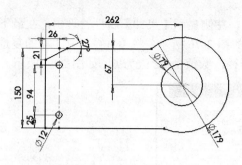

图 2-72　圆的尺寸标注

（4）单击【草图绘制】工具栏的【直线】按钮，绘制与圆 3 和圆 4 相切的直线。在靠近圆 3 左侧的位置单击确定直线的起点，向下拖动光标，光标显示为如图 2-73 所示的形式，表示该直线与圆 3 相切，拖动光标到圆 3 的左侧单击，确定直线段的终点。再在右边绘制相同的直线，绘制完成的结果如图 2-74 所示。

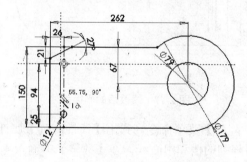

图 2-73　圆的尺寸标注图

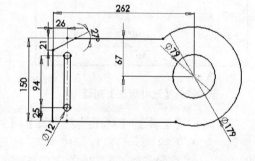

图 2-74　绘制圆的切线

（5）单击【草图绘制】工具栏的【剪裁实体】按钮，将圆 3 和圆 4 多余的圆弧剪除。可在【选项】处选择剪裁方式为【强劲剪裁】，拖动鼠标指针，则其经过的部分将被剪除。剪裁完成后的效果如图 2-75 所示。

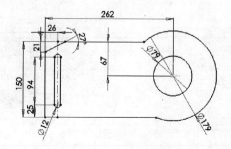

图 2-75　圆弧的剪裁

（6）单击圆弧的标注，左侧显示【尺寸】属性管理器，在最下面单击【更多属性】，弹出【尺寸属性】对话框，如图 2-76 所示。将【直径尺寸】前的复选标记取消，单击【确定】按钮，则标注自动改为半径，数值由 12 改为 6，如图 2-77 所示。

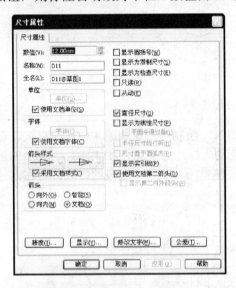

图 2-76 【尺寸属性】对话框　　　　　　　图 2-77 修改后的半径标注

（7）选取【工具】|【草图绘制工具】|【线性阵列】菜单命令，弹出【线性阵列】属性管理器，如图 2-78 所示。鼠标即成为 ，选择要阵列的槽和中心线，在【数量】中输入 4，在距离中输入 30，按 Enter 键确认后草图中显示预览画面，如图 2-79 所示。单击 按钮确定，完成阵列操作，如图 2-80 所示。

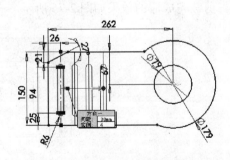

图 2-78 【线性阵列】属性管理器　　　　　图 2-79 槽的阵列预览

(8)单击【草图绘制】工具栏的【智能尺寸】按钮,标注间距的尺寸和圆弧中心到下边线的距离,使草图完全定义,如图2-81所示。

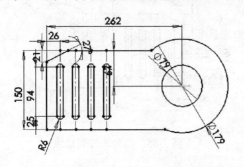

图2-80 槽的阵列结果

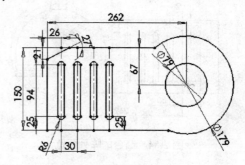

图2-81 槽的阵列的标注

4. 绘制凸台

(参考用时:9分钟)

(1)选取【工具】|【草图绘制实体】|【中心线】菜单命令,或者单击【草图绘制】工具栏的【中心线】按钮,绘制经过圆1圆心的中心线2,如图2-82所示。

(2)单击【草图绘制】工具栏的【直线】按钮,绘制如图2-83所示的直线段。单击【草图】工具栏的【添加几何关系】按钮,弹出【添加几何关系】属性管理器。依次选择两条竖直线段和中心线,在【添加几何关系】区域单击【对称】按钮,完成几何关系的定义,最后按要求标注尺寸。

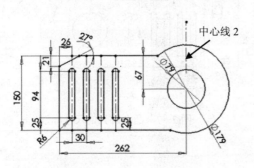

图2-82 中心线2的绘制

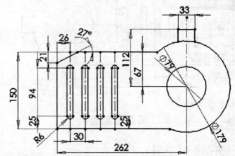

图2-83 凸台的绘制

(3)选取【工具】|【草图绘制工具】|【圆周阵列】菜单命令,弹出【圆周阵列】属性管理器,鼠标指针形状显示为,选择要阵列的三条直线段,在数量中输入5,在角度中输入180,按Enter键确认后草图中显示预览画面,如图2-84所示。单击按钮确定,完成阵列操作,如图2-85所示。

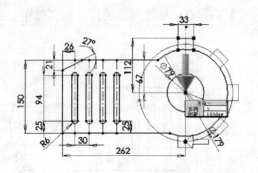

图 2-84　凸台的阵列预览　　　　　图 2-85　凸台的阵列结果

（4）单击【草图绘制】工具栏的【剪裁实体】按钮，将圆 2 多余的圆弧剪除。可在【选项】处选择剪裁方式为【强劲剪裁】，拖动鼠标指针，则其经过的部分将被剪除。剪裁完成的结果如图 2-86 所示。

（5）选取【工具】|【草图绘制实体】|【中心线】菜单命令，或者单击【草图绘制】工具栏的【中心线】按钮，绘制经过第二个凸台中心的中心线 3，单击【草图绘制】工具栏的【智能尺寸】按钮，依次单击中心线 2 和中心线 3，标注两个凸台之间的角度，使草图完全定义，如图 2-87 所示。

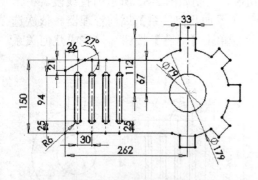 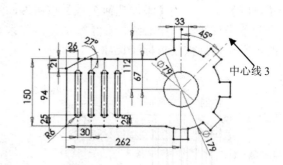

图 2-86　剪裁多余圆弧　　　　　　图 2-87　凸台阵列的尺寸标注

5. 绘制小圆

（参考用时：9 分钟）

（1）单击【草图绘制】工具栏的【圆心/起/终点画弧】按钮，单击基圆的圆心，在两基圆间绘制一段圆弧，在左侧的【圆弧】属性管理器下部选中【作为构造线】复选框，如图 2-88 所示，使该圆弧成为中心线 4，如图 2-89 所示。单击【草图】工具栏的【智能尺寸】按钮，单击该圆弧，标注半径，如图 2-89 所示。

图 2-88 【圆弧】属性管理器

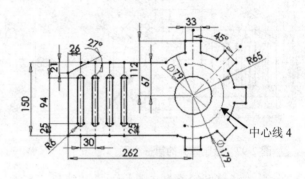

图 2-89 绘制圆弧中心线 4

（2）选取【工具】|【草图绘制实体】|【中心线】菜单命令，或者单击【草图绘制】工具栏的【中心线】按钮，绘制经过圆 1 圆心的中心线 5 和中心线 6，单击【草图绘制】工具栏的【智能尺寸】按钮，标注两个相对角度，如图 2-90 所示。

（3）选取【工具】|【草图绘制实体】|【圆】菜单命令，或者单击【草图绘制】工具栏的【圆】按钮，以中心线 5 和中心线 4 的交点为圆心绘制一个圆 5 并标注尺寸，如图 2-91 所示。

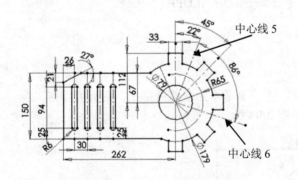

图 2-90 绘制中心线

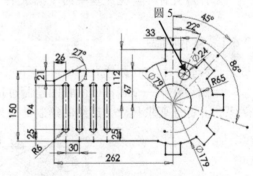

图 2-91 标注凸台阵列的尺寸

（4）选取【工具】|【草图绘制实体】|【圆】菜单命令，或者单击【草图绘制】工具栏的【圆】按钮，以中心线 6 与中心线 4 的交点为圆心绘制圆 6 并标注尺寸，如图 2-92 所示。

（5）选取【工具】|【草图绘制工具】|【圆周阵列】菜单命令，左侧显示【圆周阵列】属性管理器，鼠标指针显示为，选择圆 6，在数量中输入 4，在角度中输入 81，按 Enter 键确认，之后草图中显示预览画面。单击按钮，完成阵列操作，如图 2-93 所示。

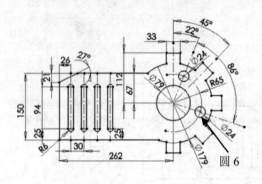

图 2-92 绘制阵列的第一个圆　　　　图 2-93 圆阵列的结果

(6) 单击【草图绘制】工具栏的【智能尺寸】按钮，标注阵列圆的角度间距，使草图完全定义即可。

2.6 综合实例二：连接件草图

光盘链接：
零件源文件——见光盘中的"\源文件\第 2 章\part2-6.SLDPRT"文件。

2.6.1 案例预览

（参考用时：30 分钟）

本例将介绍一个连接件的草图绘制过程。在绘制基本元素的基础上，为元素添加几何关系，并标注要求尺寸。最终的绘制结果如图 2-94 所示。

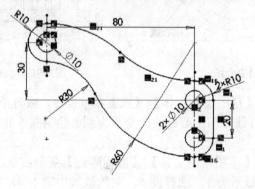

图 2-94 连接件草图

2.6.2 案例分析

本例中须添加一些基本的几何关系,如圆弧半径相等、直线的水平与竖直等。对于一些更复杂的几何关系,如本例中一圆弧半径为另一圆弧半径的二倍,可以利用【方程式】添加。

2.6.3 常用命令

- 【圆】:【工具】|【草图绘制实体】|【圆】菜单命令;【草图绘制】工具栏的【圆】按钮⊙。
- 【添加几何关系】:【工具】|【几何关系】|【添加】菜单命令;【草图绘制】工具栏的【添加几何关系】按钮⊥。

2.6.4 设计步骤

1. 新建零件文件

(参考用时:1 分钟)

启动 SolidWorks 2007,通过【文件】|【新建】菜单命令,或者单击【标准】工具栏的【新建】按钮🗋,创建一个新的零件文件。

2. 绘制连接件草图中的圆

(参考用时:6 分钟)

(1) 选取前视基准面作为草图平面,单击【草图】工具栏中的【草图绘制】按钮📝,单击【标准视角】工具栏中的【正视于】按钮⊥,进入草图绘制环境。

(2) 选取【工具】|【草图绘制实体】|【圆】菜单命令,或者单击【草图绘制】工具栏的【圆】按钮⊙,在坐标原点处单击确定第一个圆的圆心,拖动光标到适当位置,单击初步确定圆的大小。此时左侧显示【圆】属性管理器,其下的【参数】面板如图 2-95 所示,共有三个参数可修改,⊙和⊙分别表示圆心的水平和竖直坐标值,处于激活状态的⊙表示圆的半径,输入 5,单击✓按钮确定,完成第一个圆的绘制。

(3) 此时仍处于绘制圆的状态中,在适当位置单击确定第二个圆的圆心,单击初步确定圆的大小。单击✓按钮确定,完成第二个圆的绘制。

(4) 沿着第二个圆的圆心向下滑动,显示如图 2-96 所示的鼠标指针,表示两圆的圆心添加了竖直的限位关系,拖动光标到适当位置,单击确定圆心位置,然后拖动光标到适当位置,单击初步确定圆的半径。单击✓按钮确定,完成第三个圆的绘制。

图 2-95 【参数】面板　　　　　　　图 2-96 两圆心默认的竖直关系

（5）单击【草图绘制】工具栏的【添加几何关系】按钮，显示【添加几何关系】属性管理器。依次选择如图 2-97 所示的圆 2 和圆 3，在【添加几何关系】下选取【相等】按钮，单击按钮确定。单击【草图绘制】工具栏的【添加几何关系】按钮，显示【添加几何关系】属性管理器。依次选择如图 2-97 所示的圆 2 和圆 3 的圆心，在【添加几何关系】下单击【竖直】按钮，单击按钮确定，完成绘制，如图 2-97 所示。

（6）单击【草图绘制】工具栏的【智能尺寸】按钮，标注圆的相对位置和大小。圆 2 和圆 3 的直径相同，标注一个即可。标注时，在左侧【尺寸】属性管理器中有【标注尺寸文字】区域，如图 2-98 所示，编辑标注的文字，在<MOD-DIAM><DIM>前输入 2×，单击按钮确定。依次标注全部要求的尺寸，如图 2-99 所示。

图 2-97 两圆的几何关系　　　图 2-98 【标注尺寸文字】面板　　　图 2-99 圆相对位置和大小的标注

3. 绘制连接件草图中的外轮廓

（参考用时：8 分钟）

（1）单击【草图绘制】工具栏的【中心线】按钮，绘制如图 2-100 所示的两条竖直中心线，使其分别与圆 1 和圆 2 的圆心重合。

（2）选择【工具】|【草图绘制实体】|【圆心/起/终点画弧】菜单命令，单击【草图绘制】工具栏的【圆心/起/终点画弧】按钮，单击圆 1 的圆心，拖动光标到中心线的上方，如图 2-101 所示，表示弧的起点与中心线重合，单击并沿着逆时针的方向拖动光标，直到中心线下端，如图 2-102 所示，表示弧的终点与中心线重合，单击确定，输入弧的半径 10。单击按钮确定，完成圆弧 1 的绘制，如图 2-103 所示。

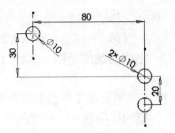
图 2-100 绘制中心线

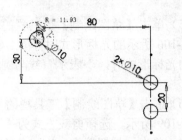
图 2-101 绘制圆弧起点

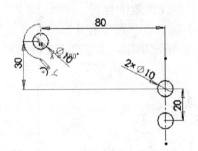
图 2-102 绘制圆弧终点

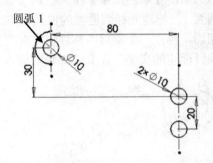
图 2-103 第一段圆弧

（3）单击【草图绘制】工具栏的【圆心/起/终点画弧】按钮，单击圆 2 的圆心，拖动光标到中心线的上方，如图 2-104 所示，表示弧的起点与中心线重合，单击并沿着顺时针的方向拖动光标，直到中心线下端，当光标下显示时单击确定，输入弧的半径 10。单击按钮确定，完成圆弧 1 的绘制。然后用同样的方法绘制圆弧 3，绘制完成后的图如图 2-105 所示。

（4）单击【草图绘制】工具栏的【添加几何关系】按钮，显示【添加几何关系】属性管理器。依次选择圆弧 2 和圆弧 3，在【添加几何关系】下单击【相等】按钮，单击按钮确定，绘制完成的图如图 2-105 所示。

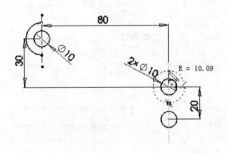
图 2-104 绘制第二段圆弧的起点

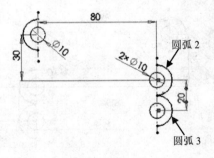
图 2-105 绘制右侧圆弧

（5）单击【草图绘制】工具栏的【直线】按钮、，将光标移动到圆弧 2 的右侧，显示如图 2-106 所示的光标形式时，单击确定切线的起点。拖动光标向下移动，显示如图 2-107 所示的光标形式时，表示直线与圆弧相切，单击确定，完成切线的绘制，如图 2-108 所示。

（6）单击【草图绘制】工具栏的【剪裁实体】按钮，左侧显示【剪裁】属性管理器，如图 2-109 所示。选择剪裁方式为【强劲剪裁】，单击拖动鼠标指针，则经过的部分将被剪除。单击按钮确定，完成剪除，如图 2-110 所示。

（7）单击【草图绘制】工具栏的【智能尺寸】按钮，标注圆弧 1 和圆弧 2 的半径。单击圆弧 1，拖动光标到适当的位置，单击确定尺寸标注放置的位置。圆弧 2 和圆弧 3 的半径相同，标注一个即可。标注时，在左侧【尺寸】属性管理器中有【标注尺寸文字】区域，编辑标注的文字，在 R<DIM> 前输入 2×，单击按钮确定，如图 2-111 所示。

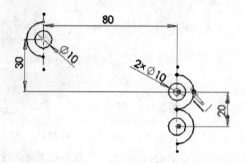

图 2-106　绘制切线起点

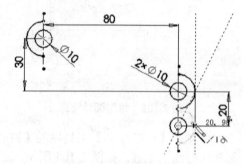

图 2-107　绘制切线终点

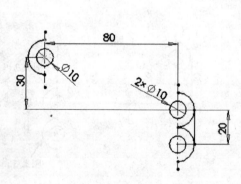

图 2-108　绘制切线

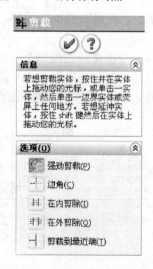

图 2-109　【剪裁】属性管理器

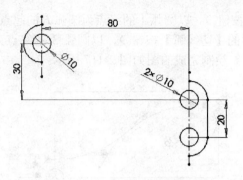

图 2-110 剪裁多余圆弧　　　　　　图 2-111 标注圆弧半径

4. 绘制连接件草图中的复杂圆弧

（参考用时：15 分钟）

（1）单击【草图绘制】工具栏的【切线弧】按钮，以圆弧 1 的起点为圆弧 4 的起点，如图 2-112 所示。拖动光标到适当位置绘制如图 2-113 所示的圆弧 4。

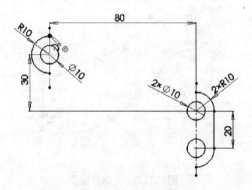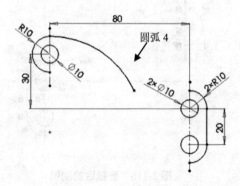

图 2-112 确定圆弧的起点　　　　　　图 2-113 标注圆弧半径

（2）单击【草图绘制】工具栏的【切线弧】按钮，在圆弧 2 的起点处单击确定圆弧 5 的起点。拖动光标到适当位置绘制如图 2-114 所示的圆弧 5。

（3）单击【草图绘制】工具栏的【添加几何关系】按钮，显示【添加几何关系】属性管理器。依次选择圆弧 4 和圆弧 5，在【添加几何关系】下单击【相切】按钮和【相等】按钮，单击按钮确定，如图 2-115 所示。

（4）单击【草图绘制】工具栏的【剪裁实体】按钮，左侧显示【剪裁】属性管理器。选择剪裁方式为【强劲剪裁】，单击拖动鼠标，则经过的部分将被剪除。单击按钮确定，完成剪除的图如图 2-116 所示。

(5)单击【草图绘制】工具栏的【切线弧】按钮,以圆弧1的终点为圆弧6的起点,拖动光标绘制圆弧6。单击【草图绘制】工具栏的【切线弧】按钮,以圆弧3的终点为圆弧7的起点,拖动光标到适当位置绘制圆弧7。绘制完成的图如图2-117所示。

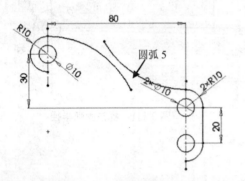

图2-114 绘制两段圆弧

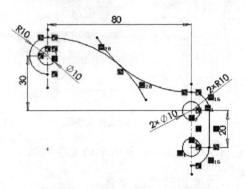

图2-115 添加圆弧几何关系

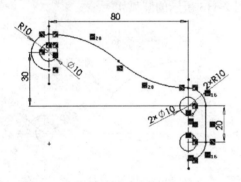

图2-116 剪裁后的圆弧

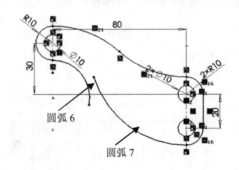

图2-117 下侧的圆弧

(6)单击【草图绘制】工具栏的【智能尺寸】按钮,分别单击圆弧6和圆弧7,拖动光标到适当的位置,单击确定尺寸标注放置的位置。标注完成的图如图2-118所示。

(7)选取【工具】|【方程式】菜单命令,或者单击【工具】按钮旁边的下三角按钮,如图2-119所示,单击∑方程式命令,弹出【方程式】对话框,如图2-120所示。单击【添加】按钮,弹出【添加方程式】对话框,如图2-121所示。

(8)单击圆弧7的半径标注,对话框中显示"D9@草图1",单击右侧软键盘 = ,然后单击圆弧6的半径标注,对话框中显示"D9@草图1"= "D8@草图1",单击右侧软键盘 *、2,对话框中显示"D9@草图1"="D8@草图1"×2,单击【确定】按钮,【添加方程式】对话框自动关闭。【方程式】对话框显示结果如图2-122所示,单击【方程式】对话框的【确定】按钮,完成方程式的添加,草图尺寸由方程式计算出,如图2-123所示。

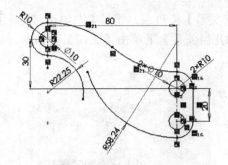

图 2-118 剪裁后的圆弧

图 2-119 下侧的圆弧

图 2-120 【方程式】对话框

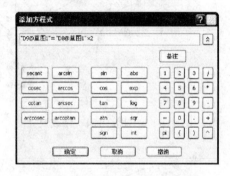

图 2-121 【添加方程式】对话框

图 2-122 添加完成方程式

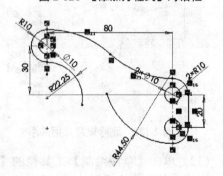

图 2-123 尺寸变化

(9) 双击左侧的尺寸，输入 30，修改后的尺寸如图 2-124 所示。

(10) 单击【草图绘制】工具栏的【显示/删除几何关系】按钮，左侧显示【显示/删除几何关系】属性管理器，如图 2-125 所示，选择【重合 8】，即圆弧 1 的终点与中心线重合的几何关系，单击【删除】按钮，单击确定按钮，结果如图 2-126 所示。

> 注释：由于初始绘制时无法确定圆弧 1 与圆弧 6 的交点位置，所以先确定一种几何关系，在绘制圆弧 6 时，先删除原来的定义，再重新添加的相切几何关系。

（11）单击【草图绘制】工具栏的【添加几何关系】按钮，显示【添加几何关系】属性管理器。依次选择圆弧 6 和圆弧 7，在【添加几何关系】下单击【相切】按钮，单击确定按钮确定，结果如图 2-127 所示。

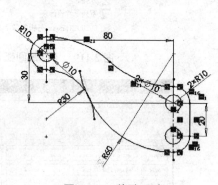

图 2-124 修改尺寸

图 2-125 【显示/删除几何关系】属性管理器

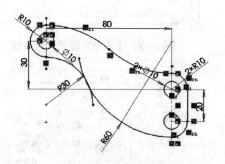

图 2-126 删除重合几何关系

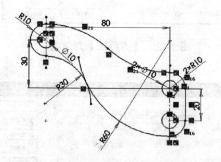

图 2-127 添加相切的几何关系

（12）单击【草图绘制】工具栏的【剪裁实体】按钮，左侧显示【剪裁】属性管理器。选择剪裁方式为【强劲剪裁】，按住鼠标左键拖动鼠标指针，则其经过的部分将被剪除。单击按钮确定，完成剪裁的结果如图 2-94 所示。

2.7 本章小结

草图设计是三维造型的基础，通过本章的学习，可以知道草图设计一般是在一个平面上完成的二维轮廓的绘制。在绘制过程中,一般要绘制基本的几何图形,然后对图形进行编辑、尺寸标注和几何约束。

在设计过程中,要注意草图绘制的基本原理,保证草图设计完成后可以进行编辑、调整并具有良好的几何关系。

思考与练习

1. 如何进入草图设计环境?草图设计环境的最大特点是什么?
2. 草图设计中如何通过颜色反映草图的状态?
3. 尺寸标注共有几种形式?几何约束的基本对象是什么?
4. 在 SolidWorks 中绘制如图 2-128 所示的二维草图,并标注尺寸。
5. 在 SolidWorks 中绘制如图 2-129 所示的零件草图。

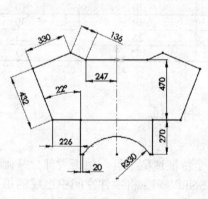

图 2-128　二维草图

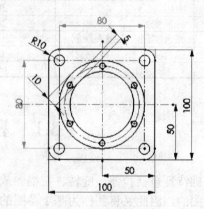

图 2-129　零件草图

第 3 章　工业产品设计

【本章导读】

本章将详细介绍实体特征的生成方法，使读者熟悉特征工具栏的应用及操作方法。重点让读者掌握拉伸、旋转、扫描、放样特征的生成，以及特征管理器的结构组成和操作方法。

希望读者通过 5 个小时的学习，熟练掌握在 SolidWorks 中创建三维实体的一些方法及操作技巧。

序　号	名　　称	基础知识参考学时（分钟）	课堂练习参考学时（分钟）	课后练习参考学时（分钟）
3.1	基础特征	20	30	10
3.2	应用特征	20	30	10
3.3	特征变换	20	30	10
3.4	综合实例一：懒人簸箕	0	40	30
3.5	综合实例二：电蚊香支座	0	25	25
	总　　计	60	155	85

3.1　基 础 特 征

基础特征包括拉伸、旋转、扫描、放样等 4 个特征造型工具，由于大部分基础特征是基于草图的，因此又将其称为基于草图的特征。SolidWorks 将零件空间中出现的第一个实体特征称为基体，而在此基体上添加的其他特征称为凸台，其中凸台必须与基体相连。

对特征建模时，需要更多地关注特征和多实体之间的关系。另外，为了准确地建立轮廓和轨迹，需要借助于空间中的一些辅助几何对象，在 SolidWorks 中称为参考几何体，包括基准面、基准点、坐标系。

在零件文件中创建的第一个特征为基体特征，这个特征决定了模型的整体状态，一般有拉伸凸台、旋转凸台、扫描、放样等。

建立基本特征一般有如下几个步骤：

（1）选择绘制草图的基准面，或者建立必要的参考基准。

（2）绘制草图。

（3）建立相应的特征。

创建第一个基体特征后，建造模型的其余工作主要是在已有的基体上添加更多的特征，这些特征可能是基于草图的特征,例如拉伸、旋转,也可能是工程应用特征,例如圆角、抽壳。

在 SolidWorks 常用的特征如表 3-1 所示。

表 3-1　常用特征说明

名　　称	按　　钮	说　　明
拉伸		拉伸草图轮廓形成实体
旋转		围绕中心线旋转草图轮廓形成实体
扫描		草图轮廓沿着路径移动形成实体
放样		在不同的轮廓之间过渡形成实体
拉伸切除		采用拉伸方法从已有实体中切除
旋转切除		采用旋转方法从已有实体中切除
扫描切除		采用扫描方法从已有实体中切除
放样切除		采用放样方法从已有实体中切除

3.1.1　拉伸特征

拉伸特征是将草图沿着直线方向拉伸产生实体的特征造型方式,适用于箱体类零件和一般非回转类零件的基本形体造型。

下面通过一实例操作来说明拉伸特征命令的运用方法及技巧。具体的操作步骤为:

(1) 单击【特征】工具栏中的【草图绘制】按钮 ,选择【上视基准面】作为草图绘制平面,拾取原点为中心点,绘制一个半径为 25 的圆。

(2) 单击【拉伸凸台/基体】按钮 或者选择菜单【插入】|【凸台】|【拉伸】命令,在控制区内出现【拉伸】属性管理器,图形区出现一个拉伸实体预览,如图 3-1 所示。

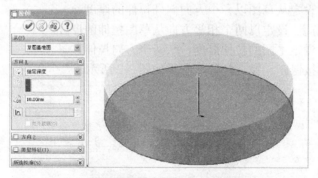

图 3-1　【拉伸】属性管理器及拉伸实体预览

(3) 在【从】区域的【开始条件】列表框中选择【草图基准面】选项。

【开始条件】列表框中各选项的意义如下:

- 【草图基准面】：从草图所在的基准面开始拉伸。
- 【曲面/面/基准面】：从这些实体之一开始拉伸。
- 【顶点】：从选择的顶点开始拉伸。
- 【等距】：从与当前草图基准面等距的基准面上开始拉伸。在【输入等距值】文本框中设定等距距离。

(4) 在【方向 1】区域的【终止条件】列表框中选择【给定深度】选项，并在【深度】文本框中输入距离 10。

【终止条件】列表框中各选项的意义如下。

- 【给定深度】：在【深度】文本框中设定深度。
- 【成形到一顶点】：选择一个要延伸到的顶点。
- 【成形到一面】：选择一个要延伸到的面或基准面。双击一曲面将终止条件更改为成形到曲面，以所选曲面为终止曲面。
- 【到离指定面指定的距离】：在图形区域中选择一个面或基准面。然后输入等距距离。选择【转化曲面】选项，使拉伸结束成为参考曲面的转化而非真实等距。必要时，选择【反向等距】选项，以便以反方向等距移动。
- 【成形到实体】：在图形区域选择要拉伸的实体。在装配件中拉伸时，可以选择【成形到实体】选项，以延伸草图到所选的实体。如果拉伸的草图超出所选面或曲面实体，【成形到实体】选项可以执行一个分析面的自动延伸，以终止拉伸。
- 【两侧对称】：在【深度】文本框中设定深度。

(5) 选择【薄壁特征】选项，激活此区域，然后在【类型】列表框中选择【单向】选项，在【厚度】文本框中输入 5。

【类型】列表框中各选项的意义如下。

- 【单向】：设定从草图以一个方向向外拉伸的厚度。
- 【两侧对称】：设定以两个相等方向从草图拉伸的厚度。
- 【双向】：设定不同的拉伸厚度，从两个方向拉伸。

(6) 单击确定按钮 ✔，完成拉伸，结果如图 3-2 所示。

图 3-2 生成拉伸实体

3.1.2 旋转特征

旋转特征是将草图围绕直线进行旋转生成几何模型的特征造型方法，适用于回转型零件造型。

注意：在 SolidWorks 2007 中，中心线、草图直线、模型直线都可作为旋转轴，但旋转轴要位于草图绘制平面上。

下面通过一实例操作来说明旋转特征命令的运用方法及技巧。具体的操作步骤为：

（1）单击【特征】工具栏中的【草图绘制】按钮，选择【前视基准面】作为草图绘制平面，绘制如图 3-3 所示的图形。

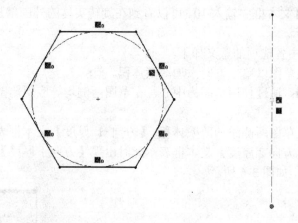

图 3-3　绘制旋转草图

（2）单击【旋转凸台/基体】按钮或者选择菜单【插入】|【凸台】|【旋转】命令，在控制区内出现【旋转】属性管理器，图形区内出现一个旋转实体预览，如图 3-4 所示。

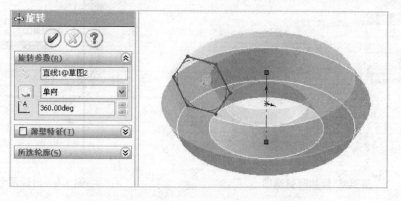

图 3-4　【旋转】属性管理器及旋转实体预览

(3) 在【旋转参数】区域的【类型】列表框中选择【单向】选项，在【角度】文本框中输入 360。

【类型】下拉列表框中各选项的意义如下：
- 【单向】：从草图以单一方向生成旋转。
- 【两侧对称】：从草图基准面以顺时针和逆时针方向生成旋转，位于旋转角度的中央。
- 【双向】：从草图基准面以顺时针和逆时针方向生成旋转。设定方向 1 角度和方向 2 的角度，两个角度的总和不能超过 360°。

(4) 选择【薄壁特征】选项，激活此区域，然后在【类型】列表框中选择【单向】选项，在【方向 1 厚度】文本框中输入 10。可以看到在旋转实体的外围增加了一定的厚度（即薄壁），如图 3-5 所示。

【类型】列表框中各选项的意义如下。
- 【单向】：从草图以单一方向添加薄壁体积。
- 【两侧对称】：通过使用草图为中心，在草图两侧均等应用薄壁体积来添加薄壁体积。
- 【双向】：在草图两侧添加薄壁体积。【方向 1 厚度】文本框表示从草图向外添加薄壁体积，【方向 2 厚度】文本框表示此时出现【方向 1 厚度】和【方向 2 厚度】两个文本框，如图 3-6 所示。

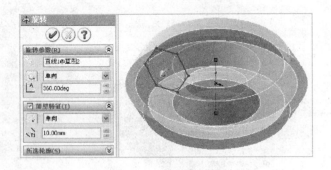

图 3-5　添加薄壁选项

图 3-6　出现两个文本框

(5) 单击确定按钮，完成旋转，如图 3-7 所示。

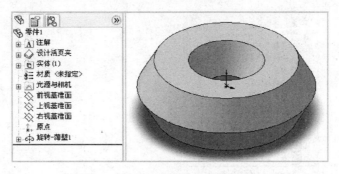

图 3-7 生成旋转实体

3.1.3 扫描特征

扫描特征是一个截面沿着路径曲线进行移动生成几何模型的特征造型方法，在 SolidWorks 中，扫描分为简单扫描和引导线扫描两种，简单扫描单纯由截面和路径构成。而引导线扫描中，截面沿路径扫描的形态受到引导线的控制。简单扫描的扫描轮廓在扫描过程中不发生变化，引导线扫描的扫描轮廓在扫描过程中受到引导线的控制。

> 注意：
> - 扫描轮廓、路径和引导线必须分别属于不同的草图，而不能是同一草图中的不同线条。
> - 扫描路径的端点或者位于扫描轮廓处的平面上，或者要穿越扫描轮廓。
> - 通过方向、扭转类型设置控制扫描轮廓在扫描过程中的方位。
> - 引导线扫描控制扫描轮廓的变化形态。
> - 起始处、结束处相切设定扫描特征两端的形态。
> - 在引导线扫描中，不要设定扫描轮廓尺寸，其形态由引导线控制。
> - 扫描过程中不允许自交叉现象。

下面通过一实例操作来说明扫描特征命令的运用方法及技巧。具体的操作步骤为：

（1）单击【草图绘制】按钮，选择【上视基准面】作为草图绘制平面，拾取原点为中心点，绘制一个半径为 5 的圆，然后退出草图。

（2）在特征树中单击选择【前视基准面】，作为另一草图绘制平面，单击【视图】工具栏中标准视图列表中的【正视于】按钮，再单击【样条曲线】按钮，绘制一条曲线，如图 3-8 所示。

（3）单击【特征】工具栏中的【扫描】按钮或者选择菜单【插入】|【凸台】|【扫描】，在控制区内出现【扫描特征】属性管理器，在【轮廓和路径】区域中，选择草图 3 为轮廓，选择草图 4 为路径。图形区内出现一个扫描实体预览，如图 3-9 所示。

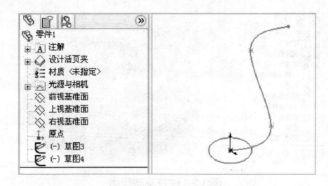

图 3-8 绘制两个草图

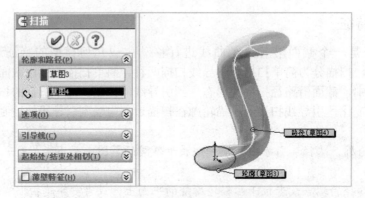

图 3-9 【扫描特征】属性管理器及扫描实体预览

（4）单击【选项】区域，在【方向/扭转控制】列表框中选择【随路径变化】选项。在【路径对齐类型】列表框中选择【无】选项，然后选中【显示预览】复选框，如图 3-10 所示。

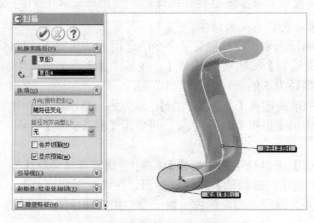

图 3-10 【扫描】属性管理器

【方向/扭转控制】列表框中各选项的意义如下。
- 【随路径变化】：截面相对于路径仍时刻处于同一角度。
- 【保持法向不变】：截面时刻与开始截面平行。
- 【沿路径扭转】：沿路径扭转截面。在定义方式下按度数、弧度或旋转定义扭转。
- 【以法向不变沿路径扭曲】：通过将截面在沿路径扭曲时保持与开始截面平行而沿路径扭曲截面。

【路径对齐】列表框中各选项及复选框的意义如下。
- 【无】：垂直于轮廓而对齐轮廓，不进行纠正。
- 【最小扭转】：只对于 3D 路径，阻止轮廓在随路径变化时自我相交。
- 【方向向量】：以方向向量所选择的方向对齐轮廓，选择设定方向向量的实体。
- 【所有面】：当路径包括相邻面时，使扫描轮廓在几何关系可能的情况下与相邻面相切。
- 【合并切面】：如果扫描轮廓具有相切线段，可使所产生的扫描中的相应曲面相切。保持相切的面可以是基准面、圆柱面或锥面。其他相邻面被合并，轮廓被近似处理。草图圆弧可以转换为样条曲线。
- 【显示预览】：显示扫描的上色预览，消除选择以只显示轮廓和路径。

（5）单击【起始处/结束处相切】区域，在【起始处相切类型】列表框中选择【无】选项，在【结束处相切类型】列表框中选择【无】选项，如图 3-11 所示。

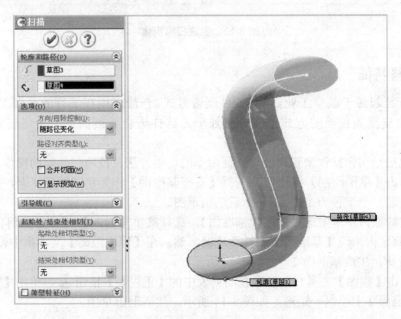

图 3-11 【起始处/结束处相切】区域

【起始处相切类型】列表框中各选项的意义如下。
> 【无】：没应用相切。
> 【路径相切】：垂直于开始点路径而生成扫描。

【结束处相切类型】列表框中各选项的意义如下。
> 【无】：没应用相切。
> 【路径相切】：垂直于结束点路径而生成扫描。

（6）单击【确定】按钮，完成扫描特征，如图3-12所示。

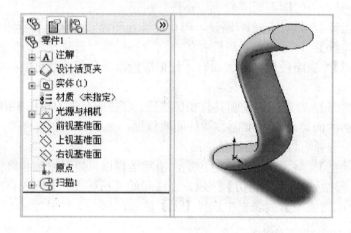

图3-12　生成扫描实体

3.1.4　放样特征

放样特征起源于航空工业，原为一种制造方式，一般采用在平行的截面上放置模板，然后利用蒙皮覆盖模板的方式形成产品外形。放样适合于截面形态变化较大的实体建模。

下面通过一实例操作来说明放样特征命令的运用方法及技巧。具体的操作步骤为：

（1）单击【草图绘制】按钮，选择【右视基准面】作为草图绘制平面，拾取原点为中心点，绘制一个半径为15的圆，然后退出草图。

（2）在特征树中单击选择【右视基准面】，选择菜单【插入】|【参考几何体】|【基准面】，在控制区内出现【基准面】属性管理器，然后在【等距距离】文本框中输入20，单击确定按钮，生成基准面2，如图3-13所示。

（3）单击【视图】工具栏的标准视图列表中的【正视于】按钮，单击【矩形】按钮，在基准面2上绘制一矩形，如图3-14所示，然后退出草图。

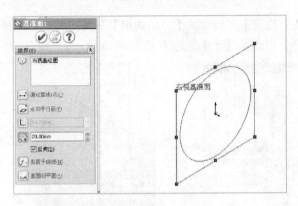

图 3-13 建立基准面

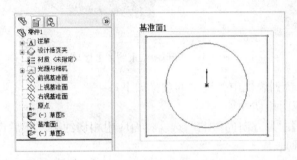

图 3-14 绘制矩形

（4）单击【特征】工具栏中的【放样】按钮，或者选择菜单【插入】|【凸台】|【放样】，在控制区内出现【放样】属性管理器，单击选择两个草图轮廓，图形区出现一个放样实体预览，如图 3-15 所示。

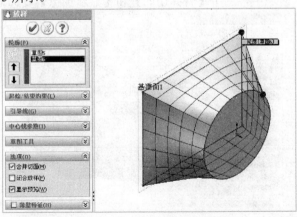

图 3-15 【放样】属性管理器及放样实体预览

(5) 在【起始/结束约束】区域中的【开始约束】下拉列表框中选择【无】选项,在【结束约束】下拉列表框中也选择【无】选项,如图 3-16 所示。

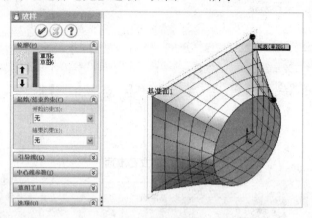

图 3-16 【起始/结束约束】区域

【开始约束】下拉列表框中各选项的意义如下。
- 【无】:没应用相切约束。
- 【方向向量】:为方向向量的所选实体而应用相切约束,然后设定拔模角度和起始或结束处相切长度。
- 【垂直于轮廓】:应用垂直于开始或结束轮廓的相切约束,然后设定拔模角度和起始或结束处相切长度。

【结束约束】下拉列表框中各选项的意义与【开始约束】下拉列表框中各选项的意义相同,在此不重复介绍。

(6) 在【选项】区域中,选中【合并切面】和【显示预览】复选框,如图 3-17 所示。

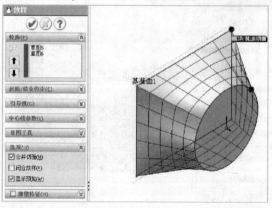

图 3-17 【选项】区域

其中各个选项的意义如下。
- 【合并切面】：如果对应的线段相切，则在所生成的放样中，曲面保持相切。
- 【闭合放样】：沿放样方向生成一闭合实体，此选项会自动连接最后一个和第一个草图。
- 【显示预览】：显示放样的上色预览，取消此选项则只观看路径和引导线。

（7）单击确定按钮 ✔，完成放样特征，如图 3-18 所示。

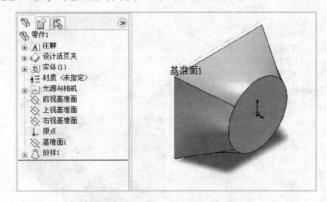

图 3-18　生成放样实体

3.2　应用特征

在 SolidWorks 中，一般通过拉伸、旋转、扫描、放样特征完成大部分机械零件的基体，还有一些特征是基于这些已经完成的特征而建立的，这些特征一般都被称为应用特征或者细节特征。

3.2.1　圆角

圆角是将几何形体边界替代为圆滑过渡的特征造型方法。生成圆角的规则如下。
- 在添加小圆角之前添加较大圆角。当有多个圆角会聚于一个顶点时，先生成较大的圆角。
- 在生成圆角前先添加拔模。如果要生成具有多个圆角边线及拔模面的铸模零件，在大多数的情况下，应在添加圆角之前添加拔模特征。
- 最后添加装饰用的圆角。大多数情况下在定位后尝试添加装饰圆角。如果越早添加它们，则系统需要花费越长的时间重建零件。

➢ 如要加快零件重建的速度,可使用单一圆角操作来处理需要相同半径圆角的多条边线。然而,如果改变此圆角的半径,则在同一操作中生成的所有圆角都会改变。

单击【特征】工具栏中的【圆角】按钮，在控制区内出现【圆角】属性管理器,如图 3-19 所示。

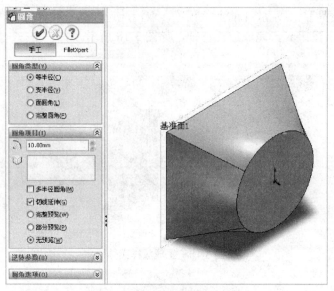

图 3-19 【圆角】属性管理器

在【圆角类型】区域中有 4 个选项,各个选项的意义如下。
➢ 【等半径】:生成等半径的圆角。
➢ 【变半径】:生成带变半径值的圆角。
➢ 【面圆角】:混合非相邻、非连续的面。
➢ 【完整圆角】:生成相切于三个相邻面组（一个或多个面相切）的圆角。

下面通过几个实例来说明这几个圆角类型的应用。

1. 等半径圆角

在【圆角类型】区域中选择【等半径】单选按钮,在【圆角项目】区域中设定圆角的半径为 10,然后在图形区内选择需要进行圆角操作的边线,单击确定按钮，结果如图 3-20 所示。

其他区域中的一些主要选项的意义如下。
➢ 【多半径圆角】:生成有不同半径值的圆角。
➢ 【圆形角】:在圆角边线汇合处生成平滑过渡。
➢ 【逆转圆角】:定义从顶点处圆角开始混合的逆转距离。

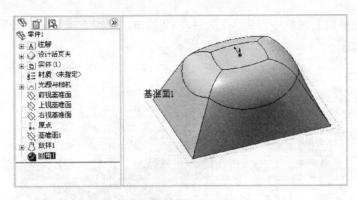

图 3-20　等半径圆角

2. 变半径圆角

在【圆角类型】区域中选择【变半径】单选按钮，在图形区选择需要进行圆角操作的边，由于在【变半径参数】区域中的【实例数】为 3，因此在该边出现 3 个均匀的红色节点（半径控制点），选择红色节点，会弹出标注框，如图 3-21 所示。用鼠标指针拖动节点可以改变半径控制点的位置。

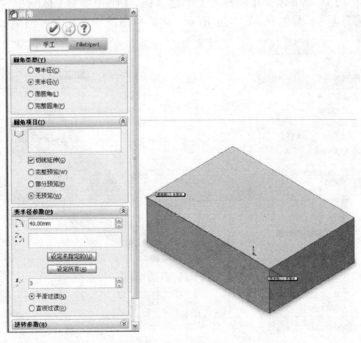

图 3-21　标注框

在【变半径参数】区域中设定 V1 为 4，V2 为 6，设定完成后，单击确定按钮✓，结果如图 3-22 所示。

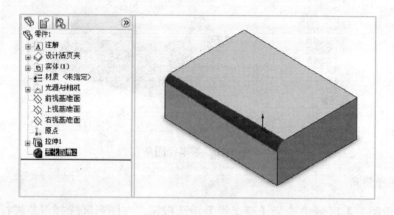

图 3-22　变半径圆角

3. 面圆角

在【圆角类型】区域中选择【面圆角】单选按钮，【圆角项目】区域中设定圆角的半径为 15，再分别选择面 1、面 2，如图 3-23 所示，然后单击确定按钮✓，结果如图 3-24 所示。

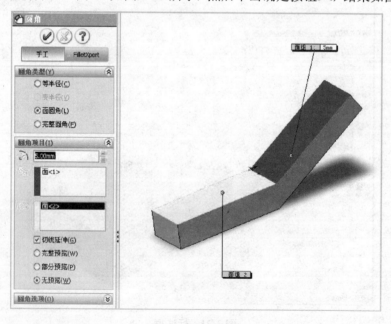

图 3-23　选择两面

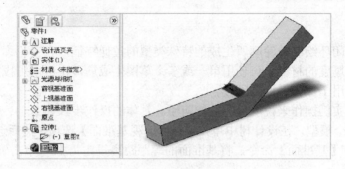

图 3-24 面圆角

4. 完整圆角

在【圆角类型】区域中选择【完整圆角】单选按钮,分别选择边侧面组 1、中央面组、边侧面组 2,如图 3-25 所示。然后单击确定按钮,结果如图 3-26 所示。

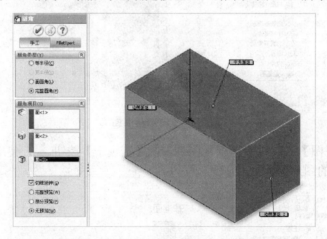

图 3-25 选择面组

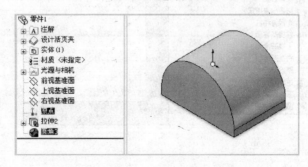

图 3-26 完整圆角

3.2.2 筋

筋是开环或闭环绘制的轮廓所生成的特殊类型的拉伸特征，它在轮廓与现有零件之间添加指定方向和厚度的材料。可使用单一或多个草图生成筋，也可以用拔模生成筋特征。筋在工程上一般用于加强零件的刚度。

下面通过一实例操作来说明筋特征的应用。具体的操作步骤如下。

（1）打开一个模型，在设计树中单击选择【前视基准面】选项，然后选择菜单【插入】|【参考几何体】|【基准面】命令，将基准面的等距距离设定为 10，单击确定按钮即可，结果如图 3-27 所示。

> 注意：基准面必须与零件交叉或者与现有基准面平行或成一定角度。

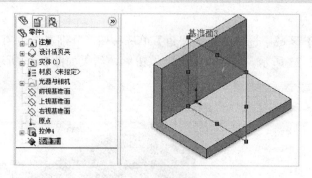

图 3-27 添加基准面

（2）单击【视图】工具栏中标准视图列表的【正视于】按钮，使用草图绘制工具绘制如图 3-28 所示的图形。

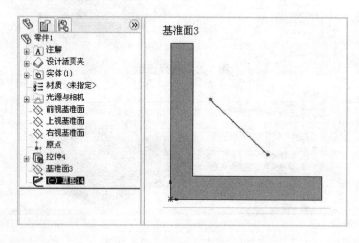

图 3-28 绘制草图

（3）退出草图，单击【特征】工具栏的【筋】按钮 或者选择菜单【插入】|【特征】|【筋】命令，选择刚绘制的草图，在控制区内即出现【筋】属性管理器，在【厚度】区域中选择【两侧】选项，输入其厚度为"5"，拉伸方向为【平行于草图】，如图3-29所示。

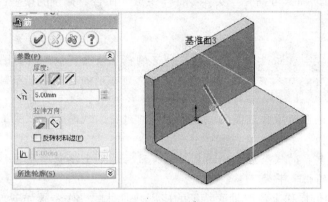

图3-29 【筋】属性管理器

【筋】属性管理器中各选项的意义如下。
- ➢ （第一边）：只添加材料到草图的一边。
- ➢ （两边）：均等添加材料到草图的两边。
- ➢ （第二边）：只添加材料到草图的另一边。
- ➢ （平行于草图）：平行于草图生成筋拉伸。
- ➢ （垂直于草图）：垂直于草图生成筋拉伸。
- ➢ 反转材料边：更改拉伸的方向。

（4）单击确定按钮 ，筋特征即添加完成，如图3-30所示。

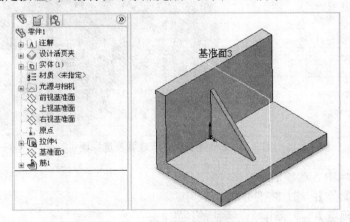

图3-30 筋添加完成

3.2.3 抽壳

抽壳工具会掏空零件，使所选择的面敞开，在剩余的面上生成薄壁特征。如果没有选择模型上的任何面，那么可抽壳一实体零件，生成一闭合、掏空的模型；也可以使用多个厚度来抽壳模型。

> 注意：
> - 如果选择模型表面进行抽壳操作，所选的模型表面将被删除，围绕剩余的模型表面产生壳体，如果要选择特征进行抽壳，则该特征会变成一个外部封闭、内部中空的壳体。
> - 较大半径的圆角操作应该在抽壳操作之前进行，从而避免倒圆角破坏抽壳后形成的薄壁。
> - 外形过于复杂的模型可能会遇到抽壳失败，原则上抽壳厚度要小于抽壳后保留的模型表面的曲率半径。

下面通过一实例操作来说明抽壳特征的应用。具体的操作步骤如下。

（1）首先打开一模型，然后单击【特征】工具栏中的【抽壳】按钮，在控制区出现【抽壳】属性管理器，在此管理器中，设定厚度为 2，然后选择移除的面，如图 3-31 所示。

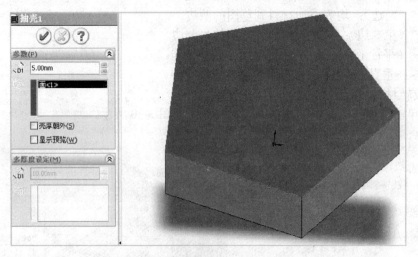

图 3-31 【抽壳】属性管理器及选择面

【参数】区域中各选项的意义如下。
- 【壳厚朝外】：增加零件的外部尺寸。
- 【显示预览】：显示出抽壳特征的预览。

（2）单击确定按钮，则抽壳完成，如图 3-32 所示。

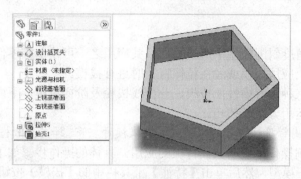

图 3-32 等厚度抽壳完成

(3) 如果要抽壳形成不同厚度的薄壁,可以选择【抽壳】节点,右击,在弹出的快捷菜单中选择【编辑特征】命令,在【多厚度设定】区域中选择多厚度面,设定其厚度,如图 3-33 所示。

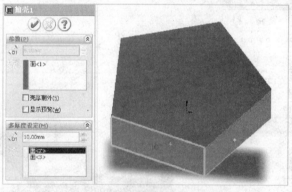

图 3-33 选择多厚度面

(4) 单击确定按钮 ✔,则抽壳完成,如图 3-34 所示。

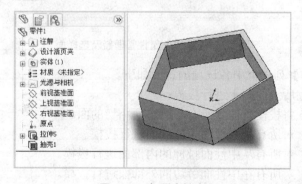

图 3-34 多厚度抽壳

3.2.4 拔模

拔模以指定的角度斜削模型中所选的面。其应用之一可使型腔零件更容易脱出模型。可以在现有的零件上应用拔模或者在拉伸特征时进行拔模。

拔模的类型有三种，有中性面拔模、分型线拔模及阶梯拔模，下面以中性面拔模为例来说明拔模特征的运用方法及技巧。

注意：当使用带阶梯拔模的分型线生成拔模时，可选择垂直阶梯来防止坡面成锥形。

下面通过一实例操作来说明拔模特征的应用。具体的操作步骤如下。

（1）首先打开一模型，然后单击【特征】工具栏中的【拔模】按钮，在控制区出现【拔模】属性管理器，在【拔模类型】列表框中选择【中性面】选项，将拔模角度设为 30，然后分别选择中性面、拔模面，在【拔模沿面延伸】列表框中选择【无】选项，如图 3-35 所示。

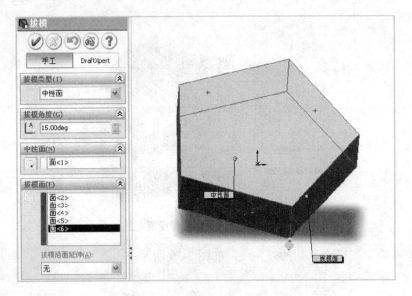

图 3-35 【拔模】属性管理器及选择面

【拔模沿面延伸】列表框中各选项的意义如下。
- 【无】：只在所选的面上进行拔模。
- 【沿切面】：将拔模延伸到所有与所选面相切的面。
- 【所有面】：对所有从中性面拉伸的面进行拔模。
- 【内部面】：对所有从中性面拉伸的内部面进行拔模。
- 【外部面】：对所有在中性面旁边的外部面进行拔模。

（2）单击确定按钮，则拔模完成，如图 3-36 所示。

第 3 章 工业产品设计

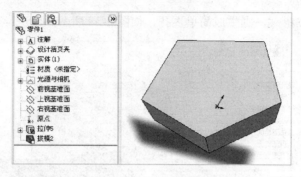

图 3-36 拔模完成

3.2.5 孔

钻孔可以在模型上生成各种类型的孔特征。在平面上放置孔并设定深度，可以通过以后标注尺寸来指定它的位置。

> 注意：一般最好在设计阶段快要结束时生成孔，这样可以避免因疏忽而将材料加到现有的孔内。此外，如果准备生成不需要其他参数的简单直孔，则使用简单直孔。第二个选项使用异型孔向导，需要设置其他参数。

生成简单直孔的具体操作步骤如下。

(1) 选择要生成孔的平面，然后选择菜单【插入】|【特征】|【孔】|【简单直孔】命令，在控制区出现【孔】属性管理器。

(2) 在【方向 1】区域的【终止条件】列表框中选择【完全贯穿】选项，设定孔的直径为 10，如图 3-37 所示。

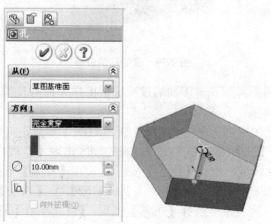

图 3-37 【孔】属性管理器

（3）单击确定按钮 ✔，则生成简单直孔，如图 3-38 所示。

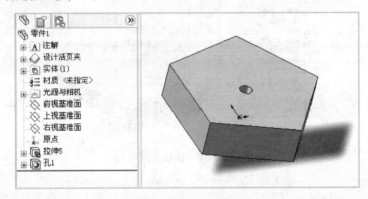

图 3-38　生成简单直孔

在设计树中展开特征节点，选择其下的草图，然后右击，从弹出的快捷菜单中选择【编辑草图】命令，在草图中可重新设定孔的位置，如图 3-39 所示。

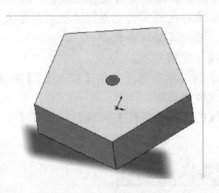

图 3-39　改变孔的位置

工程中应用更多的是异型孔。下面通过一实例操作来说明异型孔的应用。

生成柱型孔的具体操作步骤为：

（1）选择要生成孔的平面，单击【特征】工具栏的【异型孔向导】按钮 🛠 或者选择菜单【插入】|【特征】|【孔】|【向导】命令，在控制区出现【孔规格】属性管理器。

（2）在【孔规格】区域中选择【柱孔】按钮 🛠，在【标准】下拉列表框中选择 ISO 选项，在【类型】下拉列表框中选择【六角凹头 ISO 4762】，在【大小】列表框中选择【M2.5】选项，在【配合】下拉列表框中选择【正常】选项，【终止条件】选择【完全贯穿】，如图 3-40 所示。

第 3 章 工业产品设计

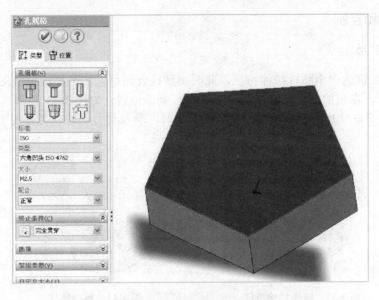

图 3-40 【孔规格】属性管理器

（3）单击确定按钮 ✓，完成柱型孔的添加，如图 3-41 所示。
改变异型孔位置的方法与改变简单直孔位置的方法一样，在此就不再重复。

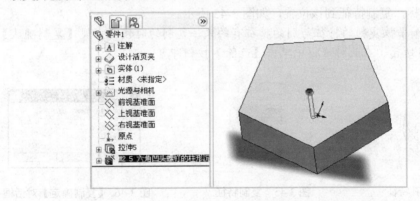

图 3-41 生成柱型孔

3.3 特征变换

特征变换包括对特征或者特征组合的整体进行复制、镜像、移动、缩放和阵列等操作。

3.3.1 移动和复制

1. 特征移动

按住 Shift 键选中小圆柱拉伸特征，此时小圆柱表面绿色加亮显示，如图 3-42 所示。然后拖拽特征，在新的位置松开鼠标，移动特征到该位置，如图 3-43 所示。

> 注意：当移动特征到不同的模型平面上时，特征会自动转换其草图平面。

 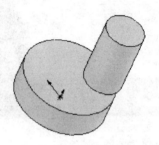

图 3-42 选择拉伸特征　　　图 3-43 移动特征

2. 复制特征

按住 Ctrl 键选中孔特征，孔特征绿色将加亮显示，如图 3-44 所示。然后拖拽鼠标，在新的位置松开鼠标，复制特征到该位置，如图 3-45 所示。

> 注意：如果被复制的特征与别的特征有约束，复制的时候会出现【复制确认】对话框，如图 3-46 所示。在此对话框中单击【删除】按钮即可。

图 3-44 选择孔特征　　　图 3-45 复制特征　　　图 3-46 【复制确定】对话框

利用移动和复制可以迅速地调整模型中特征的位置和数量，因此较多地用于产品零件的创意设计，一般需要在完成操作后重新标注新特征的位置尺寸。

3. 文件窗口之间的移动或者复制

特征的复制与移动可以跨越模型文件，首先打开两个零件文件，然后选择【窗口】|【横向平铺】命令，在图形区中同时显示两个零件，按住 Ctrl 键在上方窗口中拖动孔特征

到下方窗口的零件上，实现特征的跨零件复制，如图 3-47 所示。

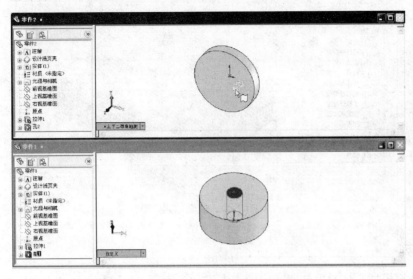

图 3-47　文件窗口之间的移动或者复制

3.3.2　镜像

镜像操作是参考一个平面生成模型几何对象的对称拷贝的过程。

打开一模型，然后单击【特征】工具栏中的【镜像】按钮 或者选择菜单【插入】|【阵列/镜像】|【镜像】命令，打开【镜像】属性管理器再选择【镜像面】，再选择【要镜像的实体】，如图 3-48 所示。

注意：镜像的对象可以是实体也可以是特征。

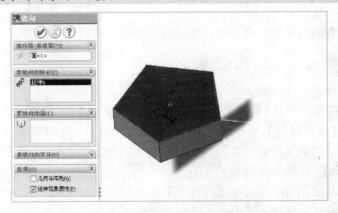

图 3-48　【镜像】属性管理器及镜像预览

单击确定按钮,镜像结果如图 3-49 所示。

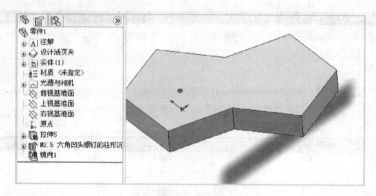

图 3-49 镜像结果

3.3.3 阵列

阵列是将模型几何对象按照一定的方式进行多次复制的过程,在 SolidWorks 中提供了 5 种阵列操作命令,如表 3-2 所示。

表 3-2 阵列类型及功能

阵列类型	功 能
线性阵列	在两个直线方向生成均匀分布的阵列
圆周阵列	围绕轴线旋转生成圆周形态均匀分布的阵列
草图驱动的阵列	由草图点驱动生成阵列
曲线驱动的阵列	沿着曲线生成阵列
表格驱动的阵列	通过表格设定阵列实例形成阵列

下面通过线性阵列和圆周阵列的实例操作来说明阵列特征的应用。

1. 线性阵列

线性阵列操作的具体步骤为:

(1) 打开一模型,单击【特征】工具栏中的【线性阵列】按钮,或者选择菜单【插入】|【阵列/镜像】|【线性阵列】命令,在控制区出现【线性阵列】属性管理器。

(2) 选择模型的两条边线作为阵列方向 1 和 2,然后设置方向 1 的间距为 20、实例数为 3,方向 2 的间距为 20、实例数为 3。

(3) 用鼠标左键在绘图区选择【孔特征】为阵列操作对象,如图 3-50 所示。

注意:单击按钮,可以改变阵列的方向。

第 3 章 工业产品设计

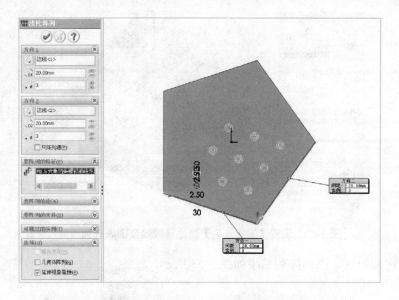

图 3-50　设置【线性阵列】属性管理器及阵列预览

（4）单击确定按钮，线性阵列的结果如图 3-51 所示。

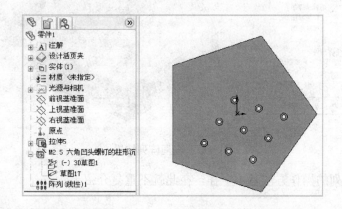

图 3-51　线性阵列结果

2．圆周阵列

打开一模型，单击【特征】工具栏中的【圆周阵列】按钮或者选择菜单【插入】|【阵列/镜像】|【圆周阵列】命令，在控制区出现【圆周阵列】属性管理器。选择菜单【视图】|【临时轴】命令，以显示临时轴，然后选择临时轴为圆周阵列轴，将角度改为 72，实例数改为 5，最后用鼠标左键在绘图区选择【孔特征】为阵列操作对象，如图 3-52 所示。

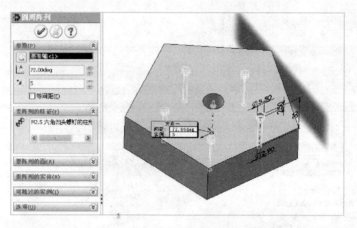

图 3-52 设置【圆周阵列】属性管理器及圆周阵列预览

单击确定按钮,圆周阵列结果如图 3-53 所示。

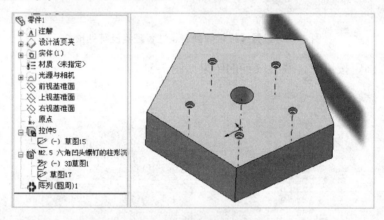

图 3-53 圆周阵列结果

其他类型阵列的操作方法基本一样,在此就不重复介绍了。

3.4 综合实例一:懒人簸箕

光盘链接:
零件源文件——见光盘中的"\源文件\第 3 章\part3-4.SLDPRT"文件夹。

3.4.1 案例预览

（参考用时：40 分钟）

本例将介绍懒人簸箕的设计过程。在现实生活中，人们可以不用弯腰而用脚便可以使用这种簸箕工作。在设计过程中将会对所涉及的基本命令作详细介绍，最终的设计结果如图 3-54 所示。

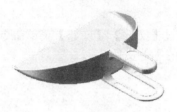

图 3-54　懒人簸箕

3.4.2 案例分析

- 主导思想。簸箕的凹槽部分用抽壳命令来实现，所以其创作的主导思想就是抽壳。
- 设计理念。簸箕的凹槽部分用抽壳特征创建，夹持部分用简单的拉伸特征创建，同时附以倒圆角命令来实现整体的美化效果，基本设计流程如图 3-55 所示。

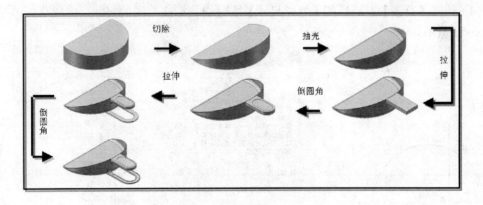

图 3-55　基本设计流程

3.4.3 常用命令

- 【拉伸】：【插入】|【凸台/基体】|【拉伸】菜单命令；【特征】工具栏的【拉伸凸

台/基体】按钮。
- 【圆角】:【插入】|【特征】|【圆角】菜单命令;【特征】工具栏的【圆角】按钮。

3.4.4 设计步骤

1. 新建零件文件

☀(参考用时:1分钟)

启动 SolidWorks 2007,通过【文件】|【新建】菜单命令,或者单击【标准】工具栏的【新建】按钮,创建一个新的零件文件。

2. 绘制基本体的草图

☀(参考用时:4分钟)

(1)选取前视基准面作为草图平面,单击【标准视角】工具栏中的【正视于】按钮,进入草图绘制环境。

(2)单击【草图】工具栏的【直线】按钮,绘制一直线,再单击【圆】按钮,绘制一个圆,如图 3-56 所示。单击【剪裁实体】按钮,进入【剪裁】属性管理器,如图 3-57 所示。

(3)单击【强劲剪裁】按钮后,按住鼠标左键在屏幕上滑动,光标扫过的图线就会被自动裁剪掉。

(4)单击【草图】工具栏的【智能尺寸】按钮,标注草图的尺寸,完成草图的绘制,如图 3-58 所示。

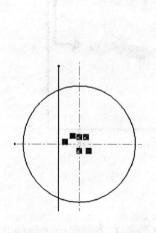

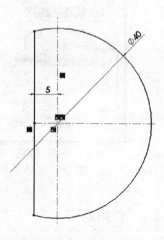

图 3-56 绘制基本草图　　图 3-57 【剪裁】属性管理器　　图 3-58 完成草图

3. 通过拉伸特征命令生成基本体实体

（参考用时：2分钟）

通过【插入】|【凸台/基体】|【拉伸】菜单命令，或者单击【特征】工具栏的【拉伸凸台/基体】按钮，出现【拉伸】属性管理器，如图3-59所示。在【给定深度】下输入值10，绘图区出现预览模式，单击按钮确定，得到基本体的实体模型，如图3-60所示。

图3-59 【拉伸】属性管理器　　　图3-60 基本体的实体模型

4. 切除基本体所用的草图

（参考用时：2分钟）

（1）选取前视基准面作为草图平面，单击【标准视角】工具栏中的【正视于】按钮，进入草图绘制环境。

（2）单击【草图】工具栏的【直线】按钮，绘制一个三角形，单击【草图】工具栏的【智能尺寸】按钮，标注草图的尺寸，完成草图的绘制，如图3-61所示。

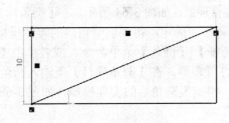

图3-61 完成的草图

5. 切除基本体模型

（参考用时：2分钟）

通过【插入】|【切除】|【拉伸】菜单命令，或者单击【特征】工具栏的【拉伸切除】按钮，出现【切除－拉伸】属性管理器，如图3-62所示。在【方向1】下选取【两侧对称】，输入长度值49，绘图区出现预览模式。单击按钮确定，得到基本体的模型，如图3-63所示。

图3-62 【切除－拉伸】属性管理器

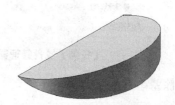

图3-63 基本体模型

6. 添加圆角特征

（参考用时：2分钟）

（1）通过【插入】|【特征】|【圆角】菜单命令，或者单击【特征】工具栏的【圆角】按钮，出现【圆角】属性管理器，如图3-64所示。在【圆角项目】下输入圆角半径值2，选取图3-65的底边，单击按钮确定，得到倒圆角后的实体模型，如图3-66所示。

（2）通过【插入】|【特征】|【圆角】菜单命令，或者单击【特征】工具栏的【圆角】按钮，出现【圆角】属性管理器。在【圆角项目】下输入圆角半径值0.1，选取图3-67的底边，单击按钮确定，得到倒圆角后的实体模型，如图3-68所示。

第3章 工业产品设计　　109

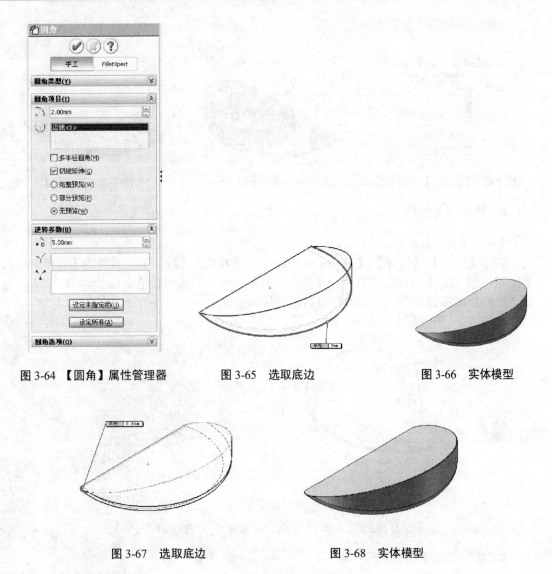

图 3-64 【圆角】属性管理器　　　　图 3-65 选取底边　　　　图 3-66 实体模型

图 3-67 选取底边　　　　　　　　图 3-68 实体模型

7. 添加抽壳特征

（参考用时：1 分钟）

单击【特征】工具栏的【抽壳】按钮，出现【抽壳 1】属性管理器，如图 3-69 所示。所选【参数】设为 0.5。抽壳表面选择上倾斜表面 1，如图 3-70 所示。单击 按钮确定，得到基本体实体模型，如图 3-71 所示。

 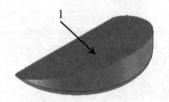 

图 3-69 【抽壳1】属性管理器　　图 3-70 倾斜表面1　　图 3-71 实体模型

8. 添加圆角特征

（参考用时：1分钟）

通过【插入】|【特征】|【圆角】菜单命令，或者单击【特征】工具栏的【圆角】按钮，出现【圆角】属性管理器，在【圆角项目】下输入圆角半径值 0.1，选取图 3-72 的边线 2，单击 按钮确定，得到倒圆角后的实体模型，如图 3-73 所示。

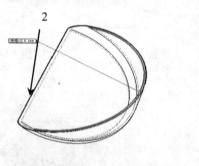 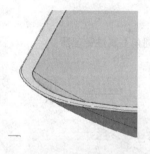

图 3-72 边线 2　　　　　　　　　图 3-73 实体模型

注释：要得到合理的基本体的形状，则应该先倒角后抽壳。

9. 绘制上把手截面草图

（参考用时：2分钟）

（1）插入基准面。选取上视基准面作为参考平面，单击【特征】工具栏的【参考几何体】按钮的展开按钮中的【基准面】按钮，出现【基准面1】属性管理器，如图3-74所示。在【等距距离】中输入值 10。单击 按钮确定，得到一个新的面基准面 1，如图 3-75 所示。

第 3 章 工业产品设计

图 3-74 【基准面 1】窗口

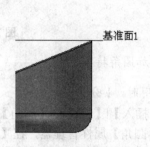

图 3-75 新的基准面 1

（2）选取【基准面 1】作为草图平面，单击【标准视角】工具栏中的【正视于】按钮，进入草图绘制环境。

（3）单击【草图】工具栏的【直线】按钮，绘制一组直线段，再利用 3.1 节中介绍的转换实体引用的方法，绘制出一段圆弧（请看局部放大图，如图 3-76 所示）。

（4）单击【草图】工具栏的【智能尺寸】按钮，标注草图的尺寸，完成草图的绘制，如图 3-77 所示。

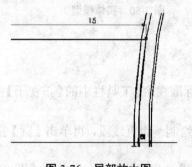

图 3-76 局部放大图

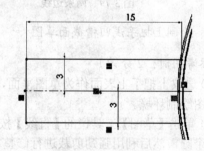

图 3-77 完成草图

10. 通过拉伸特征命令生成上把手实体

（参考用时：1 分钟）

通过【插入】|【凸台/基体】|【拉伸】菜单命令，或者单击【特征】工具栏的【拉伸凸台/基体】按钮，出现【拉伸】属性管理器。在【给定深度】下输入值 2，绘图区出现

预览模式，单击✅按钮确定，得到上把手实体模型，如图 3-78 所示。

图 3-78　上把手实体模型

11. 添加圆角特征

☀（参考用时：1 分钟）

通过【插入】|【特征】|【圆角】菜单命令，或者单击【特征】工具栏的【圆角】按钮，出现【圆角】属性管理器，在【圆角项目】下输入圆角半径值 3，选取图 3-79 所示的两条边线，单击✅按钮确定，得到倒圆角后的实体模型，如图 3-80 所示。

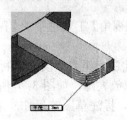 

图 3-79　两条边线　　　　　　　图 3-80　实体模型

12. 绘制上把手浅凹槽截面草图

☀（参考用时：2 分钟）

（1）选取上把手上表面作为草图平面，单击【标准视角】工具栏中的【正视于】按钮，进入草图绘制环境。

（2）单击【草图】工具栏的【直线】按钮，绘制一组直线段，再单击【圆】按钮，绘制两个圆，然后利用强劲剪裁进行修整。

（3）单击【草图】工具栏的【智能尺寸】按钮，标注草图的尺寸，完成草图的绘制，如图 3-81 所示。

13. 通过切除特征命令生成上把手浅凹槽

☀（参考用时：1 分钟）

通过【插入】|【切除】|【拉伸】菜单命令，或者单击【特征】工具栏的【拉伸切除】

按钮🔲，出现【切除－拉伸】属性管理器。在【方向1】下选取【给定深度】，输入长度值0.2，绘图区出现预览模式。单击✓按钮确定，得到上把手浅凹槽的模型，如图3-82所示。

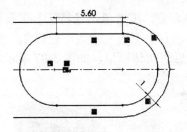

图3-81 绘制完成的草图

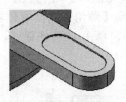

图3-82 实体模型

14. 用切除特征命令生成上把手浅凹槽

（参考用时：1分钟）

（1）选取右视基准面作为草图平面，单击【标准视角】工具栏中的【正视于】按钮，进入草图绘制环境。单击【草图】工具栏的【直线】按钮，绘制一组直线段，再单击【圆】按钮，绘制两个圆，然后利用强劲剪裁进行修整。单击【草图】工具栏的【智能尺寸】按钮，标注草图的尺寸，完成草图的绘制如图3-83所示。

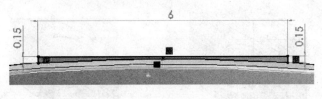

图3-83 草图绘制

（2）通过【插入】|【切除】|【拉伸】菜单命令，或者单击【特征】工具栏的【拉伸切除】按钮🔲，出现【切除－拉伸】属性管理器。在【方向 1】下选取【完全贯穿】，绘图区出现预览模式，如图3-84所示。单击✓按钮确定，得到剪切后的实体模型，如图3-85所示。

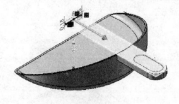

图3-84 预览模式

图3-85 实体模型

15. 添加圆角特征

☀ (参考用时：2 分钟)

(1) 通过【插入】|【特征】|【圆角】菜单命令，或者单击【特征】工具栏的【圆角】按钮，出现【圆角】属性管理器。在【圆角项目】下输入圆角半径值 2，选取如图 3-86 所示的边线 3，单击 ✓ 按钮确定，得到倒圆角后的实体模型，如图 3-87 所示。

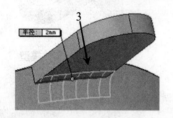
图 3-86　边线 3

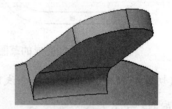
图 3-87　实体模型

(2) 通过【插入】|【特征】|【圆角】菜单命令，或者单击【特征】工具栏的【圆角】按钮，出现【圆角】属性管理器。在【圆角项目】下输入圆角半径值 0.5，选取如图 3-88 的边线 4，单击 ✓ 按钮确定，得到倒圆角后的实体模型，如图 3-89 所示。

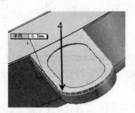
图 3-88　选取边线 4

图 3-89　实体模型

(3) 通过【插入】|【特征】|【圆角】菜单命令，或者单击【特征】工具栏的【圆角】按钮，出现【圆角】属性管理器。在【圆角项目】下输入圆角半径值 0.5，选取如图 3-90 的边线 5，单击 ✓ 按钮确定，得到倒圆角后的实体模型，如图 3-91 所示。

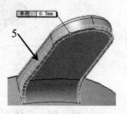
图 3-90　选取边线 5

图 3-91　实体模型

16. 绘制下把手截面草图

☀ （参考用时：3 分钟）

选取上视基准面作为草图平面，单击【标准视角】工具栏中的【正视于】按钮，进入草图绘制环境。单击【草图】工具栏的【直线】按钮，绘制一组直线段，再利用 3.1 节中所介绍的转换实体引用的方法，绘制出一段圆弧，单击【草图】工具栏的【智能尺寸】按钮，标注草图的尺寸，完成草图的绘制如图 3-92 所示。

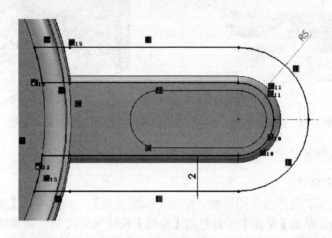

图 3-92　绘制完成的草图

17. 通过拉伸特征命令生成下把手实体

☀ （参考用时：3 分钟）

通过【插入】|【凸台/基体】|【拉伸】菜单命令，或者单击【特征】工具栏的【拉伸凸台/基体】按钮，出现【拉伸】属性管理器。在【给定深度】下输入值 0.6，绘图区出现预览模式，单击 按钮确定，得到上把手的实体模型，如图 3-93 所示。

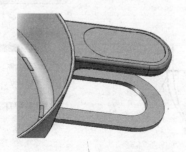

图 3-93　实体模型

18. 添加圆角特征

（参考用时：1分钟）

通过【插入】|【特征】|【圆角】菜单命令，或者单击【特征】工具栏的【圆角】按钮，出现【圆角】属性管理器。在【圆角项目】下输入圆角半径值2，选取如图3-94的边线6，单击✓按钮确定，得到倒圆角后的实体模型，如图3-95所示。

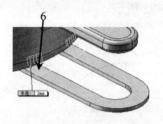
图3-94　选取边线6

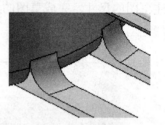
图3-95　实体模型

19. 通过切除特征命令切除下把手的多余部分

（参考用时：2分钟）

（1）选取前视基准面作为草图平面，单击【标准视角】工具栏中的【正视于】按钮，进入草图绘制环境。单击【草图】工具栏的【直线】按钮，绘制一组直线段，再单击【圆心/起/终点画弧】按钮，绘制圆弧，然后利用强劲剪裁进行修整。单击【草图】工具栏的【智能尺寸】按钮，标注草图的尺寸，完成草图的绘制，如图3-96所示。

（2）通过【插入】|【切除】|【旋转】菜单命令，或者单击【特征】工具栏的【旋转切除】按钮，出现【切除—旋转】属性管理器，如图3-97所示。在【旋转参数】下选取纵向坐标轴，【旋转类型】选两侧对称，输入角度值90，绘图区出现预览模式，如图3-98所示。单击✓按钮确定，得到实体模型，如图3-99所示。

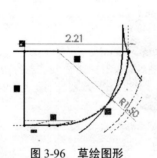
图3-96　草绘图形

图3-97　【切除—旋转】属性管理器

第 3 章 工业产品设计

图 3-98 草绘图形　　　　　　　图 3-99 实体模型

20. 添加圆角特征

（参考用时：2 分钟）

通过【插入】|【特征】|【圆角】菜单命令，或者单击【特征】工具栏的【圆角】按钮 ，出现【圆角】属性管理器。在【圆角项目】下输入圆角半径值 0.2，选取如图 3-100 所示的边线 7，单击 ✓ 按钮确定，得到倒圆角后的实体模型，如图 3-101 所示。

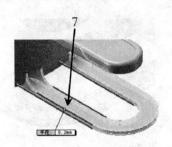

图 3-100 选取边线 7　　　　　　图 3-101 实体模型

21. 绘制下把手浅凹槽截面草图

（参考用时：2 分钟）

选取下把手上表面作为草图平面，单击【标准视角】工具栏中的【正视于】按钮，进入草图绘制环境。单击【草图】工具栏的【直线】按钮，绘制一组直线段，再单击【圆】按钮，绘制两个圆，然后再利用强劲剪裁进行修整。单击【草图】工具栏的【智能尺寸】按钮，标注草图的尺寸，完成草图的绘制，如图 3-102 所示。

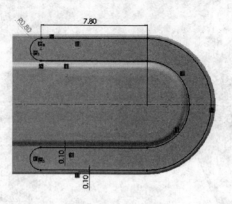

图 3-102 草绘图形

22. 通过切除特征命令生成下把手浅凹槽

（参考用时：2分钟）

通过【插入】|【切除】|【拉伸】菜单命令，或者单击【特征】工具栏的【拉伸切除】按钮，出现【切除－拉伸】属性管理器。在【方向 1】下选取【给定深度】，输入长度值 0.1，绘图区出现预览模式，如图 3-103 所示。单击 按钮确定，得到上把手浅凹槽的模型，如图 3-104 所示。

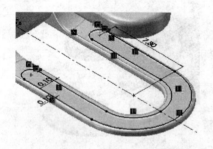

图 3-103 边线 6 与边线 7

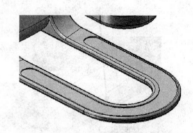

图 3-104 实体模型

3.5 综合实例二：电蚊香支座

光盘链接：
零件源文件——见光盘中的 "\源文件\第 3 章\part3-5.SLDPRT" 文件。

3.5.1 案例预览

（参考用时：25分钟）

本例将介绍一个电蚊香支座的设计过程，最终的设计结果如图 3-105 所示。

图 3-105 电蚊香支座

3.5.2 案例分析

- 主导思想：电蚊香支座为一壳体，且外形不规则，所以其创作的主导思想为放样和抽壳。
- 设计理念：电蚊香支座主体部分用放样特征创建，然后对整体运用抽壳特征，基本设计流程如图 3-106 所示。

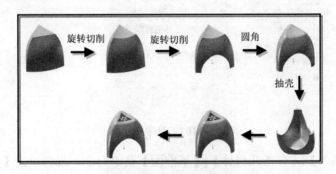

图 3-106 基本设计流程

3.5.3 常用命令

- 【基准面】：【插入】|【参考几何体】|【基准面】菜单命令；【特征】工具栏的【基准面】按钮◇。
- 【放样】：【插入】|【凸台/基体】|【放样】菜单命令；【特征】工具栏的【放样凸

台/基体】按钮。

> 【等距实体】:【工具】|【草图绘制工具】|【等距实体】菜单命令;【草图绘制】工具栏的【等距实体】按钮。

3.5.4 设计步骤

1. 新建零件文件

（参考用时：1分钟）

启动 SolidWorks 2007，选择【文件】|【新建】菜单命令，或者单击【标准】工具栏的【新建】按钮，创建一个新的零件文件。

2. 绘制主体

（参考用时：5分钟）

(1) 选择【插入】|【参考几何体】|【基准面】菜单命令，或者单击【特征】工具栏的【基准面】按钮，左侧显示【基准面 1】属性管理器，选择上视基准面为参考，在【距离】中输入值 80。单击按钮确定，完成基准面 1 的创建，如图 3-107 所示。

图 3-107 基准面 1

(2) 选择【插入】|【参考几何体】|【基准面】菜单命令，或者单击【特征】工具栏的【基准面】按钮，左侧显示【基准面】属性管理器，选择上视基准面为参考，在【距离】中输入值 65。单击按钮确定，完成基准面 2 的创建。

(3) 选取【基准面 1】作为草图平面，单击【草图】工具栏中的【草图绘制】按钮，单击【标准视角】工具栏中的【正视于】按钮，进入草图绘制环境，选取【工具】|【草图绘制实体】|【直线】菜单命令，或者单击【草图绘制】工具栏的【直线】按钮，绘制如图 3-108 所示的草图并标注尺寸。

(4) 选取【基准面 2】作为草图平面，单击【草图】工具栏中的【草图绘制】按钮，

单击【标准视角】工具栏中的【正视于】按钮，进入草图绘制环境。选取【工具】|【草图绘制实体】|【三点圆弧】菜单命令，或者单击【草图绘制】工具栏的【三点圆弧】按钮，绘制如图 3-109 所示的草图并标注尺寸。

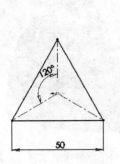

图 3-108　要放样的草图 1

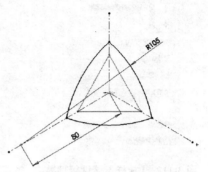

图 3-109　要放样的草图 2

（5）选取上视基准面作为草图平面，单击【草图】工具栏中的【草图绘制】按钮，单击【标准视角】工具栏中的【正视于】按钮，进入草图绘制环境。选取【工具】|【草图绘制工具】|【等距实体】菜单命令，或者单击【草图绘制】工具栏的【等距实体】按钮，左侧显示【等距实体】属性管理器，如图 3-110 所示。选择【草图 2】中的圆弧边线为参考，在【距离】中输入值 8，单击按钮确定，如图 3-111 所示。

图 3-110　【等距实体】属性管理器

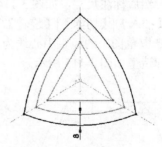

图 3-111　要放样的草图 3

（6）选择【插入】|【凸台/基体】|【放样】菜单命令，或者单击【特征】工具栏的【放样凸台/基体】按钮，左侧显示【放样】属性管理器，在【轮廓】中选择【草图 1】、【草图 2】和【草图 3】，如图 3-112 所示。在【选项】下选中【合并切面】和【合并结果】复选框。调整放样各草图中的基准点位置，使其位于同一条轮廓线上，预览如图 3-113 所示，单击按钮确定，完成放样特征的创建。

图3-112 【放样】属性管理器

图3-113 放样特征预览

3. 顶部造型

（参考用时：4分钟）

（1）选取右视基准面作为草图平面，单击【草图】工具栏中的【草图绘制】按钮，单击【标准视角】工具栏中的【正视于】按钮，进入草图绘制环境。

（2）选取【工具】|【草图绘制实体】|【中心线】菜单命令，或者单击【草图绘制】工具栏的【中心线】按钮，绘制两条中心线。再选取【工具】|【草图绘制实体】|【切线弧】菜单命令，或者单击【草图绘制】工具栏的【切线弧】按钮，绘制一段与水平中心线相切的圆弧，然后标注尺寸，如图3-114所示。

（3）选择【插入】|【切除】|【旋转】菜单命令，或者单击【特征】工具栏的【旋转切除】按钮，选取草图中的竖直中心线为旋转轴，在【角度】中输入值360，单击按钮确定完成。顶部造型如图3-115所示。

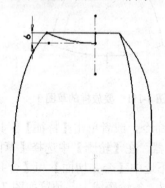
图3-114 绘制圆弧

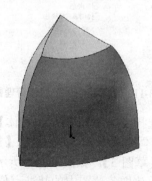
图3-115 顶部造型

4. 底部造型

（参考用时：4 分钟）

（1）选取右视基准面作为草图平面，单击【草图】工具栏中的【草图绘制】按钮，单击【标准视角】工具栏中的【正视于】按钮，进入草图绘制环境。

（2）选取【工具】|【草图绘制实体】|【中心线】菜单命令，或者单击【草图绘制】工具栏的【中心线】按钮，绘制两条中心线。再选取【工具】|【草图绘制实体】|【切线弧】菜单命令，或者单击【草图绘制】工具栏的【切线弧】按钮，绘制一段与水平中心线相切的圆弧，在绘制一段与第一段圆弧相切的圆弧，然后标注尺寸，如图 3-116 所示。

（3）选择【插入】|【切除】|【旋转】菜单命令，或者单击【特征】工具栏的【旋转切除】按钮，选取草图中的竖直中心线为旋转轴，在【角度】中输入值 360，单击按钮确定完成。底部造型如图 3-117 所示。

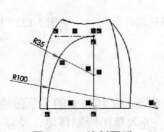
图 3-116　绘制圆弧

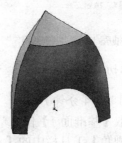
图 3-117　底部造型

5. 外形圆角

（参考用时：2 分钟）

选择【插入】|【特征】|【圆角】菜单命令，或者单击【特征】工具栏的【圆角】按钮，左侧显示【圆角】属性管理器。在【圆角项目】下输入圆角半径值 8，分别选取如图 3-118 所示的 6 条边线，单击按钮确定完成，圆角特征如图 3-119 所示。

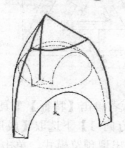
图 3-118　选取边线

图 3-119　外形圆角

6. 抽壳造型

☼（参考用时：2分钟）

选择【插入】|【特征】|【抽壳】菜单命令，或者单击【特征】工具栏的【抽壳】按钮，左侧显示【抽壳1】属性管理器，如图3-120所示。在【移除的面】中选择如图3-121所示的下方曲面，在【厚度】中输入值1，完成后如图3-122所示。

图3-120　【抽壳1】属性管理器　　图3-121　抽壳特征选取的面　　图3-122　抽壳特征

7. 顶部切削

☼（参考用时：4分钟）

（1）选取【基准面1】作为草图平面，单击【草图】工具栏中的【草图绘制】按钮，单击【标准视角】工具栏中的【正视于】按钮，进入草图绘制环境，绘制如图3-123所示的草图并标注尺寸。

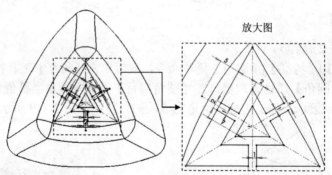

图3-123　绘制草图

（2）选择【插入】|【切除】|【拉伸】菜单命令，或者单击【特征】工具栏的【拉伸切除】按钮，出现【切除－拉伸】属性管理器。在【方向1】下选取【成形到下一面】，在【所选轮廓】下选取如图3-124所示的区域，绘图区出现预览模式，单击 ✓ 按钮确定，完成切除特征的创建，如图3-125所示。

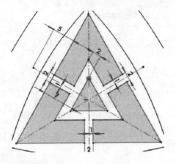
图 3-124 选取区域

图 3-125 顶部切削

8. 边线导角

（参考用时：3 分钟）

（1）选择【插入】|【特征】|【圆角】菜单命令，或者单击【特征】工具栏的【圆角】按钮，左侧显示【圆角】属性管理器。在【圆角项目】下输入圆角半径值 0.5，分别选取如图 3-126 所示的 6 条边线，单击按钮确定完成。

（2）选择【插入】|【特征】|【圆角】菜单命令，或者单击【特征】工具栏的【圆角】按钮，左侧显示【圆角】属性管理器。在【圆角项目】下输入圆角半径值 0.5，选取如图 3-127 所示的支架底部的边线，单击按钮确定完成。

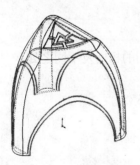
图 3-126 选取边线（1）

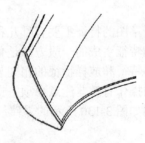
图 3-127 选取边线（2）

（3）选择【插入】|【特征】|【圆角】菜单命令，或者单击【特征】工具栏的【圆角】按钮，左侧显示【圆角】属性管理器。在【圆角项目】下输入圆角半径值 0.5，选取如图 3-128 所示的支架底部的圆弧，单击按钮确定完成。

（4）选择【插入】|【特征】|【圆角】菜单命令，或者单击【特征】工具栏的【圆角】按钮，左侧显示【圆角】属性管理器。在【圆角项目】下输入圆角半径值 0.5，选取如图 3-129 所示的支架底部的边线，单击按钮确定完成。

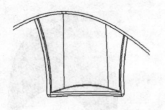
图 3-128　选取边线（3）
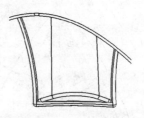
图 3-129　选取边线（4）

3.6　本章小结

通过本章的学习，读者要掌握实体特征的基本概念，并明确认识到实体特征的生成是三维造型的第一步。一般通过拉伸、旋转、扫描、放样特征生成实体的基本形状，然后通过圆角、筋、抽壳、拔模、孔等应用特征对基本特征进行修改。

学习本章之后，要可以完成简单的、规则的零件设计。

思考与练习

1. 基于草图的特征主要有哪几种？简单说说它们的相同及不同之处。
2. 基础特征生成的一般方法是什么？
3. 扫描特征和放样特征的相同与不同之处是什么？
4. 圆角操作有哪些注意事项？
5. 绘制如图 3-130 所示的零件，尺寸由读者自己设定。

图 3-130　零件

第4章 曲面设计

【本章导读】

本章将详细介绍曲面的设计基础、三维曲线的设计方法、曲面建模的基本方法、曲面的编辑与分析基本方法,在本章中读者可能需要花比较长的时间来学习,因为曲面这章相对来说是比较复杂的。

希望读者通过8个小时的学习掌握复杂曲面的设计,并且掌握设计曲面的一些技巧,能够设计出更多创新、漂亮的产品。

序 号	名 称	基础知识参考学时(分钟)	课堂练习参考学时(分钟)	课后练习参考学时(分钟)
4.1	曲面设计基础	5	0	0
4.2	曲线	20	10	10
4.3	曲面建模	40	30	20
4.4	曲面编辑	40	30	20
4.5	曲面分析	15	10	10
4.6	综合实例一:油壶	0	60	20
4.7	综合实例二:女式凉鞋	0	100	40
	总 计	120	240	120

4.1 曲面设计基础

曲面是自然界中外形美的典型代表。人类在艺术探索和工业生产中,曼妙的曲面一直是不断追寻的目标。随着制造技术的飞速发展,曲面造型在现代产品中越来越多地被采用。消费者不仅要求利用产品的内在功能,而且进一步要求享用产品的外在美。

近年来,CAD软件中曲面造型功能得到迅速加强,在中端CAD软件中,SolidWorks的曲面功能最为完善。近几年来,SolidWorks在曲面造型功能方面进步甚大,功能日渐增强。曲面造型相对于实体建模而言更富有技巧性。

曲面造型是辅助实体建模的,因此在零件环境当中就可使用各种曲面命令。在SolidWorks中主要的曲面命令都位于【曲面】工具栏、【曲线】工具栏和【插入】菜单中。图4-1显示了SolidWorks中【曲线】工具栏和【曲面】工具栏。

图 4-1　工具栏

4.1.1　曲线的基本概念

点、线、面是构成空间实体的三个基本要素。在曲面造型中，曲线是曲面构建的基础部件，例如边界混合中的边界曲线和控制曲线，造型曲面中的合围曲线和内部曲线等。

曲线由点构成，当然不可能通过设定曲线上的所有点来确定曲线，而是采用少数几个关键点来表示曲线。通过点表示曲线有两种方法——插值点和控制点。插值点都位于曲线上，而控制点则位于曲线外部。控制点反映曲线的走向。

曲面的构建质量直接取决于曲线质量的好坏，因此在曲线构建中，不能只从外观上的观察来判断曲线是否满足要求，而要借助各种分析工具辅助判断。最重要的曲线分析工具就是曲率。曲率是曲线上当前位置半径的倒数，因此曲线上曲率越大的地方越弯曲。图 4-2 显示了曲线的曲率分析图。

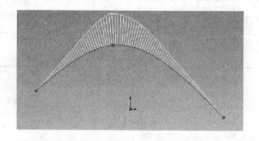

图 4-2　曲率分析图

曲率发生在穿越曲线的位置，称为拐点，表示凸凹发生转换。曲率线位于曲线上方的曲线区域为凸区域，曲率线位于曲线下方的曲线区域为凹区域。在控制点方式下，控制线的位置与拐点位置相近。

如果两个曲线的端点相连接，则存在三种连接状况，分别称为 G0、G1 和 G2 连接。G0 连接只是曲线端点存在重合关系；G1 连接的两条曲线在连接处的切线方向相同，但曲率并不连续；G2 连接的两条曲线则在连接处的曲率相等，这是最为光滑的连接方式。肉眼几乎看不出 G1 和 G2 连接的区别，因此在构建曲线过程必须开启曲率显示，这样才能更准确地调整曲线。

4.1.2 曲面基础概念

一个平面上的点采用直角坐标系的 X 轴和 Y 轴表示,而曲面采用贴合曲面的 U 轴和 V 轴坐标系。

在工程上,曲面采用 U 方向和 V 方向的曲线族来表示,因此,在曲面构建中常用的方法就是在两个方向的等间距构建这些曲线族,然后基于这些曲线族弥合曲面。

在实际的产品设计中,除了逆向工程等少数情况外,曲面构建只能基于曲面的边界曲线和少数的几条中间形状控制曲线,这种位于曲面中部、控制曲面形状的曲线被称为逼近曲线、拟合曲线或者约束曲线,放样和填充曲面都是采用少量曲线构建曲面的方法。

与实体特征命令相似。曲面命令集可以划分为建模、编辑、实体相关等几种。

4.2 曲　　线

可以使用下列方法来生成多种类型的曲线。
- 投影曲线:通过从草图投影到模型面或曲面上来生成的曲线。
- 组合曲线:通过将曲线、草图几何体和模型边线组合成一条单一曲线来生成组合曲线。
- 螺旋线和涡状线:在零件中生成螺旋线和涡状线曲线。
- 分割线:将实体(草图、实体、曲面、面、基准面或曲面样条曲线)投影到曲面或平面。它可以将所选的面分割为多个分离的面,从而允许选取每一个面。
- 通过参考点的曲线:生成一条通过位于一个或多个基准面上点的曲线。
- 通过 XYZ 点的曲线:通过指定点的 X、Y、Z 坐标生成曲线。

可以使用曲线来生成实体模型特征。例如,可将曲线用作扫描特征的路径或引导曲线,或用作放样特征的引导曲线、或用作拔模特征的分割线等。

4.2.1 分割线

【曲线】工具栏上的分割线工具将草图投影到曲面或平面。它可以将所选的面分割为多个分离的面,从而选取每一个面。也可将草图投影到曲面实体,可使用此工具来生成以下分割线。
- 投影:将一条草图直线投影到一表面上。
- 侧影轮廓线:在一个圆柱形零件上生成一条分割线。
- 交叉:以交叉实体、曲面、面、基准面或曲面样条曲线分割面。

1. 生成一条投影直线

（1）绘制一条要投影为分割线的直线。

（2）单击【曲线】工具栏上的【分割线】工具按钮，或单击【插入】|【曲线】|【分割线】，弹出【分割线】属性管理器，如图 4-3 所示。

图 4-3　【分割线】属性管理器

（3）在【分割类型】下，选择【投影】。

（4）在【选择】下，执行如下操作。

➢ 如有必要，单击要投影的草图框，然后在弹出的特征树中或图形区域内选择绘制的直线。

➢ 单击　（要分割的面/实体），并且选择零件周边所有分割线经过的面。

➢ 选择【单向】复选框，只以一个方向投影分割线。

➢ 如果需要，可选择【反向】复选框以反向投影分割线。

（5）单击确定按钮，草图线投影到所选择的面。如图 4-4 所示即为曲面上的投影分割线前后的区别。

图 4-4　草图线投影

2. 生成轮廓分割线

（1）单击【曲线】工具栏上的【分割线】工具按钮◎，或单击【插入】|【曲线】|【分割线】，弹出【分割线】属性管理器。

（2）在【分割类型】下，选择【轮廓】。

（3）在【选择】下，执行如下操作。

 - 在 ◎（拔模方向）下，在弹出的特征树中或图形区域内选择一通过模型轮廓投影的基准面。
 - 在 ▨（要分割的面）下，选择一个或多个要分割的面，不能是平面。
 - 选择【反向】，以相反方向反转拔模方向。
 - 设定角度▨为制造考虑，生成拔模角度。

（4）单击确定按钮 ✓ 完成切割线的生成。基准面通过模型投影，从而生成基准面与所选面的外部边线相交叉的轮廓分割线，如图4-5所示即为前后的区别。

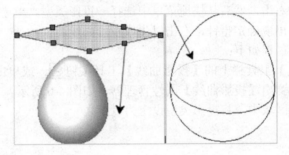

图 4-5 轮廓分割线

3. 生成交叉点分割线

（1）单击【曲线】工具栏上的【分割线】工具按钮◎，或单击【插入】|【曲线】|【分割线】命令，弹出【分割线】属性管理器。

（2）在【分割类型】下，选择【交叉点】。

（3）在【选择】区域中：

 - 为 ◎（分割实体/面/基准面）选择分割工具。
 - 在 ▨（要分割的面/实体）中单击，然后选择要分割的目标面或实体。

（4）选择曲面分割选项。

 - 【分割所有】：分割穿越曲面上的所有可能区域。
 - 【自然】：分割遵循曲面的形状。
 - 【线性】：分割遵循线性方向。

（5）单击确定按钮 ✓ 即可完成分割线的生成。

4.2.2 投影曲线

投影曲线工具 ⋒ 可以将绘制的曲线投影到模型面上生成一条 3D 曲线，也可以用另一种方法生成曲线，首先在两个相交的基准面上分别绘制草图，此时系统会将每一个草图沿所在平面的垂直方向投影得到一个曲面，最后这两个曲面在空间中相交而生成一条 3D 曲线。

可在单击 ⋒（投影曲线）之前预选项目。如果预选项目，SolidWorks 将试图选择合适的投影类型。

> 预选两个草图，【草图到草图】选项被激活，两个草图显示在 ✎（要投影的草图）之下。
> 预选一个草图及一个或多个面，【草图到面】选项被激活，所选项目显示在正确的框中。
> 预选一个或多个面，【草图到面】选项被激活。

可在图形区域中右击，然后从快捷菜单中选择一投影类型。当选定了足够的实体来生成投影曲线时，就会出现确定指针，右击以生成投影曲线。

生成投影曲线的过程如下：

（1）单击【曲线】工具栏上的【投影曲线】工具按钮 ⋒，或单击【插入】|【曲线】|【投影曲线】命令，弹出【投影曲线】属性管理器，如图 4-6 所示。

（2）在【选择】区域中，将投影类型设定为以下之一。
> 草图到面。
> 草图到草图。

（3）单击确定按钮 ✓ 生成投影曲线，如图 4-7 所示即为投影一条曲线并利用此曲线生成扫描除料特征。

图 4-6 投影曲线对话框

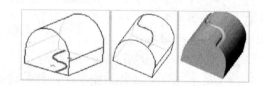

图 4-7 生成投影曲线

4.2.3 组合曲线

可以通过将曲线、草图几何和模型边线组合为一条单一曲线来生成组合曲线。使用该曲线作为生成放样或扫描的引导曲线。

生成组合曲线的过程如下：

（1）单击【曲线】工具栏上的【组合曲线】工具按钮，或单击【插入】|【曲线】|【组合曲线】命令，弹出【组合曲线】属性管理器，如图 4-8 所示。

（2）单击需要组合的项目。所选项目出现在【组合曲线】属性管理器中的【要连接的实体】之下。

（3）单击确定按钮生成组合曲线。

图 4-8 【组合曲线】属性管理器

4.2.4 通过 XYZ 点的曲线

通过 XYZ 点可以确定一条三维曲线，具体过程如下：

（1）单击【曲线】工具栏上的【通过 XYZ 点的曲线】工具按钮或单击【插入】|【曲线】|【通过 XYZ 点的曲线】命令，弹出【曲线文件】对话框，如图 4-9 所示。

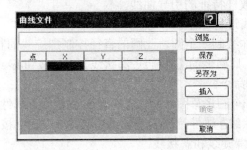

图 4-9 【曲线文件】对话框

（2）双击 X、Y 和 Z 坐标列的单元格并在每个单元格中输入点坐标，生成数套新的坐标。

（3）单击【确定】按钮显示曲线。

4.2.5 通过参考点的曲线

生成一条通过位于一个或多个平面上的点的曲线的过程如下所示：

（1）单击【曲线】工具栏上的【通过参考点的曲线】工具按钮或单击【插入】|【曲线】|【通过参考点的曲线】命令，弹出【通过参考点的曲线】属性管理器，如图 4-10 所示。

（2）按照要生成曲线的次序来选择草图点、顶点或选择两者。选择时，实体会列出在【通过点】区域。

(3) 想将曲线封闭，请选中【闭环曲线】复选框。
(4) 单击确定按钮✓即完成曲线的生成。

图 4-10 【通过参考点的曲线】属性管理器

4.2.6 螺旋线和涡状线

可在零件中生成螺旋线和涡状线曲线。此曲线可以被当成一个路径或引导曲线使用在扫描的特征中，或作为放样特征的引导曲线。

生成螺旋线或涡状线过程如下：

(1) 打开一个草图并绘制一个圆，此圆的直径控制螺旋线的直径。

(2) 单击【曲线】工具栏上的【螺旋线/涡状线】工具按钮 或单击菜单【插入】|【曲线】|【螺旋线/涡状线】命令。

(3) 选择或者生成一个圆形草图，弹出【螺旋线/涡状线】属性管理器，如图 4-11 所示。

(4) 在【螺旋线/涡状线】属性管理器中设定数值，单击确定按钮✓即完成曲线的生成。
图 4-12 即为生成的螺旋线和涡状线。

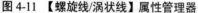

图 4-11 【螺旋线/涡状线】属性管理器　　　　图 4-12 生成的螺旋线和涡状线

4.3 曲面建模

曲面是一种可用来生成实体特征的几何体，在【曲面】工具栏上提供了曲面工具。可以使用以下方法生成曲面：

- 从草图或基准面上的一组闭环边线插入一个平面。
- 从草图拉伸曲面、旋转曲面、扫描曲面或放样曲面。
- 从现有的面或曲面等距曲面。
- 输入文件。
- 生成中面。
- 延展曲面。

4.3.1 拉伸曲面

拉伸曲面的生成过程如下：

（1）绘制曲面的轮廓。

（2）单击【曲面】工具栏上的【拉伸曲面】工具按钮 ，或单击【插入】|【曲面】|【拉伸曲面】命令，弹出如图 4-13 所示的【曲面-拉伸】属性管理器。

图 4-13 【曲面-拉伸】属性管理器

（3）设置属性管理器各选项，同第 3 章中的【拉伸】特征类似，设置完成后，如图 4-14 所示即为预览的拉伸曲面。

（4）单击确定按钮，完成拉伸曲面的生成，结果如图 4-15 所示。

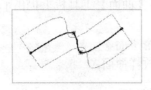
图 4-14　预览的拉伸曲面

图 4-15　拉伸曲面的生成

4.3.2　旋转曲面

从交叉或非交叉的草图中选择不同的草图用"所选轮廓"指针生成旋转。

生成旋转【曲面】的过程如下。

（1）绘制一个轮廓以及它将绕着旋转的中心线，如图 4-16 所示。

（2）单击【曲面】工具栏上的【旋转曲面】工具按钮，或单击【插入】|【曲面】|【旋转】命令，弹出如图 4-17 所示的【曲面-旋转】属性管理器。

（3）设置属性管理器各选项，与第 3 章中的【旋转】特征类似。

（4）单击确定按钮完成曲面的生成，结果如图 4-18 所示。

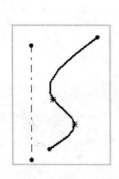
图 4-16　轮廓及中心线

图 4-17　【曲面-旋转】属性管理器

图 4-18　生成旋转曲面

4.3.3　扫描曲面

生成扫描曲面的过程如下。

（1）绘制扫描轮廓、扫描路径和引导线，结果如图 4-19 所示。

（2）单击【曲面】工具栏上的【扫描-曲面】工具按钮，或单击【插入】|【曲面】|

【扫描】命令，弹出如图 4-20 所示的【曲面-扫描】属性管理器。

图 4-19 带路径草图的轮廓草图　　图 4-20 【曲面-扫描】属性管理器

（3）设置属性管理器各选项，与第 3 章中的【扫描】特征类似，预览如图 4-21 所示。
（4）单击确定按钮 ✓ 完成扫描曲面的生成，结果如图 4-22 所示。

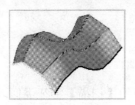 

图 4-21 扫描预览　　　　　　　　图 4-22 完成扫描曲面

4.3.4 放样曲面

生成放样的曲面过程如下：
（1）在基准面上绘制截面轮廓。可在单一 3D 草图内生成所有剖面和引导线草图。如图 4-23 所示，左侧为一放样轮廓，右侧则为一带引导线的轮廓。

图 4-23 带引导线的轮廓

（2）单击【曲面】工具栏上的【放样-曲面】工具按钮，或【插入】|【曲面】|【放样曲面】命令，弹出如图 4-24 所示的【曲面-放样】属性管理器。

图 4-24 【曲面-放样】属性管理器

（3）设定属性管理器选项，各选项与第 3 章中的【扫描】特征类似。
（4）单击确定按钮 完成放样曲面的生成，结果如图 4-25 所示。

图 4-25 放样曲面的生成

4.3.5 平面区域

通过"平面区域"工具可从以下这些项生成平面区域：

➢ 非相交闭合草图。
➢ 一组闭合边线。
➢ 多条共有平面分型线，如图 4-26 所示。
➢ 一对平面实体，如曲线或边线，如图 4-27 所示。

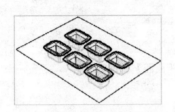
图 4-26　多条共有平面分型线

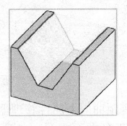
图 4-27　一对平面实体

从草图中生成有边界的平面区域的过程如下。
（1）生成一个非相交、单一轮廓的闭环草图。
（2）单击【曲面】工具栏上的【平面区域】工具按钮 ，或单击【插入】|【曲面】|【平面区域】命令，弹出如图 4-28 所示的【平面】属性管理器。

图 4-28　【平面】属性管理器

（3）在【平面】属性管理器中，为 （边界实体）在图形区域中选择草图或选择特征树。
（4）单击确定按钮 即可生成平面。

4.3.6　等距曲面

生成等距曲面的过程如下。
（1）单击【曲面】工具栏上的【等距曲面】工具按钮 ，或单击【插入】|【曲面】|【等距曲面】命令，弹出如图 4-29 所示的【等距曲面】属性管理器。

图 4-29 【等距曲面】属性管理器

（2）在【等距曲面】属性管理器中：
- 为要等距的曲面或面，在图形区域中选择曲面或面。
- 为【等距距离】设定一数值。
- 单击【反转等距方向】来更改等距的方向。

（3）单击确定按钮 完成等距曲面的生成，结果如图 4-30 所示，左侧为预览图形，右侧为最终生成的图形。

图 4-30 等距曲面的生成

4.3.7 生成中面

"中面"工具 可在实体上合适的所选双对面之间生成中面，合适的双对面应彼此等距，面必须属于同一实体。例如，两个平行的基准面或两个同心圆柱面即是合适的双对面。中面对在有限元素造型中生成二维元素网格很有用。

可生成以下任何中面。
- 单个：从图形区域选择单对等距面。
- 多个：从图形区域选择多对等距面。
- 所有：单击【查找双对面】让系统选择模型上所有合适的等距面。

生成中面的过程如下。

（1）单击【插入】|【曲面】|【中面】，弹出【中间面】属性管理器，如图 4-31 所示。

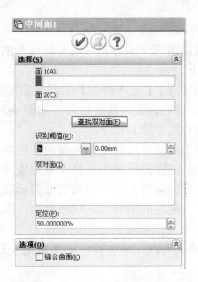

图 4-31 【中间面】属性管理器

(2) 在【选择】区域中,选择以下之一:
➢ 从图形区域中,单对双对面如图 4-32 所示。
➢ 多对双对面如图 4-33 所示。

图 4-32 单对双对面

图 4-33 所有双对面

(3) 使用定位将中面放置在双对面之间。默认为 50%。此位置为从面 1 开始,出现在面 1 和面 2 方框中的面之间的距离。
(4) 当查找双对面时,指定一识别阈值来过滤结果。识别阈值有以下两种方式:
➢ 阈值运算符函数为数学操作符。
➢ 阈值厚度为壁厚。
(5) 选中【缝合曲面】复选框来生成缝合曲面,或消除此选项来保留单个曲面。
(6) 单击确定按钮即生成中面。

4.3.8 延展曲面

"延展曲面"工具 通过沿所选平面方向延展实体或曲面的边线来生成曲面。

生成延展曲面的过程如下。

（1）单击【曲面】工具栏上的【延展曲面】工具按钮 ，或单击【插入】|【曲面】|【延展曲面】命令，弹出【延展曲面】属性管理器，如图 4-34 所示。

（2）在属性管理器中，【延展参数】如下：

➢ 为延展方向参考在图形区域中选择一个与曲面延展的方向平行的面或基准面。
➢ 为 （要延展的边线）在图形区域中选择一条边线或一组连续边线。
➢ 如有必要，单击 （反转延展方向）以相反方向延展曲面。
➢ 如果模型有相切面并且延展的曲面沿这些面继续，则选择沿切面延伸。
➢ 设定 （延展距离）来决定延展的曲面的宽度。

（3）单击确定按钮 完成延伸曲面的生成，结果如图 4-35 所示。

图 4-34 【延展曲面】属性管理器

图 4-35 延伸曲面的生成

4.4 曲面编辑

原始曲面生成后，需要编辑以生成符合实际需求的曲面。可以用下列方法修改曲面：

➢ 延伸曲面。
➢ 剪裁已有曲面。
➢ 解除剪裁曲面。
➢ 圆角曲面。

- 使用填充曲面来修补曲面。
- 移动/复制曲面。
- 删除和修补面。
- 缝合曲面。

4.4.1 延伸曲面

可以通过选择一条边线、多条边线或一个面来延伸曲面。

延伸曲面的过程如下。

(1) 单击【曲面】工具栏上的【延伸曲面】工具按钮，或单击【插入】|【曲面】|【延伸曲面】命令，弹出【延伸曲面】属性管理器，如图 4-36 所示。

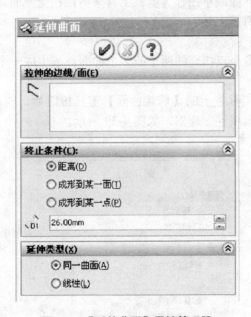

图 4-36 【延伸曲面】属性管理器

(2) 在属性管理器中：
- 在【拉伸的边线/面】中，在图形区域中选择一条或多条边线或面。
- 选择【终止条件】类型，有【距离】、【成形到某一点】、【成形到某一面】三种方式可供选择。
- 选择【延伸类型】，可以选择【同一曲面】或者【线性】，如图 4-37 所示即为曲面延伸与线性延伸的不同效果。

(3) 单击确定按钮完成曲面延伸，结果如图 4-38 所示。

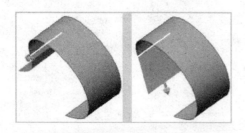 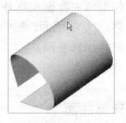

图 4-37　曲面延伸与线性延伸的不同效果　　　　图 4-38　完成曲面延伸

4.4.2　剪裁曲面

可以使用曲面、基准面或草图作为剪裁工具来剪裁相交曲面，也可以将曲面和其他曲面联合使用作为相互的剪裁工具。

剪裁曲面的过程如下：

（1）生成在一个或多个点相交的两个或多个曲面，或生成一个与基准面相交或在其面有草图的曲面。

（2）单击【曲面】工具栏上的【剪裁曲面】工具按钮 ，或单击【插入】|【曲面】|【剪裁曲面】命令，弹出属性管理器，如图 4-39 所示。

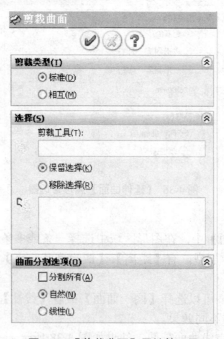

图 4-39　【剪裁曲面】属性管理器

（3）在属性管理器中的【剪裁类型】下，选择一类型。
- 标准：使用曲面、草图实体、曲线、基准面等来剪裁曲面。
- 相互：使用曲面本身来剪裁多个曲面。

（4）在【选择】区域中选择一选项。
- 剪裁工具：在图形区域中选择曲面、草图实体、曲线或基准面作为剪裁其他曲面的工具。
- 曲面：在图形区域中选择多个曲面以让剪裁曲面剪裁自身。
- 选择一剪裁操作，确认保留与移除部分。
- 根据剪裁操作，在要保留的部分或要移除的部分中选择曲面。

（5）在【曲面分割】选项下选择一项目。
- 自然：强迫边界边线随曲面形状变化。
- 线性：强迫边界边线随剪裁点的线性方向变化。
- 分割所有：显示曲面中的所有分割。

（6）单击确定按钮完成曲面剪裁。

如图4-40所示为标准剪裁类型的范例。

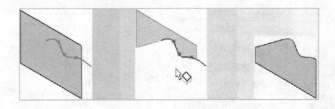

图4-40 标准剪裁类型

如图4-41所示即为相互剪裁的过程示意。

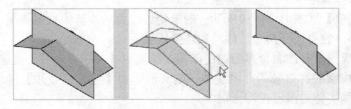

图4-41 相互剪裁

4.4.3 解除剪裁曲面

可使用"解除剪裁曲面"命令通过沿其自然边界延伸现有曲面来修补曲面上的洞及外部边线，还可按所给百分比来延伸曲面的自然边界或连接端点来填充曲面。可将解除剪裁曲面工具用于任何曲面。

解除剪裁曲面延伸现有曲面，而曲面填充则生成不同的曲面，在多个面之间应用修补应使用约束曲线等。

解除剪裁曲面的应用过程如下：

（1）单击要解除剪裁的曲面零件。

（2）单击【曲面】工具栏上的【解除剪裁曲面】工具按钮，或【插入】|【曲面】|【解除剪裁曲面】命令，弹出属性管理器，如图 4-42 所示。

图 4-42 【解除剪裁曲面】属性管理器

（3）在【选择】区域中，选择解除剪裁的边线。

（4）在【选项】区域中，可接受默认的延伸边线为边线解除剪裁类型，将所有边线延伸到其自然边界，也可选择两条边线然后选择连接端点。

> 若想生成与原有曲面合并的曲面延伸，则选中【与原点合并】复选框（默认）。
> 若想生成新的、单独的曲面实体，则取消选中【与原点合并】复选框。原有的和新的曲面实体均出现在特征树中。

（5）单击确定按钮解除剪裁曲面。

图 4-43～图 4-45 为解除曲面裁剪的示意图。

如图 4-43 所示为延伸到自然边界。

如图 4-44 所示为选择两条边线，然后延伸到限制边界。

如图 4-45 所示为选择所有的边界，将曲面恢复到最初原始状态。

 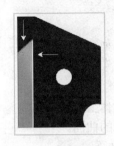 

图 4-43　延伸到自然边界　　　图 4-44　延伸到限制边界　　　图 4-45　最初原始状态

4.4.4　圆角曲面

对于曲面实体中以一定角度相交的两个相邻面，可使用圆角以使其之间的边线平滑。
在【圆角】属性管理器中选择部分预览、完全预览或无预览。如图 4-46 所示即为使用完全预览的等半径曲面圆角，右侧为应用了等半径曲面圆角。

图 4-46　等半径曲面圆角

如图 4-47 所示为使用部分预览的多半径曲面圆角，右侧为应用了多半径曲面圆角。

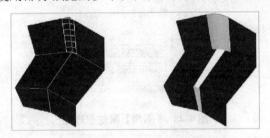

图 4-47　多半径曲面圆角

曲面圆角处理与实体圆角处理原理相同，但有几个例外。可以执行下列操作：
- 圆角处理曲面实体的边线。
- 制作多半径曲面圆角。
- 在两个曲面之间制作圆角或面圆角。

➢ 将逆转参数添加到曲面圆角。
➢ 制作带有控制线的曲面圆角。
➢ 在面圆角中剪裁或保留圆角处理后的曲面。
➢ 在曲面上制作变半径圆角。

不能执行下列操作：
➢ 使用保持特征选项保留曲面实体上的切除。
➢ 从特征树选择按特征圆角处理的曲面。

圆角处理曲面实体上的边线过程如下：

（1）单击【曲面】工具栏上的【圆角】工具按钮 ，或单击【插入】|【曲面】|【圆角】命令，弹出属性管理器，如图4-48所示。

图4-48 【圆角】属性管理器

（2）设定属性管理器中的各选项。
（3）单击确定按钮 即可完成圆角的生成。

4.4.5 填充曲面

填充曲面 特征在现有模型边线、草图或曲线定义的边界内构成带任何边数的曲面修补。可使用此特征来构造填充模型中的缝隙曲面，可以在下列情况下使用填充曲面 工具：
- 纠正没有正确输入到 SolidWorks 的零件。
- 填充用于型心和型腔造型的零件中的孔。
- 构建用于工业设计的曲面。
- 生成实体。
- 包括作为独立实体的特征或合并那些特征。

生成填充曲面的过程如下：

（1）单击【曲面】工具栏上的【填充曲面】工具按钮 ，或单击【插入】|【曲面】|【填充】命令，弹出属性管理器，如图 4-49 所示。

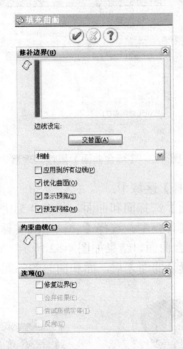

图 4-49 【填充曲面】属性管理器

（2）设定属性管理器中的各选项。
（3）单击确定按钮 即可完成填充曲面的生成。

4.4.6 缝合曲面

使用【曲面】工具 将两个或多个面和曲面组合成一个。注意以下有关缝合曲面的事项：

➢ 曲面的边线必须相邻并且不重叠。
➢ 曲面不必处于同一基准面上。
➢ 可选择整个曲面实体，也可选择一个或多个相邻曲面实体。
➢ 缝合曲面不吸收用于生成它们的曲面。
➢ 在缝合曲面形成一闭合体积或保留为曲面实体时生成一实体。

缝合曲面的过程如下。

（1）单击【曲面】工具栏上的【缝合曲面】工具按钮 ，或单击【插入】|【曲面】|【缝合曲面】命令，弹出属性管理器，如图 4-50 所示。

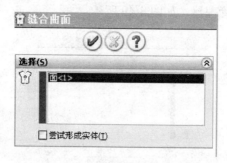

图 4-50 【缝合曲面】属性管理器

（2）在属性管理器的【选择】区域中：
➢ 为【要缝合的曲面和面】选择面和曲面，如图 4-51 所示。
➢ 从闭合的曲面生成一实体模型，选择【尝试形成实体】。

（3）单击确定即可生成闭合曲面，结果如图 4-52 所示，它是一个单一曲面，以【曲面 - 缝合<n>】列在特征树中。缝合曲面之后，面和曲面的外观没有任何变化。

图 4-51 选择要缝合的面

图 4-52 缝合曲面

4.4.7 删除和修补面

可使用【删除面】工具 执行以下操作。

➢ 删除：从曲面实体删除面，或从实体中删除一个或多个面来生成曲面。
➢ 删除和修补：从曲面实体或实体中删除一个面，并自动对实体进行修补和剪裁。
➢ 删除和填充：删除面并生成单一面，将任何缝隙填补起来。

从曲面实体删除面的过程如下：

（1）单击【曲面】工具栏上的【删除面】工具按钮，或单击【插入】|【面】|【删除】命令，弹出属性管理器，如图 4-53 所示。

图 4-53 【删除面】属性管理器

（2）在图形区域中，选择【要删除的面】。面的名称出现在【要删除的面】下。

（3）在【选项】下，选中【删除】单选按钮。

（4）单击确定按钮即可将面删除，图 4-54 的左侧图中灰色面即为需要删除的曲面，右侧为删除后的结果。

删除和修补曲面实体上的面的过程同前，只是在选项设置时选中【删除和修补】单选按钮，如图 4-55 所示，右侧图即为灰色面删除后修补的结果。

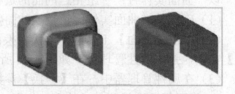

图 4-54 删除面　　　　　　　　　　图 4-55 删除和修补曲面

删除并填充曲面的过程同前，只是在选项设置时选中【删除和填充】单选按钮，如图 4-56 所示，系统将删除所选择的面，然后用单一面替换，左侧为未删除的曲面，右侧为删除完成的曲面。

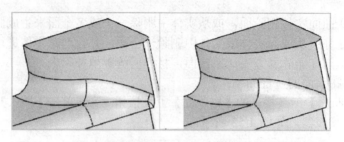

图 4-56 删除并填充曲面

4.4.8 替换面

通过【替换面】工具以新曲面实体来替换曲面或实体中的面。替换曲面实体不必与旧的面具有相同的边界。替换面时,原来实体中的相邻面自动延伸并剪裁到替换曲面实体,新的面被剪裁。

替换面可进行以下操作:
- 以一曲面实体替换一单一面或一组相连的面。
- 在单一操作中一相同的曲面实体数替换一组以上相连的面。
- 在实体或曲面实体中替换面。

替换曲面实体可以是以下类型之一:
- 任何类型的曲面特征,如拉伸、放样等。
- 缝合曲面实体或复杂的输入曲面实体。
- 通常比正替换的面要宽和长。

替换的面有以下特点:
- 必须相连。
- 不必相切。

以一曲面实体替换一组相连的面的过程如下:

(1) 确认替换曲面实体比正替换的面要宽和长,如图 4-57 所示。

(2) 单击【曲面】工具栏上的【替换面】工具按钮,或单击【插入】|【面】|【替换】命令,弹出属性管理器,如图 4-58 所示。

(3) 在属性管理器中,在【替换】参数下面:
- 为目标面选择要替换的面,如图 4-59 所示。面必须相连,但不一定相切。
- 为替换曲面选择替换的曲面,如图 4-60 所示。

(4) 单击确定按钮后,面以曲面替换,原来实体的相邻面被剪裁并延伸以套合。新的面被剪裁以套合原来实体的相邻面,结果如图 4-61 所示。如果替换曲面实体仍然可见,则右击并从弹出的快捷菜单中选择【隐藏】即可。

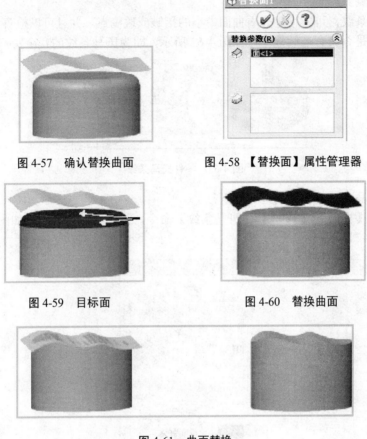

图 4-57　确认替换曲面　　　　图 4-58　【替换面】属性管理器

图 4-59　目标面　　　　图 4-60　替换曲面

图 4-61　曲面替换

4.5　曲面分析

曲面设计完成后，往往需要对曲率等相关参数进行分析，以便在实际生产中易于加工，同时使生产完成后具有一定的美学效果。

SolidWorks 提供了相应的曲面分析工具，具体介绍如下。

4.5.1　斑马条纹

斑马条纹允许查看曲面中标准显示难以分辨的小变化。斑马条纹模仿在光泽表面上反射的长光线条纹。

有了斑马条纹，可方便地查看曲面中小的褶皱或瑕疵点，并且可以检查相邻面是否相连或相切，或是否具有连续曲率。如图4-62所示，即为斑马条纹的几个实例。

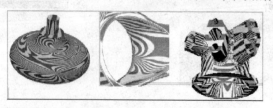

图4-62 零件斑马条纹

查看带斑马条纹的零件的过程如下：

（1）单击【视图】|【显示】|【斑马条纹】命令，弹出属性管理器，如图4-63所示，零件以斑马条纹显示。

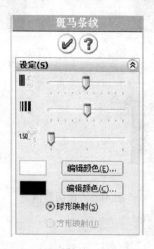

图4-63 【斑马条纹】属性管理器

（2）在属性管理器中，可以执行如下操作。

- 调整条纹数 。
- 调整条纹宽度 。
- 调整条纹精度 ：将滑杆从低精度（左）移到高精度（右）以改进显示品质。注意提高显示精度也可提高显示计算时间。
- 更改条纹颜色和背景颜色：单击【编辑颜色】，从颜色调色板中选择一种新颜色，然后单击确定按钮。新的颜色出现在颜色框和图形区域中。
- 选择【球形映射】或【方形映射】，效果如图4-64所示。

图 4-64 球形映射或方形映射的效果图

（3）单击确定按钮 ✓ 即可完成。

4.5.2 曲率

显示带有曲面的零件或装配体时，可以根据曲面的曲率半径让曲面呈现不同的颜色。曲率定义为半径的倒数（1/半径），使用当前模型的单位。默认情况下，所显示的最大曲率值为 1.0000，最小曲率值为 0.0010。

随着曲率半径的减小，曲率值增加，相应的颜色从黑色（0.0010）依次变为蓝色、绿色和红色（1.0000）。

随着曲率半径的增加，曲率值减小。平面的曲率值为零，因为平面的半径为无限。

如图 4-65 所示即为显示曲率的零件。

当激活曲率工具 时，也可为曲率和半径显示数值。

图 4-65 显示曲率的零件

以颜色渲染曲线或曲面的过程如下：

（1）单击【视图】工具栏上的【曲率】按钮 ，或单击【视图】|【显示】|【曲率】命令。

（2）模型的曲率就会以彩色显示。当指向一个模型曲面、样条曲线或曲线时，曲率值和曲率半径会显示在鼠标指针旁边。

（3）如要移除颜色，则单击【视图】|【显示】|【曲率】命令，取消相应的复选框即可。

4.6 综合实例一：油壶

光盘链接：
零件源文件——见光盘中的 "\源文件\第 4 章\part4-6.SLDPRT" 文件。

4.6.1 案例预览

（参考用时：50分钟）

本例将介绍一个油壶的设计过程。本例比较复杂，在设计过程中，首先需要绘制曲线构造曲面，再使用边界曲面将曲面连接在一起，还要使用拉伸、放样、扫描等方法构造曲面。最终的设计结果如图4-66所示。

图4-66 最终的设计结果

4.6.2 案例分析

> 主导思想：本例的壶身主体需要使用曲面缝合来构造，由于其对称的结构，使用镜像复制第一面后再添加边界曲面构成主体，壶颈和壶口的部分使用拉伸或者放样构成曲面，壶把的部分使用扫描绘制曲面。最后缝合曲面，加厚构成实体并对壶口进行处理。

> 设计理念：基本设计流程如图4-67所示。

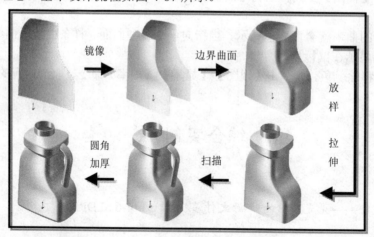

图4-67 基本设计流程

4.6.3 常用命令

- 【基准面】:【插入】|【参考几何体】|【基准面】菜单命令；【特征】工具栏的【基准面】按钮。
- 【填充曲面】:【插入】|【曲面】|【填充】菜单命令；【曲面】工具栏的【填充曲面】按钮。
- 【边界曲面】:【插入】|【曲面】|【边界曲面】菜单命令；【曲面】工具栏的【边界曲面】按钮。
- 【拉伸曲面】:【插入】|【曲面】|【拉伸曲面】菜单命令；【曲面】工具栏的【拉伸曲面】按钮。

4.6.4 设计步骤

1. 新建零件文件

（参考用时：1分钟）

启动 SolidWorks 2007,通过【文件】|【新建】菜单命令，或者单击【标准】工具栏的【新建】按钮，创建一个新的零件文件。

2. 设计壶身

（参考用时：10分钟）

（1）选择【插入】|【参考几何体】|【基准面】菜单命令，或者单击【特征】工具栏的【基准面】按钮，左侧显示【基准面】属性管理器，选择右视基准面为参考，在【距离】中输入12，单击按钮确定，完成基准面1的创建。

（2）选择【插入】|【参考几何体】|【基准面】菜单命令，或者单击【特征】工具栏的【基准面】按钮，左侧显示【基准面】属性管理器，选择右视基准面为参考，在【距离】中输入8，单击按钮确定，完成基准面2的创建。

（3）选择【插入】|【参考几何体】|【基准面】菜单命令，或者单击【特征】工具栏的【基准面】按钮，左侧显示【基准面】属性管理器，选择上视基准面为参考，在【距离】中输入50，单击按钮确定，完成基准面3的创建。

（4）选取基准面1作为草图平面，单击【草图】工具栏中的【草图绘制】按钮，单击【标准视角】工具栏中的【正视于】按钮，进入草图绘制环境。绘制如图4-68所示的草图1。

（5）选取基准面2作为草图平面，单击【草图】工具栏中的【草图绘制】按钮，单击【标准视角】工具栏中的【正视于】按钮，进入草图绘制环境。绘制如图4-69所示的草图2。

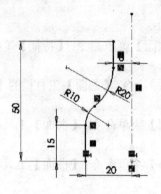 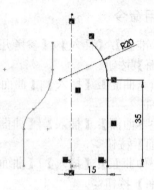

图 4-68　曲面填充的草图 1　　　　　　图 4-69　曲面填充的草图 2

（6）选取上视基准面作为草图平面，单击【草图】工具栏中的【草图绘制】按钮，单击【标准视角】工具栏中的【正视于】按钮，进入草图绘制环境。绘制如图 4-70 所示的草图 3。

（7）选取基准面 3 作为草图平面，单击【草图】工具栏中的【草图绘制】按钮，单击【标准视角】工具栏中的【正视于】按钮，进入草图绘制环境。绘制如图 4-71 所示的草图 4。

注释：绘制草图 3 和草图 4 时要注意曲线的起点和终点，并添加相应的相切几何关系。

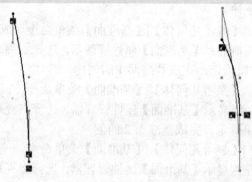

图 4-70　曲面填充的草图 3　　　　　　图 4-71　曲面填充的草图 4

（8）选择【插入】|【曲面】|【填充】菜单命令，或者单击【曲面】工具栏的【填充曲面】按钮，左侧显示【填充曲面 1】属性管理器，依次选择草图 1、草图 3、草图 2 和草图 4，在【边线设定】下选择【相触】，如图 4-72 所示。右侧绘图区显示预览，如图 4-73 所示，单击按钮确定，完成曲面填充 1 的创建。

注释：要注意按照顺时针或者逆时针的顺序选择边界，使其能构成封闭空间曲线。

第 4 章 曲面设计

图 4-72 【填充曲面】属性管理器

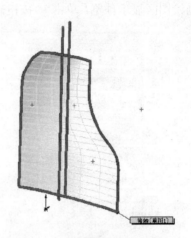

图 4-73 曲面填充 1 的预览

（9）单击【特征】工具栏的【镜像】按钮，左侧显示【镜像】属性管理器，如图 4-74 所示，选择【右视基准面】为【镜像面】，选择【曲面填充 1】为【要镜像的特征】，单击 按钮确定完成，如图 4-75 所示。

图 4-74 【镜像】属性管理器

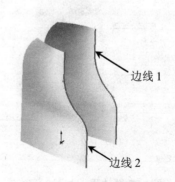

图 4-75 镜像后的曲面

（10）选择【插入】|【曲面】|【边界曲面】菜单命令，或者单击【曲面】工具栏的【边界曲面】按钮，左侧显示【边界—曲面】属性管理器，如图 4-76 所示，依次选择如图 4-75 所示的边线 1 和边线 2，在下拉菜单中分别选择【与面的曲率】和【与其它几何体对齐】，右侧绘图区显示预览，单击按钮确定，完成边界—曲面 1 的创建，如图 4-77 所示。

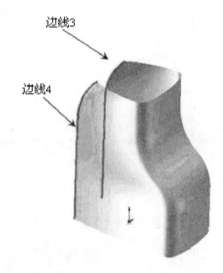

图 4-76 【边界—曲面】属性管理器　　　图 4-77 边界—曲面 1

（11）选择【插入】|【曲面】|【边界曲面】菜单命令，或者单击【曲面】工具栏的【边界曲面】按钮，左侧显示【边界—曲面 2】属性管理器，依次选择如图 4-77 所示的边线 3 和边线 4，在下拉菜单中分别选择【与面的曲率】和【与其它几何体对齐】，右侧绘图区显示预览，如图 4-78 所示，单击按钮确定，完成边界—曲面 2 的创建，如图 4-79 所示。

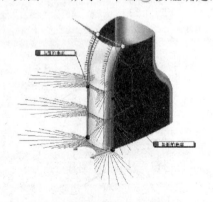
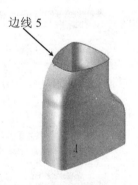

图 4-78 【边界—曲面 2】预览　　　图 4-79 边界—曲面 2

第4章 曲面设计

3. 设计壶颈

（参考用时：15分钟）

（1）选择【插入】|【参考几何体】|【基准面】菜单命令，或者单击【特征】工具栏中的【基准面】按钮◇，左侧显示【基准面】属性管理器，选择基准面3为参考，在【距离】中输入3，单击 ✓ 按钮确定，完成基准面4的创建。

（2）选择【插入】|【参考几何体】|【基准面】菜单命令，或者单击【特征】工具栏中的【基准面】按钮◇，左侧显示【基准面】属性管理器，选择基准面4为参考，在【距离】中输入6，单击 ✓ 按钮确定，完成基准面5的创建。

（3）选择【插入】|【参考几何体】|【基准面】菜单命令，或者单击【特征】工具栏中的【基准面】按钮◇，左侧显示【基准面】属性管理器，选择基准面5为参考，在【距离】中输入4，单击 ✓ 按钮确定，完成基准面6的创建。

（4）选取基准面3作为草图平面，单击【草图】工具栏中的【草图绘制】按钮 ，然后单击【标准视角】工具栏中的【正视于】按钮 ，进入草图绘制环境。选取如图4-79所示的边线5，然后单击【草图绘制】工具栏中的【转换实体引用】按钮 ，绘制如图4-80所示的草图。

（5）选取基准面4作为草图平面，单击【草图】工具栏中的【草图绘制】按钮 ，单击【标准视角】工具栏中的【正视于】按钮 ，进入草图绘制环境。选取草图5的边线，然后单击【草图绘制】工具栏中的【转换实体引用】按钮 ，修改距离为3，绘制如图4-81所示的草图。

图4-80 草图5　　　　　图4-81 草图6

（6）选择【插入】|【曲面】|【放样曲面】菜单命令，或者单击【曲面】工具栏中的【放样曲面】按钮 ，左侧显示【曲面—放样】属性管理器，依次选择草图5和草图6，右侧绘图区显示预览效果，将两轮廓的起始点拖动到水平位置，如图4-82所示，单击 ✓ 按钮确定，完成曲面—放样1的创建。

（7）选择【插入】|【曲面】|【拉伸曲面】菜单命令，或者单击【曲面】工具栏中的【拉

伸曲面】按钮，选择草图 6 作为拉伸的草图，左侧显示【曲面—拉伸】属性管理器，在【方向 1】下选择【成形到一面】，选择基准面 5，右侧绘图区显示预览，单击✓按钮确定，完成曲面—拉伸 1 的创建，如图 4-83 所示。

图 4-82 曲面—放样 1 预览

图 4-83 曲面—拉伸 1

（8）选取基准面 5 作为草图平面，单击【草图】工具栏中的【草图绘制】按钮，单击【标准视角】工具栏中的【正视于】按钮，进入草图绘制环境。选取如图 4-83 所示的边线 6，然后单击【草图绘制】工具栏的【转换实体引用】按钮，绘制如图 4-84 所示的草图。

（9）选取基准面 6 作为草图平面，单击【草图】工具栏中的【草图绘制】按钮，单击【标准视角】工具栏中的【正视于】按钮，进入草图绘制环境，绘制如图 4-85 所示的草图。

图 4-84 草图 7

图 4-85 草图 8

（10）选择【插入】|【曲面】|【放样曲面】菜单命令，或者单击【曲面】工具栏的【放样曲面】按钮，左侧显示【曲面—放样】属性管理器，依次选择草图 7 和草图 8，右侧绘图区显示预览，将两轮廓的起始点拖动到水平位置，如图 4-86 所示，单击✓按钮确定，完成曲面—放样 2 的创建，如图 4-87 所示。

（11）选择【插入】|【曲面】|【拉伸曲面】菜单命令，或者单击【曲面】工具栏的【拉伸曲面】按钮，选择草图 8 作为拉伸的草图，左侧显示【曲面—拉伸】属性管理器，在

【方向 1】下选择【给定深度】，输入值 5，右侧绘图区显示预览，单击✓按钮确定，完成曲面—拉伸 2 的创建，如图 4-88 所示。

图 4-86 曲面—放样 2 预览

图 4-87 曲面—放样 2

图 4-88 曲面—拉伸 2

4. 设计壶把

（参考用时：7 分钟）

（1）选择【插入】|【曲面】|【分割线】菜单命令，或者单击【曲线】工具栏的【分割线】按钮，左侧显示【分割线】属性管理器，如图 4-89 所示，在【拔模方向】下选择【右视基准面】，选择如图 4-88 所示的曲面 1 为要分割的面，单击✓按钮确定，完成分割线 1 的创建，如图 4-90 所示。

图 4-89 【分割线】属性管理器

图 4-90 分割线 1

（2）选择【插入】|【参考几何体】|【基准面】菜单命令，或者单击【特征】工具栏的【基准面】按钮，左侧显示【基准面】属性管理器，选择分割线 1 和前视基准面为参考，在角度中输入 0，单击✓按钮确定，完成基准面 7 的创建。

（3）选取基准面 7 作为草图平面，单击【草图】工具栏中的【草图绘制】按钮，单击【标准视角】工具栏中的【正视于】按钮，进入草图绘制环境，绘制如图 4-91 所示的草图。

（4）选取右视基准面作为草图平面，单击【草图】工具栏中的【草图绘制】按钮，单击【标准视角】工具栏中的【正视于】按钮，进入草图绘制环境，绘制如图 4-92 所示的草图。

（5）选择【插入】|【凸台/基体】|【扫描】菜单命令，或者单击【特征】工具栏的【扫描】按钮，左侧显示【曲面—扫描】属性管理器，在【轮廓】下选择草图 10，在【路径】下选择草图 9，单击 按钮确定，完成壶把的创建，如图 4-93 所示。

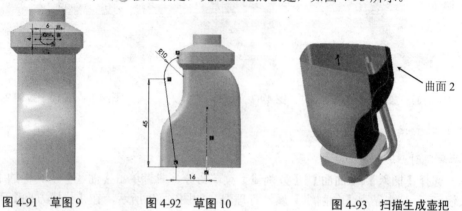

图 4-91　草图 9　　　　图 4-92　草图 10　　　　图 4-93　扫描生成壶把

（6）选择【插入】|【曲面】|【剪裁曲面】菜单命令，或者单击【曲面】工具栏的【剪裁曲面】按钮，左侧显示【剪裁曲面】属性管理器，在【剪裁工具】下选择如图 4-93 所示的曲面 2，选中【移除选择】单选按钮，在要移除的部分下选择壶把在壶身中的部分，单击 按钮确定，剪裁多余曲面。

5．设计壶底

（参考用时：3 分钟）

选择【插入】|【曲面】|【平面区域】菜单命令，或者单击【曲面】工具栏的【平面区域】按钮，左侧显示【平面】属性管理器，在【边界实体】下选择如图 4-94 所示的边线 7，单击 按钮确定，完成壶底的创建，如图 4-95 所示。

图 4-94　生成壶底的边线　　　　图 4-95　壶底

6. 添加曲面圆角

☼（参考用时：12分钟）

（1）选择【插入】|【特征】|【圆角】菜单命令，或者单击【特征】工具栏的【圆角】按钮，左侧显示【圆角】属性管理器，选中【面圆角】单选按钮，在【面组 1】下选择如图 4-96 所示的曲面 3，在【面组 2】下选择如图 4-96 所示的曲面 4，在【半径】中输入值 1，如图 4-97 所示，单击 按钮确定，完成圆角 1 的创建。

图 4-96　曲面 3 和曲面 4　　图 4-97　【圆角】属性管理器

注释：生成圆角的两个面需要注意方向，使预览中的箭头朝向圆角中心的一面，如默认方向不对，可单击面组前的按钮改变其方向。

（2）选择【插入】|【特征】|【圆角】菜单命令，或者单击【特征】工具栏的【圆角】按钮，左侧显示【圆角】属性管理器，选中【面圆角】单选按钮，在【面组 1】下选择如图 4-96 所示的曲面 4，在【面组 2】下选择如图 4-98 所示的曲面 5，在【半径】中输入值 1，单击 按钮确定，完成圆角 2 的创建。

（3）选择【插入】|【特征】|【圆角】菜单命令，或者单击【特征】工具栏的【圆角】按钮，左侧显示【圆角】属性管理器，选中【面圆角】单选按钮，在【面组 1】下选择如图 4-99 所示的曲面 6，在【面组 2】下选择如图 4-88 所示的曲面 1，在【半径】中输入值 1，单击 按钮确定，完成圆角 3 的创建。

（4）选择【插入】|【曲面】|【缝合曲面】菜单命令，或者单击【特征】工具栏的【圆角】按钮，左侧显示【缝合曲面】属性管理器，在【要缝合的曲面和面】下选择如图 4-100 所示的曲面（即壶身），单击 按钮确定，完成曲面的缝合。

图 4-98　曲面 5　　　　　图 4-99　曲面 6 和曲面 7　　　　　图 4-100　要缝合的曲面

☝ 注释：曲面缝合是为了创建圆角时可形成底部一周完整的圆角。

（5）选择【插入】|【特征】|【圆角】菜单命令，或者单击【特征】工具栏的【圆角】按钮，左侧显示【圆角】属性管理器，选中【面圆角】单选按钮，在【面组 1】下选择如图 4-101 所示的曲面 8，在【面组 2】下选择如图 4-101 所示的曲面 9，在【半径】中输入值 1，单击 按钮确定，完成圆角 4 的创建。

（6）选择【插入】|【特征】|【圆角】菜单命令，或者单击【特征】工具栏的【圆角】按钮，左侧显示【圆角】属性管理器，选中【面圆角】单选按钮，在【面组 1】下选择如图 4-101 所示的曲面 9，在【面组 2】下选择如图 4-102 所示的曲面 10，在【半径】中输入值 1，单击 按钮确定，完成圆角 5 的创建。

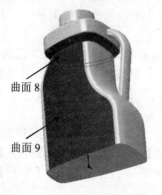 

图 4-101　曲面 8 和曲面 9　　　　　　　　图 4-102　曲面 10

（7）选择【插入】|【特征】|【圆角】菜单命令，或者单击【特征】工具栏的【圆角】按钮，左侧显示【圆角】属性管理器，选中【面圆角】单选按钮，在【面组 1】下选择如图 4-103 所示的曲面 11，在【面组 2】下选择如图 4-104 所示的曲面 12，在【半径】中输入值 1，单击 按钮确定，完成圆角 6 的创建。

图 4-103　曲面 11 和曲面 12　　　　图 4-104　曲面 13 和曲面 14

（8）选择【插入】|【特征】|【圆角】菜单命令，或者单击【特征】工具栏的【圆角】按钮，左侧显示【圆角】属性管理器，选中【面圆角】单选按钮，在【面组 1】下选择如图 4-104 所示的曲面 13，在【面组 2】下选择如图 4-104 所示的曲面 14，在【半径】中输入值 1，单击✓按钮确定，完成圆角 7 的创建。

7．加厚构成实体

（参考用时：2 分钟）

选择【插入】|【凸台/基体】|【加厚】菜单命令，左侧显示【加厚】属性管理器，选择所有曲面，在【厚度】中输入值 0.5，如图 4-105 所示，单击✓按钮确定，完成油壶的设计。

图 4-105　【加厚】属性管理器

4.7　综合实例二：女式凉鞋

光盘链接：
零件源文件——见光盘中的"\源文件\第 4 章\part4-7\"文件夹。

4.7.1 案例预览

☀（参考用时：80 分钟）

本例将介绍一只女式凉鞋的设计过程。本例较前一个实例相比可以说是非常复杂，但是也是一个很好的锻炼素材。如果你的工业设计方面或美术方面的相关基础知识非常扎实的话，学习起来会比较轻松一些。最终的设计结果如图 4-106 所示。

图 4-106 女式凉鞋

> 注意：由于篇幅所限，在介绍时仅介绍鞋底、鞋跟和鞋带的设计过程。

4.7.2 案例分析

- 主导思想：凉鞋底部的创建是本例的关键，如果用一般的曲面剪裁或合并会较难，所以用投影曲面来做。
- 设计理念：凉鞋的底部用曲面生成，然后加厚。鞋跟用曲面放样来做，注意这里要用到引导线。鞋带也用曲面放样来做，然后加厚。基本设计流程如图 4-107 所示。

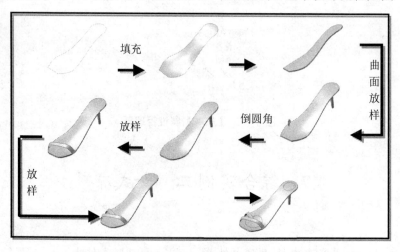

图 4-107 基本设计流程

4.7.3 常用命令

- 【填充曲面】:【插入】|【曲面】|【填充】菜单命令;【曲面】工具栏的【填充曲面】按钮 。
- 【加厚】:【插入】|【凸台/基体】|【加厚】菜单命令;【特征】工具栏的【加厚】按钮 。
- 【放样曲面】:【插入】|【曲面】|【放样曲面】菜单命令;【曲面】工具栏的【放样曲面】按钮 。

4.7.4 设计步骤

1. 新建零件文件

（参考用时：1 分钟）

启动 SolidWorks 2007，通过【文件】|【新建】菜单命令，或者单击【标准】工具栏的【新建】按钮 ，创建一个新的零件文件。

2. 通过投影曲线来创建鞋底

（参考用时：13 分钟）

投影曲线特征命令的操作包含两个要素：草绘平面和投影线。

（1）创建草图。选取上视基准面作为草图平面，单击【标准视角】工具栏中的【正视于】按钮 ，进入草图绘制环境。单击【草图】工具栏的【直线】按钮 ，绘制一组直线段，再单击【圆】按钮 ，绘制一个圆，修剪之后，单击【草图】工具栏的【智能尺寸】按钮 ，标注草图的尺寸，完成草图的绘制如图 4-108 所示。

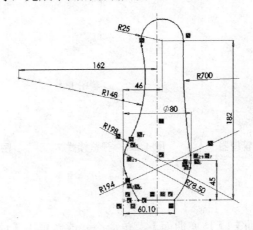

图 4-108 投影曲面草绘图

（2）创建投影线。选取右视基准面作为草图平面，单击【标准视角】工具栏中的【正视于】按钮，进入草图绘制环境。单击【草图】工具栏的【样条曲线】按钮，绘制一条样条曲线，单击【草图】工具栏的【智能尺寸】按钮，标注草图的尺寸，完成草图的绘制如图4-109所示。

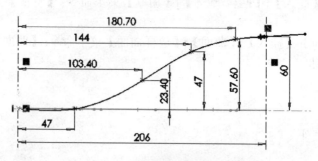

图4-109 投影线草绘图

注意：投影线的草图并不是固定统一的，本例的投影线的草图仅供参考，读者可以自己试着设定一下具体的尺寸。

（3）生成投影曲线。单击【曲线】按钮中的【投影曲线】按钮，进入【投影曲线】属性管理器，如图4-110所示。选择【草图到草图】，在其选项【要投影的一些草图】中选择草图1和草图2。具体选择请看预览模式，如图4-111所示。单击按钮确定，生成封闭的投影线，如图4-112所示。

图4-110 【投影曲线】属性管理器　　　图4-111 预览模式　　　图4-112 生成封闭的投影线

3．填充曲面

（参考用时：2分钟）

通过【插入】|【曲面】|【填充曲面】菜单命令，或者单击【曲面】工具栏的【填充曲

面】按钮 ，出现【填充曲面】属性管理器，如图 4-113 所示。在【修补边界】中选择图 4-112 中的封闭的投影线。绘图区出现预览模式，如图 4-114 所示。单击 按钮确定，生成空间曲面模型，如图 4-115 所示。

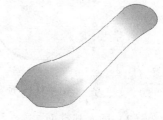

图 4-113 【填充曲面】属性管理器　　　图 4-114 预览模式　　　图 4-115 空间的曲面模型

4．加厚曲面

（参考用时：2 分钟）

通过【插入】|【凸台/基体】|【加厚】菜单命令，或者单击【特征】工具栏的【加厚】按钮 ，出现【加厚】属性管理器。在【加厚参数】中，【投影面】　选上步中的空间曲面，加厚距离输入值 3。绘图区出现预览，如图 4-116 所示。单击 按钮确定，得到加厚实体模型，如图 4-117 所示。

图 4-116 预览模式　　　　　　　图 4-117 加厚模型

5．插入三个基准平面（为下步创建鞋跟的引导线作准备）

（参考用时：5 分钟）

（1）插入基准面 2。

选取右视基准面作为参考平面，单击【特征】工具栏中的【参考几何体】按钮 中的

【基准面】按钮，出现【基准面】属性管理器。在【等距距离】中输入值46。绘图区出现预览模式，如图 4-118 所示。单击 按钮确定，得到一个新的面——基准面 2，如图 4-119 所示。

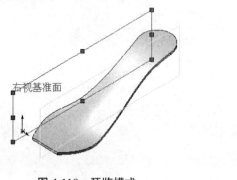
图 4-118 预览模式

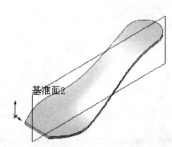
图 4-119 基准面 2

（2）插入基准面 3。

选取上视基准面作为参考平面，单击【特征】工具栏中的【参考几何体】按钮 中的【基准面】按钮，出现【基准面】属性管理器。在【等距距离】中输入值 4（注：方向向下）。绘图区出现预览模式，如图 4-120 所示。单击 按钮，得到一个新的面——基准面 3，如图 4-121 所示。

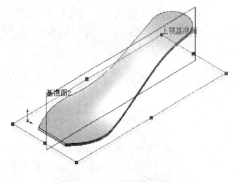
图 4-120 预览模式

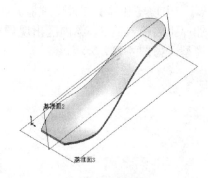
图 4-121 基准面 3

（3）插入基准面 4。

选取上视基准面作为参考平面，单击【特征】工具栏中的【参考几何体】按钮 中的【基准面】按钮，出现【基准面 4】属性管理器。在【等距距离】中输入值 182。绘图区出现预览模式，如图 4-122 所示。单击 按钮确定，得到一个新的面——基准面 4，如图 4-123 所示。

第 4 章 曲面设计

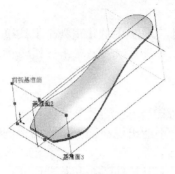

图 4-122 预览模式

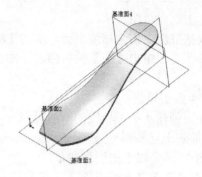

图 4-123 基准面 4

6. 鞋跟部分

（参考用时：10 分钟）

注意：鞋跟是用曲面放样来实现的，这里包含 4 条引导线。

创建鞋跟曲面放样所用的草图，共 6 个草图（上下两个放样草图和 4 个引导线草图）。

（1）上底面草图（用投影曲线来生成）。

① 选取基准面 3 作为草图平面，单击【标准视角】工具栏中的【正视于】按钮，进入草图绘制环境。单击【圆】按钮，绘制出一个圆弧，半径为 17，单击按钮生成扫描轨迹草图。

② 单击【曲线】按钮中的【投影曲线】按钮，进入【投影曲线】属性管理器。选择【草图到面】，在其选项【要投影的草图】中选择草图 3，在【投影面】中选面 1。具体选择请看预览模式，如图 4-124 所示。单击按钮确定，生成封闭的投影线，如图 4-125 所示。

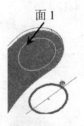

图 4-124 面 1

图 4-125 生成的封闭投影线

③ 将图 4-125 的封闭投影线转成草绘图。

单击【草绘】工具栏中的【3D 草绘】按钮，单击图 4-125 的封闭投影线，然后单击【草绘】工具栏中的【转换实体引用】按钮，这时会发现封闭投影线颜色由蓝色转为黑色，说明已经将其转换为空间草图。

(2)下底面草图。

选取基准面 3 作为草图平面,单击【标准视角】工具栏中的【正视于】按钮,进入草图绘制环境。单击【圆】按钮,绘制出一个圆弧,半径为 3,单击按钮生成扫描轨迹草图。

(3)4 条引导线草图。

在分别创建 4 条引导线的草图时应注意以下几点。

- 每条引导线都应是在一个独立的草绘面上,不能出现在同一草绘面上同时存在两个或两个以上的引导线草图。
- 在基准面 2 和基准面 4 上各有两条引导线。所以基准面 2 和基准面 4 两个基准面应该各选两次。
- 每条引导线都应与上下底面进行穿透约束。

具体的 4 条引导线的位置和形式如图 4-126 所示。

   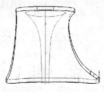

图 4-126 4 条引导线的位置和形式

(4)通过曲面放样来生成鞋跟。

通过【插入】|【曲面】|【放样曲面】菜单命令,或者单击【曲面】工具栏的【放样曲面】按钮,出现【曲面—放样】属性管理器。【轮廓】中选取上下底面草图,在【引导线感应类型】中选整体,在【引导线】中选那 4 条引导线,绘图区出现预览模式,如图 4-127 所示。单击按钮确定,生成鞋跟的放样模型,如图 4-128 所示。

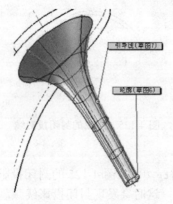 

图 4-127 预览模式   图 4-128 放样模型

第4章 曲面设计

7. 用曲面填充命令填充上下底面

❋（参考用时：4分钟）

本步骤是为了下一步进行曲面缝合和将曲面转换为实体作准备。

（1）填充上底面。通过【插入】|【曲面】|【填充曲面】菜单命令，或者单击【曲面】工具栏的【填充曲面】按钮◈，出现【曲面填充】属性管理器。【修补边界】中选择图4-129中的封闭投影线。单击✓按钮确定，生成空间曲面模型。

（2）填充下底面。通过【插入】|【曲面】|【填充曲面】菜单命令，或者单击【曲面】工具栏的【填充曲面】按钮◈，出现【填充曲面】属性管理器。【修补边界】中选择图4-130中的封闭投影线。单击✓按钮确定，生成空间曲面模型。

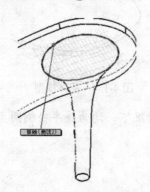 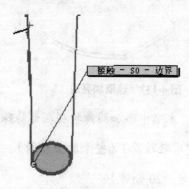

图4-129 预览模式1　　　　　　图4-130 预览模式2

8. 将封闭的曲面放样模型缝合并转换为鞋跟实体

❋（参考用时：2分钟）

单击【插入】|【曲面】|【缝合曲面】菜单命令，或者单击【曲面】工具栏的【缝合曲面】按钮⊡，出现【缝合曲面】属性管理器。在【选择】中选择绘图区中属于鞋跟部分的所有曲面，并选中【尝试形成实体】复选框。绘图区出现预览模式，如图4-131所示。单击✓按钮确定，封闭的曲面模型如图4-132所示。

图4-131 预览模式　　　　　　图4-132 缝合后的实体模型

9. 对凉鞋头部添加圆角特征

（参考用时：2分钟）

通过【插入】|【特征】|【圆角】菜单命令，或者单击【特征】工具栏的【圆角】按钮，出现【圆角】属性管理器。在【圆角项目】下输入圆角半径值20，选取图4-133的加亮边，单击✓按钮确定，得到倒圆角后的实体模型，如图4-134所示。

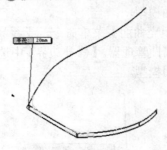 

图4-133　选取加亮边　　　　　　　　图4-134　实体模型

注释：本书中添加圆角特征在无特殊说明的情况下，均为等半径倒圆角。

10. 创建凉鞋鞋带1（整个的全鞋带）

（参考用时：20分钟）

（1）插入基准面5。

选取右视基准面作为参考平面，单击【特征】工具栏中的【参考几何体】按钮中的【基准面】按钮，出现【基准面】属性管理器。在【等距距离】中输入值40，绘图区出现预览模式，如图4-135所示。单击✓按钮确定，得到一个新的面——基准面5，如图4-136所示。

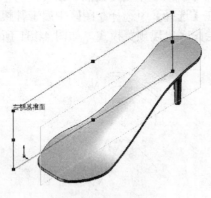 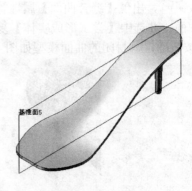

图4-135　预览模式　　　　　　　　图4-136　基准面5

（2）插入基准轴 1。

单击【特征】工具栏中的【参考几何体】按钮中的【基准轴】按钮，出现【基准轴】属性管理器。单击【☐ 凉鞋】将树形结构展开，如图 4-137 所示。单击【两平面】按钮，然后在树形结构中单击前视基准面和基准面 5。单击 按钮确定，生成基准轴 1，如图 4-138 所示。

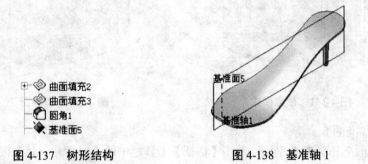

图 4-137　树形结构　　　　　　　　图 4-138　基准轴 1

（3）插入基准面 6、基准面 7 和基准面 8。

① 插入基准面 6。

单击【特征】工具栏中的【参考几何体】按钮中的【基准面】按钮，出现【基准面】属性管理器。在【两面夹角】中输入值 20。在【参考实体】中选择基准面 1 和前视基准面，绘图区出现预览模式，如图 4-139 所示。单击 按钮，得到一个新的面——基准面 6，如图 4-140 所示。

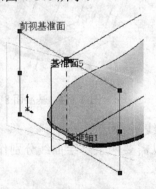 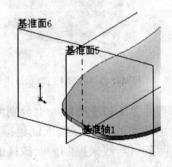

图 4-139　预览模式　　　　　　　　图 4-140　基准面 6

② 插入基准面 7。

选取上视基准面 6 作为参考平面，单击【特征】工具栏中的【参考几何体】按钮中的【基准面】按钮，出现【基准面】属性管理器。在【等距距离】中输入值 20。绘图区出现预览模式，如图 4-141 所示。单击 ✓ 按钮确定，得到一个新的面——基准面 7，如图 4-142 所示。

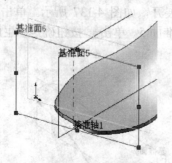

图 4-141　预览模式

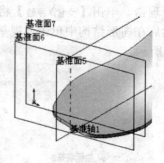

图 4-142　基准面 7

③ 插入基准面 8。

选取基准面 7 作为参考平面，单击【特征】工具栏中的【参考几何体】按钮 中的【基准面】按钮，出现【基准面】属性管理器。在【等距距离】中输入值 10。绘图区出现预览模式，如图 4-143 所示。单击 ✓ 按钮确定，得到一个新的面——基准面 8，如图 4-144 所示。

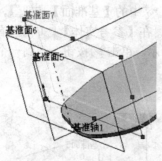

图 4-143　预览模式

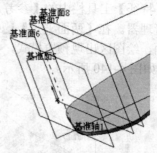

图 4-144　基准面 8

（4）在基准面 7 和基准面 8 上分别创建草绘曲线。

因为要用曲面放样的方式来创建凉鞋带，所以需要两条草绘曲线分别作为放样的底面，并需要两条引导线来控制曲面放样的形状。

① 在基准面 7 上创建草绘曲线。

选取基准面 7 作为草图平面，单击【标准视角】工具栏中的【正视于】按钮，进入草图绘制环境。单击【样条曲线】按钮，绘制出一条自由曲线，注意曲线的两端都与凉鞋的边线保持穿透关系。如图 4-145 所示，单击按钮 生成曲线草图。

② 在基准面 8 上创建草绘曲线。

选取基准面 8 作为草图平面，单击【标准视角】工具栏中的【正视于】按钮，进入草图绘制环境。单击【样条曲线】按钮，绘制出一条自由曲线，注意曲线的两端都与凉鞋的边线保持穿透关系。如图 4-146 所示，单击按钮生成曲线草图。

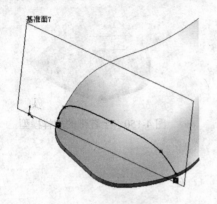

图 4-145　曲线草图 1

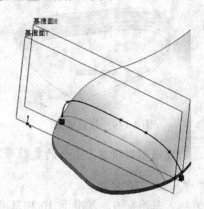

图 4-146　曲线草图 2

（5）在凉鞋两侧边缘上分别创建两条空间草绘曲线作为引导线。

单击【草图】工具栏中的【3D 草图】按钮，单击【样条曲线】按钮绘制出两条曲线，如图 4-147 所示，单击按钮生成草图。

> 注意：曲线虽短，但最好多设几个点，如图 4-148 所示。这样曲率可以更加接近凉鞋边缘的曲率。

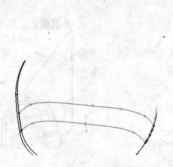

图 4-147　两条曲线

图 4-148　扫描后的曲面模型

（6）通过曲面放样来生成宽鞋带。

通过【插入】|【曲面】|【放样曲面】菜单命令，或者单击【曲面】工具栏的【放样曲面】按钮，出现【曲面—放样】属性管理器。【轮廓】中选取在基准面 7 上创建的草绘曲线和在基准面 8 上创建的草绘曲线，在【引导线感应类型】中选【整体】，在【引导线】中选凉鞋两侧边缘，两条空间草绘曲线作为引导线，绘图区出现预览模式，如图 4-149 所示。单击按钮确定，生成全鞋带的放样模型，如图 4-150 所示。

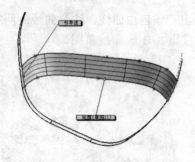

图 4-149　预览模式　　　　　　　　图 4-150　全鞋带的放样模型

11. 创建凉鞋鞋带 2（半个的宽鞋带）

（参考用时：10 分钟）

（1）插入基准面 9、基准面 10 和基准面 11。

① 插入基准面 9。

单击【特征】工具栏中的【参考几何体】按钮中的【基准面】按钮，出现【基准面】属性管理器。在【两面夹角】中输入值 20。在【参考实体】中选择基准面 1 和前视基准面，绘图区出现预览模式，如图 4-151 所示。单击按钮，得到一个新的面——基准面 9，如图 4-152 所示。

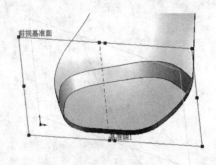
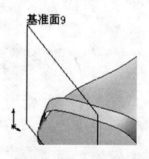

图 4-151　预览模式　　　　　　　　图 4-152　基准面 9

② 插入基准面 10。

选取上视基准面 9 作为参考平面，单击【特征】工具栏中的【参考几何体】按钮中的【基准面】按钮，出现【基准面】属性管理器。在【等距距离】中输入值 25。绘图区出现预览模式，如图 4-153 所示。单击按钮确定，得到一个新的面——基准面 10，如图 4-154 所示。

第 4 章 曲面设计

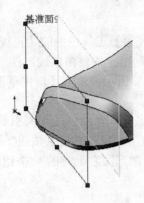
图 4-153 预览模式

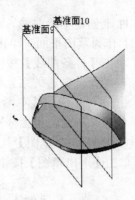
图 4-154 基准面 10

③ 插入基准面 11。

选取基准面 10 作为参考平面，单击【特征】工具栏中的【参考几何体】按钮中的【基准面】按钮，出现【基准面】属性管理器。在【等距距离】中输入值 10。绘图区出现预览模式，如图 4-155 所示。单击按钮确定，得到一个新的面——基准面 11，如图 4-156 所示。

图 4-155 预览模式

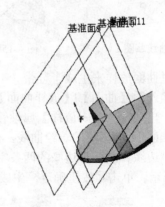
图 4-156 基准面 11

（2）在基准面 10 和基准面 11 上分别创建草绘曲线。

依旧是要用曲面放样的方式来创建凉鞋带。

① 在基准面 10 上创建草绘曲线。

选取基准面 10 作为草图平面，单击【标准视角】工具栏中的【正视于】按钮，进入草图绘制环境。单击【样条曲线】按钮，绘制出一条自由曲线，注意曲线的两端都与凉鞋的边线和全凉鞋带保持穿透关系，如图 4-157 所示，单击【退出草图】按钮或者图形区右上方的按钮，生成曲线草图。

② 在基准面 11 上创建草绘曲线。

选取基准面 11 作为草图平面,单击【标准视角】工具栏中的【正视于】按钮,进入草图绘制环境。单击【样条曲线】按钮,绘制出一条自由曲线,注意曲线的两端都与凉鞋的边线和全凉鞋带保持穿透关系。如图 4-158 所示,单击【退出草图】按钮或者图形区右上方的按钮,生成曲线草图。

(3) 在凉鞋一侧边缘和全鞋带上分别创建两条空间草绘曲线作为引导线。

单击【草图】工具栏中的【3D 草图】按钮,单击【样条曲线】按钮绘制出两条曲线,如图 4-159 所示,单击【退出草图】按钮或者图形区右上方的按钮,生成曲线草图。

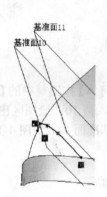
图 4-157 曲线草图 1

图 4-158 曲线草图 2

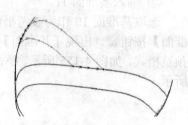
图 4-159 两条曲线

(4) 通过曲面放样来生成半鞋带。

通过【插入】|【曲面】|【放样曲面】菜单命令,或者单击【曲面】工具栏的【放样曲面】按钮,出现【曲面—放样】属性管理器。【轮廓】中选取在基准面 10 上创建的草绘曲线和在基准面 11 上创建的草绘曲线,在【引导线感应类型】中选【整体】,在【引导线】中选凉鞋一侧边缘和全鞋带边缘的两条空间草绘曲线作为引导线,绘图区出现预览模式,如图 4-160 所示。单击按钮确定,生成半鞋带的放样模型,如图 4-161 所示。

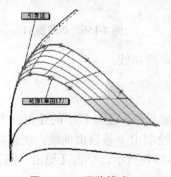
图 4-160 预览模式

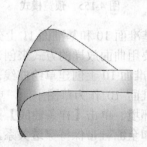
图 4-161 半鞋带的放样模型

第 4 章 曲面设计

12. 通过分割线来生成鞋面的两个装饰圆

（参考用时：5 分钟）

（1）创建第一个装饰圆草图。选取上视基准面作为草图平面，单击【标准视角】工具栏中的【正视于】按钮，进入草图绘制环境。单击【圆】按钮，绘制出一个圆，直径为 34，按如图 4-162 标注，单击【退出草图】按钮或者图形区右上方的按钮，生成曲线草图。

（2）生成分割线。单击【曲线】按钮中的【分割线】按钮，进入【分割线】属性管理器，如图 4-163 所示。选项【草图】选草图 15，【要分割的面】选鞋底的上表面，单击按钮确定，生成分割线，如图 4-164 所示。

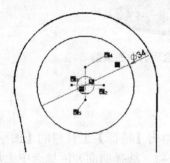  

图 4-162　绘制草图　　　图 4-163　【分割线】属性管理器　　　图 4-164　生成分割线

（3）创建第二个装饰圆草图。选取上视基准面作为草图平面，单击【标准视角】工具栏中的【正视于】按钮，进入草图绘制环境。单击【圆】按钮，绘制出一个圆，直径为 34，按如图 4-165 标注，单击【退出草图】按钮或者图形区右上方的按钮，生成曲线草图。

（4）生成分割线。单击【曲线】按钮中的【分割线】按钮，进入【分割线】属性管理器，如图 4-166 所示。选项【草图】选草图 16，【要分割的面】选鞋底的上表面，单击按钮确定，生成分割线，如图 4-167 所示。

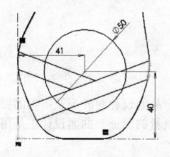  

图 4-165　绘制草图　　　图 4-166　【分割线】属性管理器　　　图 4-167　生成分割线

13. 将两个鞋带缝合为一个

☀ (参考用时：2分钟)

单击【插入】|【曲面】|【缝合曲面】菜单命令，或者单击【曲面】工具栏的【缝合曲面】按钮，出现【缝合曲面】属性管理器。在【选择】中选择绘图区的两个鞋带曲面。绘图区出现预览模式，如图 4-168 所示。单击✓按钮确定，封闭的曲面模型如图 4-169 所示。

图 4-168　预览模式　　　　　图 4-169　缝合后的曲面模型

14. 加厚曲面

☀ (参考用时：2分钟)

通过【插入】|【凸台/基体】|【加厚】菜单命令，或者单击【特征】工具栏的【加厚】按钮，出现【加厚】属性管理器。在【加厚参数】中，在（选择曲面）区域选中上步缝合的曲面，加厚距离输入值 0.3。绘图区出现预览，如图 4-170 所示。单击✓按钮确定，得到加厚的实体模型，如图 4-171 所示。

图 4-170　预览模式　　　　　图 4-171　加厚的模型

4.8　本章小结

随着工业设计水平及人们生活水平的日益提高，各类产品的设计对外形及审美的要求也越来越高。而且，一个好的外形设计，也是产品功能与质量的保证。曲面设计正是用于表达日益复杂的产品造型。

通过本章的学习，可以掌握曲线及曲面设计的基本方法。

思考与练习

1. 曲线、曲面的基本概念是什么？
2. 如何插入基准面？
3. 曲面建模的基本方法与特征建模有什么区别？
4. 曲率的概念是什么？曲面分析的目的是什么？
5. 绘制如图 4-172 所示的曲面零件。

图 4-172　曲面零件

6. 绘制如图 4-173 所示的礼帽造型。

图 4-173　礼帽

第 5 章 装配设计

【本章导读】

本章将介绍装配设计的基础知识，装配体由多个零件组成，这些零部件被称为子装配体，帮助读者通过实例进一步了解零部件的关系以及如何添加零件之间的关系，并且了解装配体爆炸图的操作过程。

希望读者通过本章的学习，掌握装配体的操作方法及技巧，并能够熟练应用【装配】工具栏中的工具。

序 号	名 称	基础知识参考学时（分钟）	课堂练习参考学时（分钟）	课后练习参考学时（分钟）
5.1	装配体设计操作基础	20	0	0
5.2	几何装配	20	20	10
5.3	零件的复制、镜像与阵列	10	10	10
5.4	装配体特征	5	10	5
5.5	装配体爆炸图	5	5	5
5.6	设计库和智能扣件	10	15	10
5.7	综合实例：偏心柱塞泵	0	30	20
	总 计	70	90	60

5.1 装配体设计操作基础

装配体的零部件可以包括独立的零件，也可以是其他的装配体。对于大多数的操作，两种零部件的行为方式是相同的。零部件被连接到装配体文件，装配体文件的扩展名为.sldasm。

将一个零部件放入装配体中时，这个零部件文件会与装配体文件产生链接的关系。所以装配体文件不能单独存在，要和零部件一起存放才有意义，同时对零部件文件所进行的任何改变都会影响装配体。

5.1.1 工作环境

进入装配环境有两种方法，一种是新建文件时，弹出【新建 SolidWorks 文件】对话框，如图 5-1 所示，在此对话框中单击【装配体】按钮，再单击【确定】按钮即可新建一个装配体环境。第二种是在零件环境中，单击【标准】工具栏中的【装配体】按钮，切换到装配体环境。

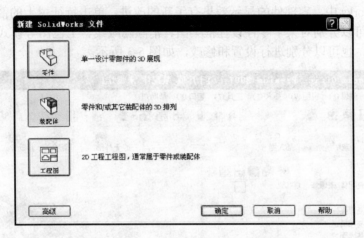

图 5-1 【新建 SolidWorks 文件】对话框

当新建一个装配体文件或打开一个装配体.sldasm 文件时，即进入 SolidWorks 装配体界面，其界面和零件模式的界面相似，装配体界面同样具有菜单栏、工具栏、设计树、控制区域和零部件显示区域。在左侧的控制区中列出了该装配体包括的所有零件。在设计树最底端还有一个【配合】文件夹，包含了所有零部件之间的配合关系，如图 5-2 所示。

图 5-2 装配体环境界面

单击零部件前的田号，展开零部件列表，可以看到并访问单独的零部件和零部件的特征。在装配体设计树中，选定某个特征后，可以直接对特征进行再编辑，操作方式与零件模式下是相同的。

在 SolidWorks 中，零部件的显示效果有了新的改进，单击特征树上的箭头按钮» ，展开显示模式，可以分别对某个零件设置框架图、消除隐藏线、上色图等模式，零部件的颜色和纹理属性，也可以分别进行设置和修改，如图 5-3 所示。

图 5-3　选择零件显示模式

在装配体环境下，很多操作都是通过鼠标右键的快捷菜单来操作的，例如设置零件的显示和隐藏，如图 5-4 所示。在设计树中，单击每个零件，可以单独设置其显示的状态，包括对零部件的显示图形，但是零部件在装配体中还是处于激活状态，隐藏的零部件仍然滞留在内存中，保持与其他零件的配合关系，在质量属性的计算中仍然要考虑它的存在。

装配体环境和零件环境的不同之处在于：装配体环境下的零件空间位置存在参考与被参考的关系，体现为"固定零件"和"浮动零件"。一般都需要根据装配体本身的基准，来设置一个相对于环境坐标系静止不动的零件。

第 5 章 装配设计

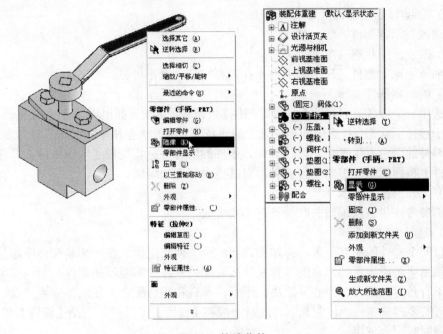

图 5-4 快捷菜单

"固定零件"就是在装配体环境下，有着固定空间位置的零件，而"浮动零件"可以被鼠标拖动。选定零件后，通过其快捷菜单，可以设置零件为固定或者浮动。在 SolidWorks 装配体设计时，需要对零件添加配合关系，限制零件的自由度，使得零件符合工程实际的装配关系。

5.1.2 【装配体】工具栏

SolidWorks 的装配体设计是通过【装配体】工具栏实现的。其中【装配体】工具栏提供了主要的装配命令，如图 5-5 所示。

图 5-5 【装配体】工具栏

（1）插入零部件（ ）。

装配体是由零件组成的，零件组成装配体后，又可以作为子装配体再插入到新的装配体中。通过【插入零部件】按钮，可以插入已有的零部件或者子装配体，这个按钮的功能和菜单栏【插入】|【零部件】命令一样。

（2）隐藏/显示零部件（⚙）。

隐藏或显示零部件。

（3）改变压缩状态（⚙）。

压缩或还原零部件。压缩的零件不在内存中装入或不可见。

（4）编辑零部件（⚙）。

当选中一个零件并且单击【编辑零部件】按钮后，系统界面出现了变化：【编辑零部件】按钮处于被按下状态，被选中的零件处于编辑状态。这种状态和单独编辑零件时基本相同：被编辑零件的颜色发生变化，设计树中该零件的所有特征均变成了红色。注意，单击【编辑零部件】按钮后只能编辑零件实体，对其他内容无法编辑。

（5）无外部参考（⚙）。

外部参考在生成或编辑关联特征时不会生成。

（6）配合（⚙）。

定位两个零件的相互位置，即增加几何约束，使其定位。在一个装配体中添加零部件以后，就需要考虑该零件和别的零件是什么装配关系，这需要添加零件间的约束关系。标准配合下有角度、重合、同心、距离、平行、垂直和相切配合。在选择需要的面、点、线时，经常需要改变零件的位置显示，此时一般和【视图】工具栏特别是【旋转】和【移动】两个按钮同时配合使用。

（7）移动零部件（⚙）和旋转零部件（⚙）。

利用移动零部件或者旋转零部件功能，可以任意移动处于浮动状态的零部件。如果该零部件被部分约束，则被约束的自由度是无法移动的。利用此功能，在装配中可以检查哪些零部件被完全约束了。

（8）智能扣件（⚙）。

使用 SolidWorks Toolbox 标准硬件库将扣件添加到装配体。

（9）爆炸视图（⚙）。

在 SolidWorks 中可以为装配体建立多种类型的爆炸，这些爆炸分别存在于装配的不同配置中。注意在 SolidWorks 中，一个配置只能添加一个爆炸关系，每个爆炸视图包括一个或多个爆炸步骤。

（10）爆炸直线草图（⚙）。

添加或编辑显示爆炸的零部件之间几何关系的 3D 草图。

（11）干涉检查（⚙）。

在一个复杂的装配体中，如果仅仅凭借视觉来检查零部件之间是否有干涉的情况是很困难而且不精确的。通过这个按钮可以利用软件的计算来判断零部件之间是否出现干涉，并检查所产生的干涉体积。

（12）特征（⚙）。

零件具有拉伸切除、旋转切除和异型孔向导几种特征，这些特征属于装配体，例如建立切除特征时，零件本身不会被作用。通过这个工具栏，还可以方便地选择参考几何体。

（13）模拟（ ）。

物理模拟，可允许装配体模拟马达、弹簧及引力在装配体上的效果。物理模拟将模拟成分与 SolidWorks 工具相结合，使零部件发生运动。

（14）新零件（ ）。

这个工具需要自定义添加，可以在关联装配体中生成一个新零件。在设计零件时可以使用其他装配体零部件的几何特征，并独立于装配体修改它。

（15）替换零部件（ ）。

这个工具需要自定义添加，装配体及其零部件在设计周期中可以进行多次修改，尤其是在多用户环境下，可由几个用户处理单个的零件和子装配体。更新装配体有一种更加安全有效的方法，即根据需要替换零部件。注意，可以用子装配体替换零件，或反之，可以同时替换一个、多个或所有部件实例。

5.1.3 基本操作步骤

装配的设计方法有两种：自上而下和自下而上设计法。

1. 自上而下设计法

自上而下设计法从装配体中开始设计工作，这是与自下而上设计法的不同之处。此种方法可以使用一个零件的几何体来帮助定义另一个零件，或生成组装零件后才添加加工特征。可以将布局草图作为设计的开端，定义固定的零件位置、基准面等，然后参考这些定义来设计零件。

例如，可以将一个零件插入到装配体中，然后根据此零件生成一个夹具。使用自上而下设计法在关联中生成夹具，可参考模型的几何体，通过与原零件建立几何关系来控制夹具的尺寸。如果改变了零件的尺寸，夹具会被自动更新。

2. 自下而上设计法

自下而上设计法是比较传统的方法。在自下而上设计中，先生成零件并将之插入装配体，然后根据设计要求配合零件。当使用以前生成的不在线的零件时，自下而上的设计方案是首选的方法。

自下而上设计法的另一个优点是因为零部件是独立设计的，与自上而下设计法相比，它们的相互关系及重建行为更为简单。使用自下而上设计法可以专注于单个零件的设计工作。当不需要建立控制零件大小和尺寸的参考关系时（相对于其他零件），此方法较为适用。

建立新的装配体环境的具体操作步骤如下。

（1）单击【标准】工具栏中的【新建】按钮 ，在【新建 SolidWorks 文件】对话框中

单击【装配体】图标,单击【确定】按钮,或者单击菜单栏中的【插入】|【零部件】|【现有零件/装配体】,即进入装配体环境,并在控制区出现【插入零部件】属性管理器。

(2)单击【插入零部件】属性管理器中的【浏览】按钮,弹出【打开】对话框,如图5-6所示,在【打开】对话框中,选择零件,单击【打开】按钮,将零件插入装配环境中,然后依次插入其他需要的零件,利用鼠标拖动零部件改变其位置。插入完成后的结果,如图5-7所示。

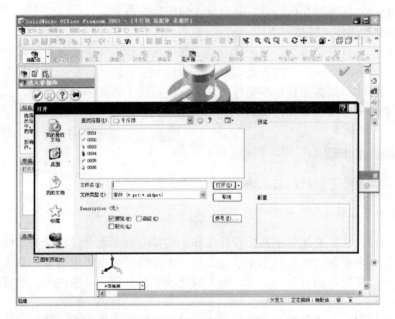

图 5-6 【插入零部件】属性管理器及【打开】对话框

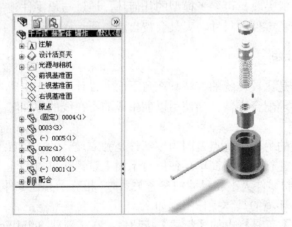

图 5-7 插入所有的零部件及其插入后的控制区

（3）设定零部件之间的配合关系，使之符合实际工程的设计要求。单击【装配体】工具栏上的【配合】按钮，选择合适的点、线或面，使零部件和装配体之间建立配合，每个配合都会显示在设计树的【配合】文件夹下。在特征树中展开【配合】文件夹，如图 5-8 所示，显示出所有的配合关系。如果在零件面前有（−）定义符号，说明零件不是固定的，可以根据已添加的配合的约束进行运动。

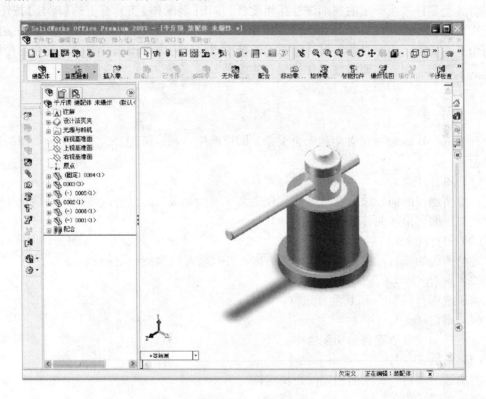

图 5-8　添加配合关系

（4）进行装配体分析，检验干涉，获得质量等参数。单击【装配体】工具栏中的【干涉检查】按钮，弹出属性管理器，单击【计算】按钮，在结果中即可以看到当前装配体的干涉情况。

　　注意：在一个复杂的装配体中，如果想用视觉来检查零部件之间是否有干涉的情况是很困难的。在 SolidWorks 中，提供了干涉检查工具，可以精确地验证零部件是否达到设计要求。干涉检查是最基本的设计验证工具，在一定程度上能避免出现尺寸不合格的零件。在【干涉检查】属性管理器中，有一系列选项，例如更改干涉和不干涉零部件的显示设定，以更好地看到结果，以所选模式显示非干涉的零部件。

5.2 几何装配

将零件导入装配体环境,并将其安装到正确的位置就是零件装配,它是装配操作的基础内容。装配体描述的是零件之间的约束配合关系,设计装配体需要考虑其工程意义,即需要将各个零件按照一定的规则进行互相配合。单击【装配体】工具栏上的【配合】按钮,选择需要配合的点、线或面,可以使零部件和装配体之间建立联系。零件和约束是装配体的两个基本要素,而有时随着设计意图的调整或者设计方案的改进,零件或配合两个因素可能发生改变,因此需要调整零件或配合的关系。

5.2.1 配合类型

在 SolidWorks 中,包含两种配合关系,即标准配合和高级配合。基本配合类型的意义如下所述:

(1) 重合（）。

定位所选择的面、边线及基准面,使之共享同一无限长的直线;定位两个顶点使它们彼此接触。面可沿彼此移动,但不能分开。

(2) 平行（）。

定位所选的项目,使之保持相同的方向,并且彼此间保持一定的距离。

(3) 垂直（）。

将所选项目以 90° 相互垂直定位。

(4) 相切（）。

将所选的项目放置到相切配合中。

(5) 距离（）。

将所选的项目以彼此间指定的距离定位。

(6) 角度（）。

将所选项目以彼此间指定的角度定位。

(7) 同轴心（）。

将所选的项目定位于共享同一中心点。面可沿共同轴移动,但不能从此轴拖开。

(8) 限制配合（）。

限制配合允许零部件在距离配合和角度配合的一定数值范围内移动。须指定一开始距离或角度以及最大值（）和最小值（）。

(9) 宽度配合（）。

可用于凸台和凹槽之间的配合。

（10）对称配合（ ）。

对称配合强制使两个相似的实体相对于零部件的基准面、平面或装配体的基准面对称。SolidWorks 中可以利用多种实体或参考几何体来建立零件间的配合关系。添加配合关系后，可以在未受约束的自由度内拖动零部件，以查看整个结构的行为。在进行配合操作之前，最好把零件对象调整到图形区中合适的位置。

5.2.2 零件调整

零件的调整包括以下三种情况：
- 更改零件在装配体中的装配次序。
- 以新的零件替换当前零件、以不同规格的零件配置替换当前零件配置。
- 重新调用新的零件版本。

1. 更改零部件的装配次序

零部件的调用次序决定零部件在装配体特征树中的排列次序，而装配体特征树中的零部件次序决定了在装配体工程图中的零部件在材料明细表中的排列次序。可以对零部件在装配体特征树中的排列次序进行调整。

> 注意：选中零件节点，按住 Alt 键将其拖动到其他节点上，可调整工件节点的排列次序。

2. 替换零部件

通过【替换零部件】按钮，采用新的零件来替换装配体中的当前零件，或者更改当前零件的配置。

单击【装配体】工具栏中的【替换零部件】按钮，在控制区出现【替换】属性管理器。如果在【替换】属性管理器中不选择【重新附加配合】复选框，则 SolidWorks 将直接完成替换零部件操作。如图 5-9 所示为【替换】属性管理器。

3. 零部件参考

装配体文件并不存储零件的所有信息，而是保留指向零件文件的链接，因此在装配体文件和相关零部件之间形成一种参照关系。当开启装配体文件时，就会根据参照链接去找寻相应的零件文件，然后将其信息调入装配体环境。参照链接信息主要包括零部件文件的名称和位置，因此如果零部件的文件名和位置发生混乱，就会发生异常情况。

图 5-9 【替换】属性管理器

⚠ 注意：在一个 SolidWorks 进程中不允许出现文件同名的情况，因此如果同时打开多个装配体文件，而其中正好存在同名的零件时，就会出现异常。

为了准确装配零件，需要在装配之前将零件调整到安装位置附近，并且零件的朝向要和最终的安装形态大致相同，因此需要应用各种零件位置调整的方法。

➤ 移动：选中零件后，单击【装配体】工具栏中的【移动零部件】按钮，控制区出现【移动零部件】属性管理器，光标呈 ✥ 状，如图 5-10 所示，按住鼠标左键可以拖动零件。

图 5-10 移动零件

➤ 旋转：选中零件后，单击【装配体】工具栏中的【旋转零部件】按钮，控制区出现【旋转零部件】属性管理器，光标变成 ↻ 状，如图 5-11 所示，按住鼠标左键可以旋转零件。

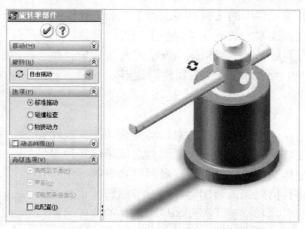

图 5-11 旋转零件

通过移动或者旋转零件，可以观察其约束状况。

5.2.3 配合调整

安装零件可参照固定零件及其他已经安装完毕的零件，也可参照装配体环境中预设的 3 个基准面和原点。每个零件在自由的空间中具有 6 个自由度：3 个平移自由度和 3 个旋转自由度。装配就是设定零件相对于参照零件的几何约束关系，通过约束消除零件的自由度，从而使零件具有确定运动方式或者空间位置。约束包括平面约束、直线约束、点约束等几大类，每种约束所限制的自由度数目不同。当设定的约束正好抵消了零件所有的自由度时，称零件为完全约束。如果剩余部分自由度没有被限制，那么零件还可以有活动的余地，称为欠约束。如果约束限制超过了自由度的数量，则称为过约束。在过约束情况下，约束之间可能存在冲突，需要加以消除。

在设定完成零部件配合关系后，可随时对其参数或者参照对象进行调整。

1. 调整配合参数

角度、距离等配合关系具有相应的参数，可在控制区中直接双击配合节点，在图形区中就出现一个角度参数，双击该参数，弹出【修改】对话框，如图 5-12 所示，在此对话框中输入新数值重新设定其参数。

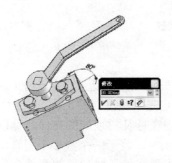

图 5-12 【修改】对话框

> 注意：需要注意重合和距离参数为 0 的平行这两种配合的差异，虽然在配合形态上完全相同，但是平行配合可更改其配合参数，而重合则不能。因此对于需要调整距离的零件配合，即使在重合形态下，也不能误定为重合。

应用【装配体】工具栏中的【配合】按钮 来进行配合的调整，具体操作步骤如下。

（1）单击【装配体】工具栏中的【配合】按钮 ，即进入添加配合的界面，弹出【配合】属性管理器，如图 5-13 所示。

（2）通过鼠标选择需要配合的点、线或面，在弹出的工具栏中，单击确定按钮✔直接确认，也可以再自行选择配合关系，如图 5-14 所示。

图 5-13 【配合】属性管理器

图 5-14 选择配合关系

2．配合故障和纠正

在设计装配体时，由于模型装配关系复杂或者一些人为因素出现误操作，会发生配合错误，因此修正不合理的配合也是一项重要的工作。

➢ 模型有误：该提示出现在特征树顶层的文件名称以及包含错误的零部件上。当它显示在配合组（ ）上时，表示一个或多个配合未满足。
➢ 模型有警告：该提示出现在特征树顶层的文件名称以及包含发出警告的特征的零部件上。当它显示在配合组（ ）上时，表示所有配合满足，但一个或多个配合过定义。

解决错误的一般步骤如下：首先右击【配合】文件夹中的【出错配合】项目，从弹出的快捷菜单中选择【压缩】命令。然后打开【配合】属性管理器，编辑出现错误的配合，重新指定配合的元素和类型。最后再切换对齐和反向对齐之间的配合对齐。

3．干涉检查

干涉是影响产品设计到制造环节顺利实施的主要问题，随着计算机辅助设计工具的广

第 5 章 装配设计

泛应用，规避干涉问题变得比较容易了。干涉包括静态干涉和动态干涉两大类，而动态干涉又分为三种情况。

大部分 CAD 只提供静态干涉检查功能，即零件安装完毕后，检测其结构是否存在冲突的区域。在此只介绍静态干涉检查功能。

干涉检查的具体操作步骤如下。

（1）单击【装配体】工具栏中的【干涉检查】按钮，或者选择菜单【工具】|【干涉检查】，在控制区出现【干涉检查】属性管理器，而且在图形区的装配体被一棕色线框包围，如图 5-15 所示。

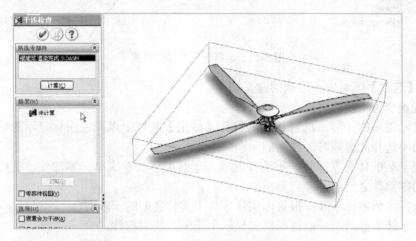

图 5-15 【干涉检查】属性管理器

（2）单击【干涉检查】属性管理器中的【计算】按钮，在【结果】区域出现多处干涉，如图 5-16 所示。

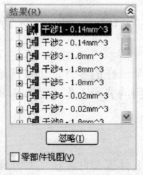

图 5-16 【结果】区域

（3）在【选项】区域中选中【使干涉零件透明】复选框，在【非干涉零部件】区域中选中【线架图】单选按钮,零件如图 5-17 所示。

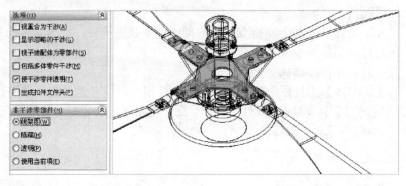

图 5-17 选择选项及零件预览

其中【选项】区域中各选项的意义如下。
- 视重合为干涉:将重合实体报告为干涉。
- 显示忽略的干涉:选择该项,将在【结果】区域中以灰色图标显示忽略的干涉。当不选择此选项时,忽略的干涉将不列举。
- 视子装配体为零部件:不选择此项,子装配体被看成单一零部件,这样子装配体的零部件之间的干涉将不报出。
- 包括多体零件干涉:报告多实体零件中实体之间的干涉。
- 使干涉零件透明:以透明模式显示所选干涉的零部件。
- 生成扣件文件夹:将扣件(如螺母和螺栓)之间的干涉隔离为在【结果】区域下的单独文件夹。

5.3 零件的复制、镜像与阵列

在装配体环境中有时需要多个一样的零件,可以通过零件的复制、镜像和阵列的方法迅速地完成同一个零部件多个实例的装配工作,而不需要重复插入零部件的操作。

5.3.1 零部件复制

通过属性管理器或者图形区选择零部件,按住 Ctrl 键将其拖拽到图形区中的其他位置即可生成零部件的另外一个副本。

在图形区中选择螺栓零件,按住 Ctrl 键,拖拽鼠标到图形区中的空白位置,鼠标指针变为 ,松开鼠标左键,出现另一个螺栓零件的新实例,如图 5-18 所示。

> 注意：复制的零部件与原有的零部件之间存在着双向关联性，无论哪方出现变化，都会反映到另外一方。

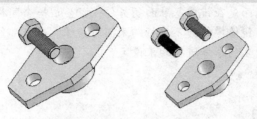

图 5-18 完成零部件复制

5.3.2 零件镜像

通过基准面可实现零部件的镜像操作。镜像操作往往会产生形态对称的零件对，对于此种情况，可做是否生成左右版本新零件的选择。

生成零件镜像的具体操作步骤如下。

（1）选择菜单【插入】|【镜像零部件】命令，在控制区出现【镜像零部件】属性管理器，然后选择装配体环境中的前视基准面为镜像基准面，选择螺栓为要镜像的零部件，选中【镜像的零部件有左/右描述】复选框，如图 5-19 所示。

（2）单击【下一步】按钮➾进入步骤（2），设定镜像后产生零件的文件名，如图 5-20 所示。

图 5-19 【镜像零部件】步骤（1）　　图 5-20 【镜像零部件】步骤（2）

(3) 单击确定按钮 ✔，完成镜像零件的生成，如图 5-21 所示。

> 注意：如果在镜像零部件操作的第（1）步中取消要镜像的零部件前面的复选框，将不会产生对称零件，而是在镜像基准面的另外一侧生成一个同样形态的零件副本。
>
> 与零件复制相同，镜像操作并不会将约束同时镜像。在零部件镜像操作完成后，需要采用配合命令对镜像产生的零件进行约束设定。

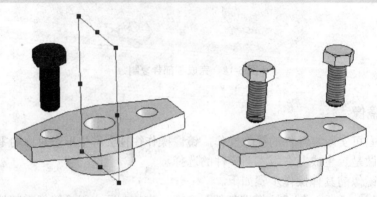

图 5-21　完成零部件镜像

5.3.3　零件阵列

零部件阵列包括线性阵列、圆周阵列和特征驱动的阵列，线性阵列和圆周阵列的操作方法与零件环境中的相应命令完全相同，在此就不做介绍。

特征驱动的阵列是以一个零件上的已有阵列为参考，对零部件实施阵列操作的方法。在装配体环境中，首先选择菜单【插入】|【零部件阵列】|【特征驱动】命令，再选择菜单【视图】|【临时轴】命令，然后选择基准轴和需要阵列的零部件，在【圆周阵列】属性管理器中输入阵列实例数目和角度，单击确定按钮 ✔ 即可。

5.4　装配体特征

装配体特征是附属于装配体环境的特征，在装配体中，有独立的两种特征，即切除和钻孔。这两个特征是单独作用于装配体的，对零部件不产生影响。这两个特征处于菜单【插入】|【装配体特征】中，如图 5-22 所示。

如图 5-23 所示的装配体模型，采用装配体特征来对外部的零件进行切除，形成剖切视图。

第 5 章 装配设计

图 5-22 装配体特征工具

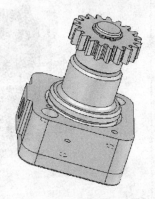

图 5-23 装配体模型

其具体的操作步骤如下。

(1) 选择设计树中的【前视基准面】作为草图绘制平面，选择菜单【插入】|【装配体特征】|【切除】|【拉伸】，在图形区出现一个网格面，如图 5-24 所示。

(2) 在图形区绘制如图 5-25 所示的矩形草图，退出草图。

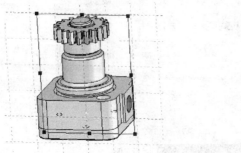
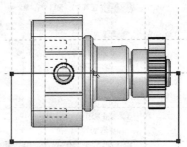

图 5-24 网格面　　　　　　　　　图 5-25 绘制矩形草图

（3）在控制区出现【切除－拉伸】属性管理器，在图形区出现切除－拉伸预览，如图 5-26 所示。

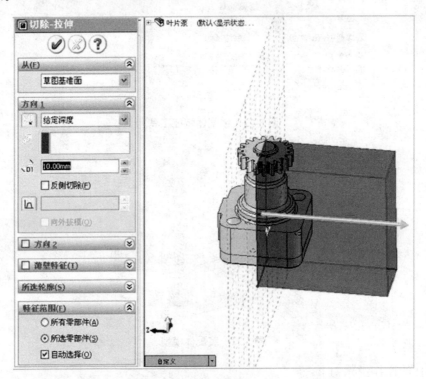

图 5-26 【切除－拉伸】属性管理器及效果预览

（4）单击确定按钮 ✓，结果如图 5-27 所示。

　注意：这个拉伸切除体特征隶属于装配体，零件本身不会被修改。

第 5 章 装配设计

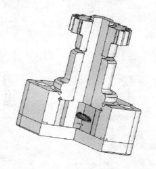

图 5-27 建立拉伸切除特征

5.5 装配体爆炸图

出于制造目的，经常需要分离装配体中的零部件，以形象地分析它们之间的相互关系。装配体的爆炸视图可分离其中的零部件，以便查看这个装配体。

SolidWorks 提供了简单直观的爆炸图生成方法。每一个配置都可以有一个爆炸视图，保存在所生成的装配体配置中。一个爆炸视图由一个或多个爆炸步骤组成，装配体爆炸时，不能给装配体添加配合。

SolidWorks 能够非常方便地生成装配体的爆炸视图。下面为如图 5-28 所示的装配体建立一个爆炸视图。

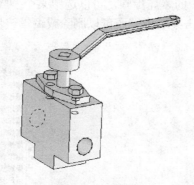

图 5-28 装配体

首先打开装配体文件，单击【装配体】工具栏中的【爆炸视图】按钮，或者选择菜单【插入】|【爆炸视图】命令，在控制区出现【爆炸】属性管理器，如图 5-29 所示。在图形区出现爆炸视图，如图 5-30 所示。

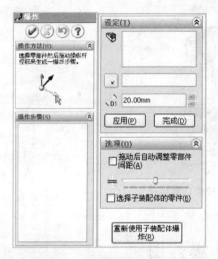
图 5-29 【爆炸】属性管理器

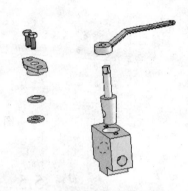
图 5-30 爆炸视图

【爆炸】属性管理器中各选项的意义如下。

➢ 设定：显示当前爆炸步骤所选的零部件。
➢ 爆炸方向：显示当前爆炸步骤所选的方向。
➢ 爆炸距离：显示当前爆炸步骤零部件移动的距离。
➢ 拖动后自动调整零部件间距：自动调整间距以设置零部件之间的距离。
➢ 选择子装配体的零件：可支持选择子装配体的单个零部件，不选择此项则选择整个子装配体。

对于【爆炸步骤】区域中的爆炸步骤，可以选中某个步骤，按住鼠标左键拖动以改变其顺序，如图 5-31 所示。右击某个步骤还可以删除或编辑该步骤，如图 5-32 所示。

图 5-31 调整爆炸步骤次序

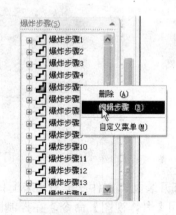
图 5-32 快捷菜单

单击【配置】属性管理器按钮，出现爆炸步骤节点，如图 5-33 所示。

图 5-33 【配置】属性管理器

在【配置】属性管理器中，右击爆炸步骤节点，在弹出的快捷菜单中选择【编辑特征】命令，弹出【爆炸】属性管理器，在此管理器中可以设定选项，然后单击确定按钮。

在【配置】属性管理器中，右击 爆炸视图1 按钮，在弹出的快捷菜单中选择【动画解除爆炸】命令，如图 5-34 所示。此时在图形区中的爆炸视图以动画的形式重新组合起来，并出现【动画控制器】对话框，如图 5-35 所示。单击此对话框中的 按钮可以将当前的动画录制成.avi 影片。

图 5-34 编辑爆炸视图

图 5-35 【动画控制器】对话框

5.6 设计库和智能扣件

SolidWorks 提供了诸如 Toolbox、库特征等丰富的可重用建模单元，涵盖了螺母、螺栓、垫片等标准固件，甚至还包括齿轮、管接头、管路等标准化零件。在装配环境下直接调用标准零件，是提高产品设计效率的一个重要手段。可重用建模单元都位于任务窗格的设计库页面当中，其中 Toolbox 是重要的零件库，包括常用的结构件和紧固件等标准化零件。

首先需要安装 SolidWorks Toolbox 和 SolidWorks Toolbox Browser 两个插件。选择菜单【工具】|【插件】，弹出【插件】对话框，在此对话框中选择这两个插件，如图 5-36 所示。单击【确定】按钮，即可安装插件。

图 5-36 【插件】对话框

5.6.1 调用标准化零件

单击图形区右侧的【设计库】按钮，出现【设计库】属性管理器，然后展开 Toolbox，如图 5-37 所示。选择 ISO|【螺垫】|【普通螺垫】|【螺垫－ISO 7090 加倒角等级 A】，然后拖动螺垫到图形区中，则出现对应的【螺垫－ISO 7090 加倒角等级 A】对话框，如图 5-38 所示。

在该对话框中可以改变螺垫的大小，设置其值为 M20，单击【确定】按钮，在控制区出现信息提示，光标上也附着一个螺垫，如图 5-39 所示。

实际上，大部分标准件，尤其是紧固件都预设了配合参考，因此可以直接拖动到安装位置。标准零件在调入装配体后，如果需要对其参数规格进行修改，可在设计树中选择标准件，右击，并在弹出的快捷菜单中选择【编辑 Toolbox 定义】命令，如图 5-40 所示。

第 5 章 装配设计

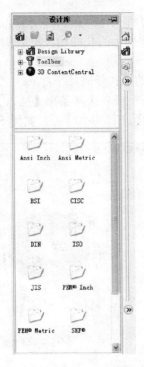

图 5-37 【设计库】属性管理器

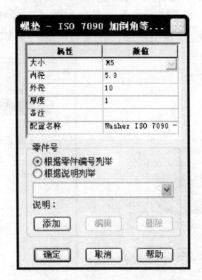

图 5-38 【螺垫－ISO 7090 加倒角等级 A】对话框

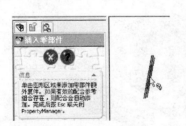

图 5-39 信息及光标提示

图 5-40 快捷菜单

5.6.2 智能扣件

扣件是紧固件的另一种名称,包括螺钉、螺母、垫片等。智能扣件可将扣件添加到装配体的可用孔特征中，孔可以是装配体或零件特征，可将扣件添加到特定的孔或阵列、面或零部件、或到所有可用的孔。SolidWorks 可以根据零件上的孔的相关参数从 Toolbox 中自动调用相应的扣件。

为如图 5-41 所示的装配体添加智能扣件，其具体的操作步骤如下：

（1）单击【装配体】工具栏中的【智能扣件】按钮 或者选择菜单【插入】|【智能扣件】，单击选择模型表面，在【智能扣件】属性管理器中选择两个特征，如图 5-42 所示。

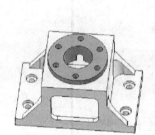
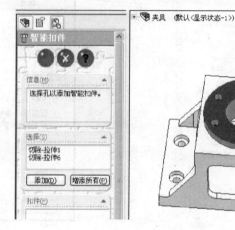

图 5-41 装配体图　　　　　　　　　图 5-42 选择孔

（2）因为切除－拉伸 6 不需要添加扣件，所以在【选择】区域右击【切除－拉伸 6】，在弹出的快捷菜单中选择【删除】命令，将其删除。

（3）单击【添加】按钮，扣件即被添加到 6 个孔上，在【扣件】区域出现扣件的信息，如图 5-43 所示。

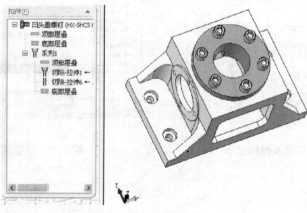

图 5-43 添加扣件

(4) 右击扣件节点,在弹出的快捷菜单中选择【更改扣件类型】命令,出现【智能扣件】对话框,如图 5-44 所示。在【标准】下拉列表框中选择 ISO 选项,【范畴】下拉列表框中选择【螺栓和螺钉】选项,【类型】下拉列表框中选择【六角螺栓和螺钉】选项,单击【确定】按钮,结果如图 5-45 所示。

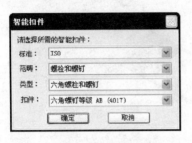 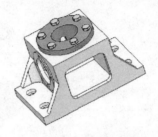

图 5-44 【智能扣件】对话框　　　　　图 5-45 修改扣件类型

(5) 右击扣件节点,在弹出的快捷菜单中选择【属性】命令,出现【六角螺钉等级】对话框,在此对话框中可以改变扣件的大小及长度,将其长度改为 30,单击【确定】按钮,如图 5-46 所示。

(6) 紧固扣件除了包括螺钉外,还包括垫片和螺母。安装孔的上方部分叫做顶部层叠,下方部分叫做底部层叠。双击【扣件】区域中的【底部层叠】,出现【底部层叠零部件】对话框,在【零部件】下拉列表框中先选择添加【螺垫】选项,再选择添加【螺母】选项,如图 5-47 所示。

 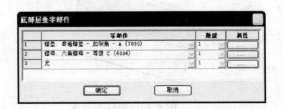

图 5-46 【六角螺钉等级】对话框　　　　图 5-47 【底部层叠零部件】对话框

> 注意：添加垫片和螺母时，螺钉的长度会自动加长。选择垫片和螺母时，先选择的那个会先被添加。

(7) 单击【确定】按钮，结果如图 5-48 所示。

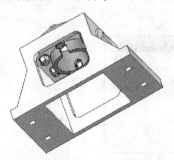

图 5-48　添加垫片和螺母

5.6.3　添加自定义零件

用户还可以将一些有用的零件添加到 Toolbox 库中，以方便以后使用。将如图 5-49 所示的油杯盖零件添加到 Toolbox 库中，其具体的操作步骤如下。

（1）单击图形区右侧的【设计库】按钮，出现【设计库】属性管理器，然后展开 Toolbox，在空白处右击，在出现的快捷菜单中选择【添加我的零件向导】命令，如图 5-50 所示。

图 5-49　油杯盖零件

图 5-50　快捷菜单

（2）出现【添加我的零件向导－4 步骤之 1】对话框，如图 5-51 所示。选中【新的顶

第 5 章 装配设计

层组】单选按钮,将新组输入名称"自定义零件库",在第 2 步中输入名称为"自定义",在第 3 步中输入名称为"零件"。

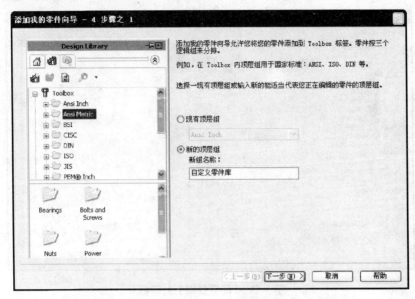

图 5-51 【添加我的零件向导-4 步骤之 1】对话框

(3)最后选择需要导入的零件,单击【确定】按钮,从而完成零件库的建立。结果如图 5-52 所示。

图 5-52 完成自定义零件的添加

如果需要删除或者临时关闭 Toolbox 库,或编辑零件库中的规格数据,可以选择菜单【工具】|【选项】,在【系统选项】选项卡中选择【数据选项】目录,然后单击【编辑标

准数据】按钮,出现【配置数据】对话框,选择每个节点,可观察其中的规格参数,也可以选中【禁用】复选框以关闭该标准,如图 5-53 所示。

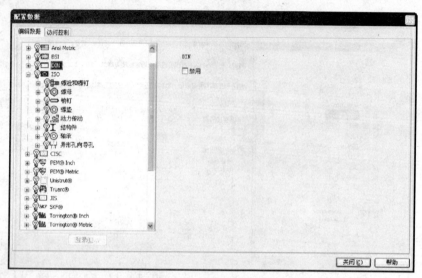

图 5-53 【配置数据】对话框

如果需要删除添加的自定义零件库,可以单击【删除】按钮,再在弹出的对话框中单击【是】按钮,则自定义零件库的源文件也将被删除,如图 5-54 所示。

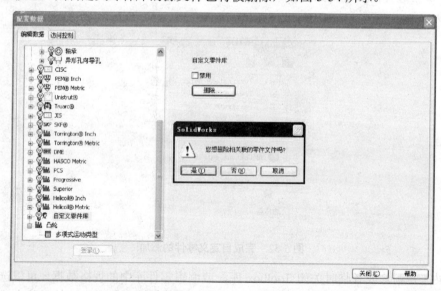

图 5-54 删除自定义零件库

5.7 综合实例：偏心柱塞泵

光盘链接：
零件源文件——见光盘中的"\源文件\第 5 章\part5-7.SLDASM"文件。
录像演示——见光盘中的"\avi\第 5 章\5-7 偏心柱塞泵.avi"文件。

5.7.1 案例预览

（参考用时：30 分钟）

本例将介绍偏心柱塞泵的装配过程，在装配过程中主要是为零件添加一些配合关系，最终的设计结果如图 5-55 所示。

图 5-55　偏心柱塞泵装配图

5.7.2 案例分析

创建装配体首先需要导入零件，然后再为零件添加配合，在该实例中用到的配合关系主要有同心及重合等。

5.7.3 常用命令

> 【新零件】：【插入】|【零部件】|【新零件】菜单命令；【装配体】工具栏上的【插入零部件】按钮 。
> 【配合】：【插入】|【配合】菜单命令；【装配体】工具栏上的【配合】按钮 。

5.7.4 设计步骤

1. 建立装配体文件

（参考用时：1 分钟）

启动 SolidWorks 2007，选择【文件】|【新建】菜单命令，或者单击【标准】工具栏的

【新建】按钮 ，创建一个新的装配体文件。

2. 插入零件

（参考用时：5 分钟）

建立装配体文件后依次插入柱塞泵的零件。

➢ 插入第一个零件

（1）进入装配体的操作界面后，左侧显示【插入零部件】属性管理器，如图 5-56 所示，单击【浏览】按钮，弹出【打开】对话框，选择零件【泵体】，单击【确定】，在绘图区适当位置单击放置。

注释：插入的零件会根据绘制零件时的坐标系进行定位。第一个插入的零件会自动与默认的坐标系固定，如需要移动该零件，则可以右击该零件，在弹出的快捷菜单中选择【浮动】命令。

（2）选择【文件】|【保存】菜单命令，或者单击【标准】工具栏上的【保存】按钮 ，弹出【另存为】对话框，输入文件名称"偏心柱塞泵"，单击【确定】完成。

注释：若未保存装配体文件，则在插入下一个零件时，会弹出如图 5-57 所示的警告对话框。

图 5-56 【插入零部件】属性管理器　　　图 5-57 SolidWorks 对话框

➢ 插入第二个零件

选择【插入】|【零部件】|【新零件】菜单命令，或者单击【装配体】工具栏上的【插入零部件】按钮 ，左侧显示【插入零部件】属性管理器，单击【浏览】按钮，弹出【打开】对话框，选择零件【圆盘】，单击【确定】，在绘图区的适当位置单击放置。

➢ 插入其他零件

依照上述方法依次插入零件"柱塞"、"曲轴"、"衬套"、"填料压盖"、"垫片"和"泵盖"。

3. 添加配合

（参考用时：24 分钟）

➢ 添加曲轴和衬套的配合

（1）选择【插入】|【配合】菜单命令，或者单击【装配体】工具栏上的【配合】按钮，左侧显示【配合】属性管理器，如图 5-58 所示。选取如图 5-59 所示的两个平面，此时【配合】对话框重命名为【重合 1】，如图 5-60 所示。在【标准配合】区域中单击【重合】按钮，在【配合对齐】下单击【反向对齐】图标，单击 按钮确定完成。

注释：选取两个平面后，会弹出配合辅助工具栏，如图 5-61 所示，可单击其上的按钮确定配合方式，其上的配合方式按钮会依据所选面类型的不同自动调整。完成一个配合的添加后，单击 按钮确定，左侧重新显示【配合】属性管理器，可继续添加配合。

图 5-58 【配合】属性管理器

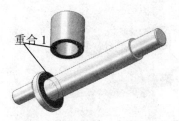

图 5-59 重合 1 所选平面

图 5-60 【重合 1】属性管理器

图 5-61 【配合辅助】工具栏

（2）选取如图 5-62 所示的两个柱面，此时【配合】属性管理器重命名为【同心 1】，在【标准配合】区域中单击【同轴心】按钮◎，在【配合对齐】下单击【同向对齐】图标 ，单击 按钮确定完成，曲轴和衬套的配合形式如图 5-63 所示。

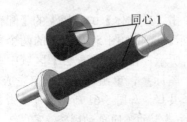

图 5-62　同心 1 所选柱面　　　　　　　图 5-63　曲轴和衬套的配合

➢ 添加曲轴和柱塞的配合

选取如图 5-64 所示的两个柱面，此时【配合】属性管理器重命名为【同心 2】，在【标准配合】区域中单击【同轴心】按钮◎，在【配合对齐】下单击【同向对齐】图标 ，单击 按钮确定完成，曲轴和柱塞的配合形式如图 5-65 所示。

图 5-64　同心 2 所选柱面　　　　　　　图 5-65　曲轴和柱塞的配合

➢ 添加柱塞和圆盘的配合

选取如图 5-66 所示的两个柱面，此时【配合】属性管理器重命名为【同心 3】，在【标准配合】区域中单击【同轴心】按钮◎，在【配合对齐】下单击【同向对齐】图标 ，单击 按钮确定完成，曲轴和圆盘的配合形式如图 5-67 所示。

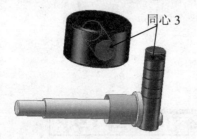
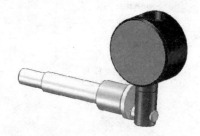

图 5-66　同心 3 所选柱面　　　　　　　图 5-67　柱塞和圆盘的配合

➢ 添加内部零件和泵体的配合

（1）在绘图区右击【衬套】，在弹出的快捷菜单中选择【隐藏】。选取如图 5-68 所示的两个平面，此时【配合】属性管理器重命名为【重合 2】，在【标准配合】区域中单击【重合】按钮，在【配合对齐】下单击【反向对齐】图标，单击按钮确定完成。

💡 注释：如果在添加配合的过程中有零件影响对象的选择，可使用上述方法暂时隐藏，完成后在左侧列表中右击该零件，在弹出的快捷菜单中选择【显示】命令。

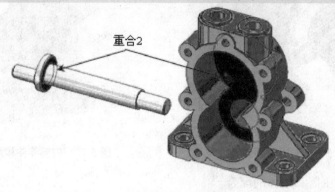

图 5-68　重合 2 所选平面

（2）在左侧列表中右击【衬套】，在弹出的快捷菜单中选择【显示】。选取如图 5-69 所示的两个柱面，此时【配合】属性管理器重命名为【同心 4】，在【标准配合】区域中单击【同轴心】图标，在【配合对齐】下单击【反向对齐】图标，单击按钮确定完成。

（3）选取如图 5-70 所示的两个平面，此时【配合】属性管理器重命名为【重合 3】，在【标准配合】区域中单击【重合】按钮，在【配合对齐】下单击【反向对齐】图标，单击按钮确定完成。

图 5-69　同心 4 所选柱面

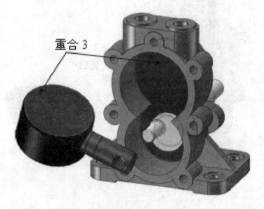

图 5-70　重合 3 所选平面

（4）选取如图 5-71 所示的两个柱面，此时【配合】属性管理器重命名为【同心 5】，在【标准配合】区域中单击【同轴心】按钮◎，在【配合对齐】下单击【反向对齐】图标，单击✓按钮确定完成。内部零件和泵体的配合如图 5-72 所示。

图 5-71　同心 5 所选柱面　　　　　　　图 5-72　内部零件和泵体的配合

➢ 添加填料压盖和泵体的配合

（1）选取如图 5-73 所示的两个平面，此时【配合】属性管理器重命名为【重合 4】，在【标准配合】区域中单击【重合】按钮，在【配合对齐】下单击【反向对齐】图标，单击✓按钮确定完成。

（2）在绘图区右击【曲轴】，在弹出的快捷菜单中选择【隐藏】。选取如图 5-74 所示的两个柱面，此时【配合】属性管理器重命名为【同心 6】，在【标准配合】区域中单击【同轴心】按钮◎，在【配合对齐】下单击【同向对齐】图标，单击✓按钮确定完成。

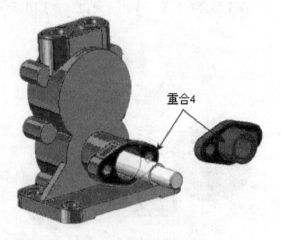

图 5-73　重合 4 所选平面　　　　　　　图 5-74　同心 6 所选柱面

(3) 在左侧列表中右击【曲轴】，在弹出的快捷菜单中选择【显示】。选取如图 5-75 所示的两个平面，此时【配合】属性管理器重命名为【重合 5】，在【标准配合】区域中单击【重合】按钮，在【配合对齐】下单击【同向对齐】图标，单击按钮确定完成。填料压盖和泵体的配合如图 5-76 所示。

图 5-75　重合 5 所选平面　　　　图 5-76　填料压盖和泵体的配合

> 添加垫片和泵体的配合

(1) 选取如图 5-77 所示的两个平面，此时【配合】属性管理器重命名为【重合 6】，在【标准配合】区域中单击【重合】按钮，在【配合对齐】下单击【反向对齐】图标，单击按钮确定完成。

(2) 选取如图 5-78 所示的两个柱面，此时【配合】属性管理器重命名为【同心 7】，在【标准配合】区域中单击【同轴心】按钮，在【配合对齐】下单击【同向对齐】图标，单击按钮确定完成。

 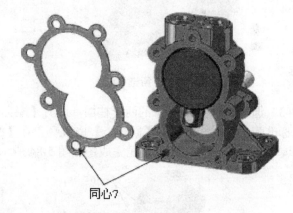

图 5-77　重合 6 所选平面　　　　图 5-78　同心 7 所选柱面

(3) 选取如图 5-79 所示的两个柱面，此时【配合】属性管理器重命名为【同心 8】，在【标准配合】区域中单击【同轴心】按钮，在【配合对齐】下单击【同向对齐】图标，单击按钮确定完成。垫片和泵体的配合如图 5-80 所示。

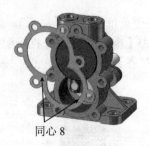

图 5-79　同心 8 所选柱面　　　　图 5-80　垫片和泵体的配合

> 添加垫片和泵盖的配合

（1）选取如图 5-81 所示的两个平面，此时【配合】属性管理器重命名为【重合 7】，在【标准配合】区域中单击【重合】按钮，在【配合对齐】下单击【反向对齐】图标，单击按钮确定完成。

（2）选取如图 5-82 所示的两个柱面，此时【配合】属性管理器重命名为【同心 9】，在【标准配合】区域中单击【同轴心】按钮，在【配合对齐】下单击【反向对齐】图标，单击按钮确定完成。

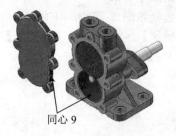

图 5-81　重合 7 所选平面　　　　图 5-82　同心 9 所选柱面

（3）选取如图 5-83 所示的两个柱面，此时【配合】属性管理器重命名为【同心 10】，在【标准配合】区域中单击【同轴心】按钮，在【配合对齐】下单击【反向对齐】图标，单击按钮确定完成。装配完成图如图 5-84 所示。

图 5-83　同心 10 所选柱面　　　　图 5-84　装配完成图

5.8 本章小结

装配是将不同的零件组合成大型器件的过程。装配的概念在工程中非常重要，SolidWorks 能够模拟实际工作环境，将零件进行装配合成。在现代设计中，装配已经不局限于将零件在物理层次上结合，现代的 CAD 装配已经衍生出了很多实用的功能，如运动分析、干涉检查、自顶向下等诸多方面。

本章主要介绍了装配体零件的添加及操作，零件的配合关系和设计库的调用与添加。读者可以通过本章中的实例掌握装配体工具的具体操作方法，熟练使用装配体工具。

思考与练习

1. 怎样进入装配设计环境？
2. 装配设计的基本步骤是什么？
3. 几何装配的具体装配元素是什么？
4. 装配体特征与零件特征相比，有何不同？
5. 怎样添加自定义零件？

第 6 章 工 程 图

【本章导读】

本章将详细介绍与工程图相关的知识,包括工程图的工作环境、标准视图及其他视图的生成以及工程图的输出。其中零件、装配体、工程图是互相链接的文件,在设计环境中对零件或装配体所做的修改会导致工程图文件的相应变化。

希望读者通过本章的学习,熟练掌握 SolidWorks 中工程图的生成,并掌握其中的一些技巧。

序 号	名 称	基础知识参考学时 (分钟)	课堂练习参考学时 (分钟)	课后练习参考学时 (分钟)
6.1	工程图概述	30	20	10
6.2	设定图纸格式	20	10	0
6.3	标准视图及派生视图	40	20	20
6.4	工程视图操作	40	20	20
6.5	工程图的输出	10	0	10
6.6	综合实例:球阀装配体工程图	0	60	30
	总 计	140	130	90

6.1 工程图概述

在 SolidWorks 中,利用生成的三维零件图和装配体图,可以直接生成工程图。其后便可对其进行尺寸标注,并标注表面粗糙度符号及公差配合等。

也可以直接使用二维几何绘制生成工程图,而不必考虑所设计的零件模型或装配体,所绘制出的几何实体和参数尺寸一样,可以为其添加多种几何关系,由于在二维工程图绘制工具中,AutoCAD 占据绝对的优势,因此本章不介绍这部分内容。

工程图文件的扩展名为.slddrw,新工程图名称是使用所插入的第一个模型的名称,该名称出现在标题栏中。

6.1.1 【工程图】工具栏

工程图窗口与零件图、装配体窗口基本相同,也包括特征管理器。工程图的特征管理器中包含其项目层次关系的清单。每张图纸各有一个图标，每张图纸下有图纸格式和每个视图的图标及视图名称。

项目图标旁边的符号"+"表示它包含相关的项目，单击符号"+"即可展开所有项目并显示内容。

工程图窗口的顶部和左侧有标尺，用于画图时参考。如要打开或关闭标尺的显示，可选择菜单栏中的【视图】|【标尺】命令。

如果不特别指定，系统默认在新建工程图的同时打开【工程图】工具栏，【工程图】工具栏如图 6-1 所示，如要打开或关闭【工程图】工具栏，可选择菜单栏中的【视图】|【工具栏】|【工程图】命令。

图 6-1 【工程图】工具栏

对【工程图】工具栏的具体操作可参考前面的章节，这里不再赘述，下面先来介绍【工程图】工具栏中各选项的含义。

> （模型视图）：当生成新工程图，或将一模型视图插入到工程图文件中时，会出现 PropertyManager 模型视图设计树,利用它可以在模型文件中为视图选择一方向。
> （投影视图）：投影视图为正交视图，以下列三种视图工具生成。
  ◇ （标准三视图）：前视视图为模型视图，其他两个视图为投影视图，使用在图纸属性中所指定的第一角或第三角投影法。
  ◇ （模型视图）：在插入正交模型视图时，PropertyManager 投影视图设计树出现，这样可以从工程图纸上的任何正交视图插入投影的视图。
  ◇ （投影视图）：从任何正交视图插入投影的视图。
> （辅助视图）：辅助视图类似于投影视图，但它是垂直于现有视图中参考边线的展开视图。
> （剖面视图）：可以用一条剖切线来分割父视图，在工程图中生成一个剖面视图。剖面视图可以是直切剖面或者是用阶梯剖切线定义的等距，也可以包括同心圆弧。
> （旋转剖视图）：可以在工程图中生成贯穿模型或局部模型，并与所选剖切线线段对齐的旋转剖视图。旋转剖视图与剖面视图相类似，但旋转剖面的剖切线由连接到一个夹角的两条或多条线组成。
> （局部视图）：可以在工程图中生成一个局部视图来显示一个视图的某个部分（通常是以放大比例显示）。此局部视图可以是正交视图、3D 视图、剖面视图、

剪裁视图、爆炸装配体视图或另一局部视图。

➢ ⌸（标准三视图）：标准三视图选项能为所显示的零件或装配体同时生成三个默认正交视图。主视图与俯视图及侧视图有固定的对齐关系。俯视图可以竖直移动，侧视图可以水平移动。

➢ ⌸（断开的剖视图）：断开的剖视图为现有工程视图的一部分，而不是单独的视图。闭合的轮廓通常是样条曲线，用来定义断开的剖视图。

➢ ⌸（水平折断线）与 ⌸（竖直折断线）：可以在工程图中使用断裂视图（或中断视图）。断裂视图可以将工程图视图用较大比例显示在较小的工程图纸上。

➢ ⌸（剪裁视图）：除了局部视图、已用于生成局部视图的视图或爆炸视图之外，此工具可以裁剪任何工程视图。由于没有建立新的视图，剪裁视图可以节省步骤。

➢ ⌸（交替位置视图）：可以使用"交替位置视图"工具将一个工程视图精确叠加于另一个工程视图之上。交替位置视图以幻影线显示，它常用于显示装配体的运动范围。交替位置视图拥有下面的特征。

  ◆ 可以在基本视图和交替位置视图之间标注尺寸。
  ◆ 交替位置视图可以添加到 FeatureManager 设计树中。
  ◆ 在工程图中可以生成多个交替位置视图。
  ◆ 交替位置视图在断开、剖面、局部或剪裁视图中不可用。

6.1.2 【线型】工具栏

【线型】工具栏包括线色、线粗、线型和颜色显示模式等，【线型】工具栏如图 6-2 所示。

➢ ⌸（线色）：单击该按钮，出现【设定下一直线颜色】对话框。可从该对话框中的调色板中选择一种颜色。

➢ ⌸（线粗）：单击该按钮，出现如图 6-3 所示的线粗列表。当指针移到列表中的某线时，该线粗细的名称会在状态栏中显示。

图 6-2 【线型】工具栏　　　　图 6-3 线粗列表

> ▦（线型）：单击该按钮，会出现如图 6-4 所示的线型列表，当指针移到列表中的某线条时，该线型名称会在状态栏中显示。使用时从列表中选择一种线型。

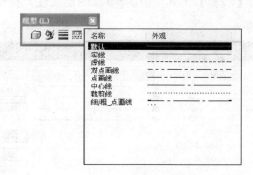

图 6-4 线型列表

> ┗（颜色显示模式）：单击该按钮，线色会在所设定的颜色中切换。

在工程图中添加草图实体前，可先单击【线型】工具栏中的线色、线粗、线型图标，从列表中选择所需格式，这样添加到工程图中的任何类型的草图实体，均使用指定的线型和线粗，直到重新选择另一种格式。

如要改变直线、边线或草图视图的格式，可先选择要更改的直线、边线或草图实体，然后单击【线型】工具栏中的按钮，从列表中选择格式，之后新格式就被应用到所选视图中。

6.1.3 图层

在工程图文件中，可以生成图层，为每个图层上新生成的实体指定颜色、粗细和线型。新实体会被自动添加到激活的图层中，也可以隐藏或显示单个图层，另外还可以将实体从一个图层移到另一个图层。

> 可以将尺寸和注解（包括注释、区域剖面线、块、折断线、装饰螺纹线、局部视图图标、剖面线及表格）移到图层上；它们使用图层指定的颜色。
> 草图实体使用图层的所有属性。
> 可以将零件或装配体工程图中的零部件移动到图层。零部件线型包括一个用于为零部件选择命名图层的清单。
> 如果将.dxf 或.dwg 文件输入到一个工程图中，就会自动建立图层。在最初生成.dxf 或.dwg 文件的系统中指定的图层信息（名称、属性和实体位置）也将保留。
> 如果将带有图层的工程图作为.dxf 或.dwg 文件输出，图层信息将包含在文件中。

当在目标系统中打开文件时，实体都位于相同的图层上，并且具有相同的属性，除非使用映射将实体重新导向新的图层。

1. 建立图层

（1）在工程图中单击【线型】工具栏中的 ▧ （图层属性）按钮，此时会弹出如图 6-5 所示的【图层】对话框。

图 6-5 【图层】对话框

（2）单击【新建】按钮，然后输入新图层的名称。

注意：如果将工程图保存为 .dxf 或 .dwg 文件，则在 .dxf 或 .dwg 文件中，图层名称可能有如下改变：所有的字符被转换为大写，名称被缩短为 26 个字符，在名称中的所有空白被转换为底线。

（3）更改该图层默认图线的颜色、样式或粗细。
- 颜色：单击【颜色】下的方框，出现【颜色】对话框，从中选择一种。
- 样式：单击【样式】下的直线，从列表中选择一种线条样式。
- 厚度：单击【厚度】下的直线，从列表中选择线粗。

（4）单击【确定】按钮，即可为文件新建一个图层。

2. 图层操作

箭头（➾）指示的图层为激活图层。如果要激活图层，单击图层左侧，则所添加的新实体在激活图层中。

在【图层】对话框中，灯泡（💡）是代表打开或关闭图层，当灯泡为黄色时图层可见。

如果要隐藏图层，则单击该图层的灯泡图标，灯泡变为灰色，单击【确定】按钮完成设定，该图层上的所有图元都将被隐藏。

如要显示图层，则双击灯泡，使其变成黄色，即可显示图层中的图元。

如果要删除图层，则选择图层名称然后单击【删除】按钮，即可将其删除。

如果要移动实体到激活的图层，则选择工程图中的实体，然后单击【移动】按钮，即可将其移动到激活的图层。

如果要更改图层名称，则单击图层名，然后输入所需的新名称即可更改名称。

6.1.4 生成工程图

进入工程图操作窗口的操作步骤如下。

（1）单击【标准】工具栏上的新建按钮 ，或选择菜单栏中的【文件】|【新建】命令，出现如图 6-6 所示的【新建 SolidWorks 文件】对话框。

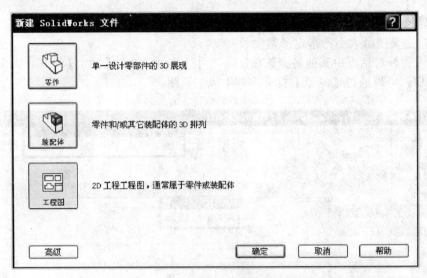

图 6-6 【新建 SolidWorks 文件】对话框

（2）在【新建 SolidWorks】文件对话框中单击【工程图】图标，然后单击【确定】按钮，即可弹出如图 6-7 所示的【图纸格式/大小】对话框。

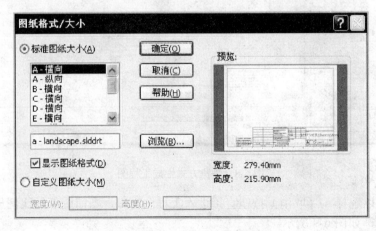

图 6-7 【图纸格式/大小】对话框

(3) 在【图纸格式/大小】对话框中选择一种图纸格式，或者单击【浏览】按钮，在系统或网络上找到所需用户模板，然后单击【打开】按钮，亦可加载用户自定义的图纸格式。

对【图纸格式/大小】对话框中其他选项的说明如下。

➢ 标准图纸大小：选择一标准图纸大小，或单击【浏览】按钮找出自定义图纸格式文件。

➢ 显示图纸格式（可为标准图纸大小使用）：显示边界、标题块等。

➢ 自定义图纸大小：指定一宽度和高度。

(4) 设置好对话框中其他各个选项，或使用默认值。单击【确定】按钮，弹出如图 6-8 所示的窗口，可以通过【浏览】打开零件生成工程图。

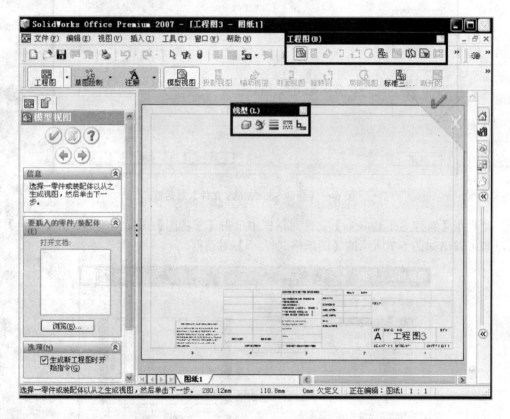

图 6-8 浏览方式生成工程图

(5) 也可以选择 （取消）按钮直接进入工程图窗口，当前图纸的比例显示在窗口底部的状态栏中，如图 6-9 所示。

第 6 章 工程图

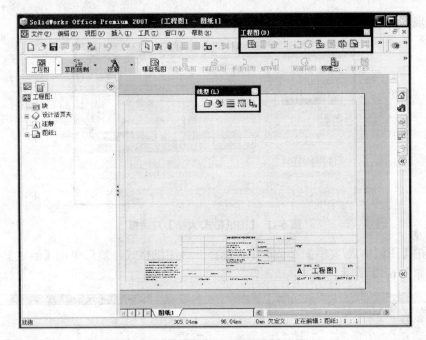

图 6-9 工程图窗口

6.1.5 创建三视图

为了能清楚地叙述工程图及其相关内容，先介绍生成标准三视图的实例。读者按下列步骤生成三视图即可，有关标准三视图的详细内容将在后面的章节中介绍。具体作图步骤如下。

（1）打开一幅零件图文件，这里选择的是如图 6-10 所示的零件图。

图 6-10 零件图

（2）选择菜单栏中的【文件】|【新建】命令，出现【新建 SolidWorks 文件】对话框。
（3）在【新建 SolidWorks 文件】对话框中选择【工程图】图标，然后单击【确定】按钮,将出现如图 6-11 所示的【图纸格式/大小】对话框。

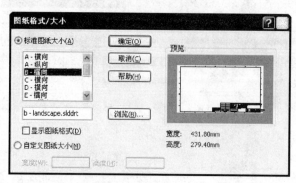

图 6-11 【图纸格式/大小】对话框

(4) 在【图纸格式/大小】对话框中,选择一种图纸格式,然后单击【确定】按钮,此时的窗口如图 6-12 所示。

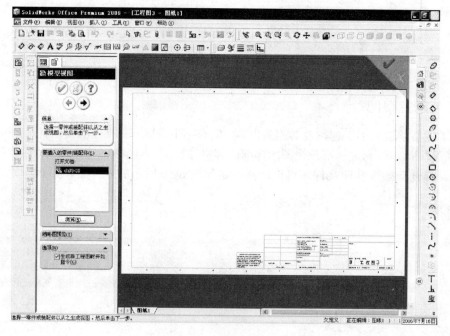

图 6-12 屏幕窗口 1

(5) 选择菜单栏中的【窗口】|【横向平铺】命令,屏幕上显示上下两个窗口,如图 6-13 所示。

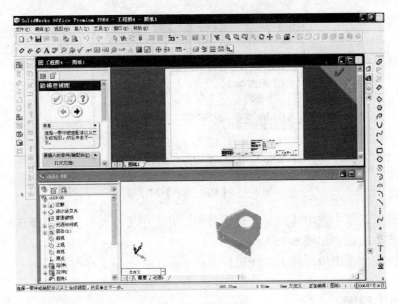

图 6-13　屏幕窗口 2

（6）单击【工程图】工具栏中的 （标准三视图）按钮，或选择菜单栏中的【插入】|【工程视图】|【标准三视图】命令，此时窗口中的指针变成 形状。

（7）单击零件图窗口，此时在工程图窗口中便生成了标准三视图，如图 6-14 所示。同时在窗口中还出现了【切边显示】对话框，如图 6-15 所示。

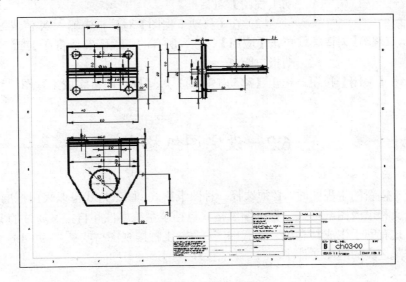

图 6-14　标准三视图

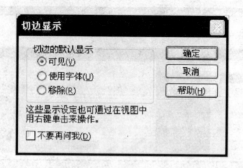

图 6-15 【切边显示】对话框

（8）在该对话框中选中【可见】单选按钮，并选中【不要再问我】复选框，单击对话框中的【确定】按钮，如图 6-15 所示。

（9）关闭零件图窗口，将工程图窗口重新平铺，并保存工程图文件。

6.1.6 移动工程图

工程图纸上的实体（包括视图、注解等）以及工程图图纸格式上的实体都可以移动。移动工程图中的实体的操作步骤如下。

（1）右击 FeatureManager 设计树顶部的工程图名称，并从快捷菜单中选择【移动】命令，出现如图 6-16 所示的【移动工程图】对话框。

图 6-16 【移动工程图】对话框

（2）在【移动工程图】对话框中输入 X 值或 Y 值，然后单击【应用】按钮，所有的工程图实体将在 X 或 Y 方向上移动指定距离。

（3）单击【关闭】按钮，退出【移动工程图】对话框，即可完成工程图的移动。

6.2 设定图纸格式

当打开一幅新的工程图时，必须选择一种图纸格式。图纸格式可以采用标准图纸格式，也可以自定义和修改图纸格式。标准图纸格式包括至系统属性和自定义属性的链接。

图纸格式有助于生成具有统一格式的工程图。工程图视图格式被视为 OLE 文件，因此能嵌入如位图之类的对象文件中。

6.2.1 图纸格式

图纸中包括图框、标题栏和明细栏,图纸格式有下面两种格式类型,具体说明如下。

1. 标准图纸格式

SolidWorks 系统提供了各种标准图纸大小的图纸格式,使用时可以在【图纸格式/大小】对话框的【标准图纸大小】列表中选择一种。其中 A 格式约相当于 A4 规格的纸张尺寸,B 格式约相当于 A3 规格的纸张尺寸,以此类推。

另外单击【图纸格式/大小】对话框中的【浏览】按钮,在系统或网络上找到所需用户模板,然后单击【打开】按钮,亦可加载用户自定义的图纸格式。

2. 无图纸格式

选中【图纸格式/大小】对话框的【自定义图纸大小】单选按钮,可以定义无图纸格式,即选择无边框、标题栏的空白图纸,此选项要求指定纸张大小,用户也可以定义自己的格式,在下面的一节中将专门介绍。

如果想要选择一种图纸格式,可以采用下面的步骤。

(1) 单击【标准】工具栏上的新建( )按钮。
(2) 选择工程图( ),然后单击【确定】按钮。
(3) 从下列选项中选择其中之一,然后再单击【确定】按钮。
- 标准图纸大小:选择一标准图纸大小,或单击【浏览】按钮找出自定义图纸格式文件。
- 显示图纸格式(可为标准图纸大小使用):显示边界、标题块等。
- 自定义图纸大小:指定一宽度和高度。

> 注意:若想在现有工程图文件中选择一不同的图纸格式,则在图形区域中右击,然后选择【属性】命令。若想保存一图纸格式,则选择菜单栏中的【文件】|【保存图纸格式】命令。

6.2.2 修改图纸设定

纸张大小、图纸格式、绘图比例、投影类型等图纸细节在绘图时或以后都可以随时在图纸设定对话框中更改。

1. 修改图纸属性

在特征管理器中右击图纸的图标,或右击工程图图纸的空白区域,或右击工程图窗口底部的图纸标签,然后从快捷菜单中选择【属性】命令,将出现如图 6-17 所示的【图纸属性】对话框。

图 6-17 【图纸属性】对话框

【图纸属性】对话框中各选项的含义如下所述。
- 基本属性选项
  - 【名称】：激活图纸的名称，可按需要编辑名称，默认为图纸 1、图纸 2、图纸 3 等。
  - 【比例】：为图纸设定比例。注意比例是指图中图形与其实物相应要素的线性尺寸之比。
  - 【投影类型】：为标准三视图投影，选择第一视角或第三视角，国内常用的是第三视角。
  - 【下一视图标号】：指定将使用在下一个剖面视图或局部视图的字母。
  - 【下一基准名称】：指定要用作下一个基准特征符号的英文字母。
- 【图纸格式/大小】选项
  - 【标准图纸大小】单选按钮：选择一标准图纸大小，或单击【浏览】按钮找出自定义图纸格式文件。
  - 【重装】按钮：如果对图纸格式作了更改，则单击此按钮可以返回到默认格式。
  - 【显示图纸格式】复选框：显示边界、标题块等。
  - 【自定义图纸大小】单选按钮：选中此单选按钮可以指定一宽度和高度。
- 【采用在此显示的模型的自定义属性值】选项

如果图纸上显示一个以上模型，且工程图包含链接到模型自定义属性的注释，则选择包含想使用的属性的模型视图。如果没有另外指定，将使用插入到图纸的第一个视图中的模型属性。

2. 设定多张工程图纸

任何时候都可以在工程图中添加图纸，其操作步骤如下。

（1）选择菜单栏中的【插入】|【图纸】命令，或右击如图 6-18 所示的特征管理器中的【图纸】标签或下方图纸的图标，然后从快捷菜单中选择【添加图纸】命令，出现【图纸属性】对话框。

（2）按前面的修改图纸设定所述方法设定图纸细节。

（3）单击【确定】按钮，即可添加一张图纸，在特征管理器中就多了一个图纸标签，图纸下方也多了一个图纸图标。

图 6-18 添加图纸

3. 激活图纸

如果想要激活图纸，可以采用下面的方法之一：
- 在图纸下方单击要激活图纸的图标。
- 右击图纸下方要激活图纸的图标，然后从快捷菜单中选择【激活图纸】命令。
- 右击特征管理器中的图纸标签或图纸图标，然后从快捷菜单中选择【激活图纸】命令。

4. 删除图纸

（1）右击特征管理器中要删除图纸的标签或图纸图标，然后选择【删除】命令。要删除激活图纸还可以右击图纸区域任何位置，然后选择【删除】命令。

（2）在出现的【删除确认】对话框（如图 6-19 所示）中单击【是】按钮，即可删除图纸。

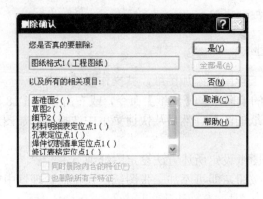

图 6-19 【删除确认】对话框

6.3 标准视图及派生视图

6.3.1 标准三视图

利用【标准三视图】命令将产生零件的三个默认正交视图,其主视图的投射方向为零件或装配体的前视方向,投影类型按前面章节中修改图纸设定中选定的第一视角或第三视角投影法。

生成标准三视图的方法有:标准方法、从文件中生成和拖放生成,下面分别介绍。

1. 标准方法

利用标准方法生成标准三视图的操作步骤如下。

(1)打开零件或装配体文件,也可以打开含有所需模型视图的工程图文件。

(2)新建工程图文件,并指定所需的图纸格式。

(3)单击【工程图】工具栏上的 (标准三视图)按钮,或选择菜单栏中的【插入】|【工程视图】|【标准三视图】命令,指针变为形状 。

(4)选择模型。选择方法有三种,如下所述。

➢ 当打开零件图文件时,生成零件工程图,可单击零件的一个面或图形区域中任何位置,也可以单击设计树中的零件名称。

➢ 当打开装配体文件时,如要生成装配体视图,可单击图形区域中的空白区域,也可以单击设计树中的装配体名称。如要生成装配体零部件视图,则单击零件的面或在设计树中单击单个零件或子装配体的名称。

➢ 当打开包含模型的工程图时,在设计树中单击视图名称或在工程图中单击视图。

(5)工程图窗口出现,并且出现标准三视图,如图6-20所示。

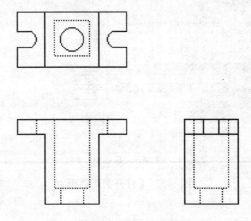

图6-20 标准三视图

2. 从文件中生成

可以使用插入文件法来建立三视图,这样就可以在不打开模型文件时,直接生成它的三视图,具体操作步骤如下。

(1)单击【工程图】工具栏中的 (标准三视图)按钮,或选择菜单栏中的【插入】|【工程视图】|【标准三视图】命令,出现如图6-21所示的【标准三视图】属性管理器。

图6-21 【标准三视图】属性管理器

(2)在该属性管理器中单击【浏览】按钮,出现如图6-22所示的【打开】对话框。

(3)在【打开】对话框中,选择文件放置的位置,并选择要插入的模型文件,然后单击【打开】按钮即可。

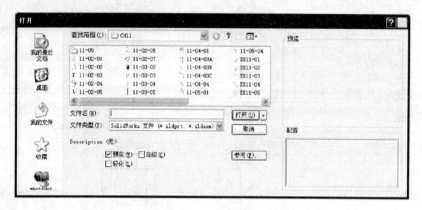

图 6-22 【打开】对话框

3. 拖放生成

利用拖放的方法生成标准三视图的操作步骤如下。
（1）新建工程图文件，并选择合适的图纸格式。
（2）用下列介绍的三种常用生成标准工程图的方法插入模型。
➤ 打开资源管理器，找到所需的零件、装配体文件，选中并拖放到工程图窗口中。
➤ 打开文件探索器，找到所需的零件、装配体文件名称，如图 6-23 所示，选中并拖放到工程图窗口中。

图 6-23 文件探索器

➤ 当打开零件、装配体文件时，从特征管理器顶部将文件名称放到工程图窗口。
（3）这样就在工程图窗口生成了标准三视图。

6.3.2 投影视图

投影视图是根据已有视图，通过正交投影生成的视图。投影视图的投影法，可在【图纸属性】对话框中指定使用第一视角或第三视角投影法。

生成投影视图的操作步骤如下。

（1）在打开的工程图中选择要生成投影视图的现有视图。

（2）单击【工程图】工具栏上的 ⌘ （投影视图）按钮，或选择菜单栏中的【插入】|【工程视图】|【投影视图】命令，此时会出现如图 6-24 所示的【投影视图】属性管理器，同时窗口中的指针变为 ✣ 形状，并显示视图预览框。

（3）在属性管理器中的【箭头】面板设置如下参数。

➢ 【箭头】复选框：选择该复选框以显示表示投影方向的视图箭头（或 ANSI 绘图标准中的箭头组）。

➢ △ （标号）选项：键入要随父视图和投影视图显示的文字。

（4）在属性管理器中如图 6-25 所示的【显示样式】面板中设置如下参数。

图 6-24 【投影视图】属性管理器

图 6-25 【显示样式】面板

➢ 【使用父关系样式】复选框：选择该复选框可以消除选择，以选取与父视图不同的样式和品质设定。

➢ 显示样式：这些显示方式包括 ▣（线架图）、▣（隐藏线可见）、▣（消除隐藏线）、▣（带边线上色）、▣（上色）。

（5）根据需要在属性管理器中如图 6-26 所示的【比例缩放】面板设置视图的相关比例，这些使用比例的方式如下。

➢ 【使用父关系比例】单选按钮：选择该单选按钮可以应用为父视图所使用的相同比例。如果更改父视图的比例，则所有使用父视图比例的子视图比例都将被更新。

➢ 【使用图纸比例】单选按钮：选择该单选按钮可以应用为工程图图纸所使用的相同比例。

➢ 【使用自定义比例】单选按钮：选择该单选按钮可以应用自定义的比例。

（6）设置完相关参数之后，如要选择投影的方向，则将指针移动到所选视图的相应一侧。当移动指针时,可以自动控制视图的对齐。

(7) 当指针放在被选视图的左边、右边、上面或下面时,得到不同的投影视图。按所需投影方向,将指针移到所选视图的相应一侧,在合适位置处单击,生成投影视图。

生成的投影视图如图 6-27 所示。

图 6-26 【比例缩放】面板

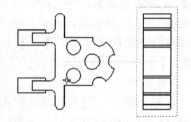

图 6-27 投影视图

6.3.3 辅助视图

辅助视图相当于机械制图中的斜视图,用来表达机件的倾斜结构。其本质类似于投影视图,是垂直于现有视图中参考边线的正投影视图,但参考边线不能水平或竖直,否则生成的就是投影视图。

1. 生成辅助视图

生成辅助视图的操作步骤如下。

(1) 选择非水平或非竖直的参考边线。参考边线可以是零件的边线、侧影轮廓线(转向轮廓线)、轴线或所绘制的直线。如果绘制直线,应先激活工程视图。

注意:辅助视图在属性管理器中零件的剖面视图或局部视图的实体中不可使用。

(2) 单击【工程图】工具栏上的 (辅助视图)按钮,或选择菜单栏中的【插入】|【工程视图】|【辅助视图】命令,此时会出现如图 6-28 所示的【辅助视图】属性管理器,视图窗口中的指针变为 形状,并显示视图的预览框。

(3) 在该属性管理器中设置相关参数,设置方法及其内容与投影视图中的内容相同,这里不再作详细的介绍。

(4) 移动指针,当处于所需位置时,单击以放置视图。如有必要,可编辑视图标号并更改视图的方向。

如果使用了绘制的直线来生成辅助视图,草图将被吸收,这样就不能将之删除。当编辑草图时,还可以删除草图实体。

如图 6-29 所示为生成的辅助视图——视图 A。

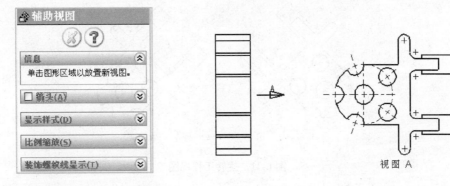

图 6-28 【辅助视图】属性管理器　　　图 6-29 生成辅助视图

2. 旋转视图

通过旋转视图,可以将视图绕其中心点转动任意角度,或旋转视图将所选边线设定为水平或竖直方向。

(1)将边线设定为水平或竖直。

① 在工程视图中选择设定的边线。

② 选择菜单栏中的【工具】|【对齐视图】|【水平边线】或【竖直边线】命令,视图转动一角度,并将所选边线改成了水平或竖直边线。

(2)围绕中心点旋转工程视图。

① 单击【工程视图】工具栏中的 ⟳ (旋转视图)按钮,出现如图 6-30 所示的【旋转工程视图】对话框。

图 6-30 【旋转工程视图】对话框

② 单击并拖动视图,视图转动的角度在对话框中出现。转动视图以 45°的增量捕捉。同时也可以在【工程视图角度】文本框中输入旋转角度。

③ 单击【应用】按钮,然后关闭对话框。图 6-31 所示为旋转前后的工程视图对比。

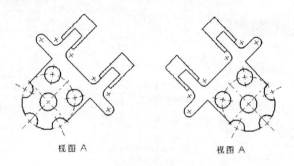

图 6-31 旋转工程视图

6.3.4 局部视图

在实际应用中可以在工程图中生成一种视图来显示一个视图的某个部分。局部视图就是用来显示现有视图某一局部形状的视图，通常是以放大比例显示。

生成局部视图的操作步骤如下。

（1）在工程视图中激活现有视图，在要放大的区域，用草图绘制实体工具绘制一个封闭轮廓。

（2）选择放大轮廓的草图实体。

（3）单击【工程图】工具栏上的 （局部视图）按钮，或选择菜单栏中的【插入】|【工程视图】|【局部视图】命令，此时会出现如图 6-32 所示的【局部视图】属性管理器。

图 6-32 【局部视图】属性管理器

（4）在该属性管理器中的【局部视图图标】面板中设置相关参数，如图 6-33 所示。

- 【样式】选项：选择一显示样式 ，然后选择圆或轮廓。
  - 圆：若草图绘制成圆，则有 5 种样式可供使用，即依照标准、断裂圆、带引线、无引线和相连 5 种。依照标准又有 ISO、JIS、DIN、BSI、ANSI 几种，每种的标注形式也不相同，默认标准样式是 ISO。
- ◇ 轮廓：若草图绘制成其他封闭轮廓，如矩形、椭圆等，样式也有依照标准、断裂图、带引线、无引线、相连 5 种，但若选择断裂圆，封闭轮廓就变成了圆。如要将封闭轮廓改成圆，可选择【圆】单选按钮，则原轮廓被隐藏，而显示出圆。
- ◇ C（标号）选项：编辑与局部圆或局部视图相关的字母。系统默认会按照注释视图的字母顺序依次以 A、B、C……进行流水编号。注释可以拖到除了圆或轮廓内的任何地方。

➢ 【字体】按钮：如果要为局部圆标号选择文件字体以外的字体，则取消【文件字体】复选框，然后单击【字体】按钮。如果更改局部圆名称的字体，则将出现一对话框，提示是否也想将新的字体应用到局部视图名称。

（5）在该属性管理器中的【局部视图】面板中设置相关参数，如图 6-34 所示。

图 6-33 【局部视图图标】面板

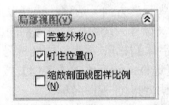

图 6-34 【局部视图】面板

➢ 【完整外形】复选框：选择此复选框，局部视图轮廓外形会全部显示。
➢ 【钉住位置】复选框：选择此复选框，可以阻止父视图改变大小时局部视图移动。
➢ 【缩放剖面线图样比例】复选框：选择此复选框，可根据局部视图的比例来缩放剖面线图样比例。

（6）参照在【投影视图】属性管理器中设置其他各选项的方法，在【局部视图】属性管理器中设置其他参数，这里不再赘述。

（7）在工程视图中移动指针，显示视图的预览框。当视图位于所需位置时，单击以放置视图。最终生成的局部视图如图 6-35 所示。

图 6-35 局部视图

⚐ 注意：不能在透视图中生成模型的局部视图。

6.3.5 剖面视图

剖面视图用来表达机件的内部结构。生成剖面视图必须先在工程视图中绘出适当的剖切路径，在执行"剖面视图"命令时，系统依照指定的剖切路径，产生对应的剖面视图。所绘制的路径可以是一条直线段、相互平行的线段，还可以是圆弧。

1. 剖面视图

生成剖面视图的操作步骤如下所述。

（1）在工程视图中激活现有视图。

（2）单击【草图】工具栏中的 ┊（中心线）或 ＼（直线）按钮，或选择菜单栏中的【工具】|【草图绘制实体】|【中心线】或【直线】命令，在激活视图中绘制单一或相互平行的阶梯式中心线或直线段。

（3）选取绘制的中心线或直线（如还未选取），如果是阶梯式直线段，只需选取一条。

（4）单击【工程图】工具栏上的 ↕（剖面视图）按钮，或选择菜单栏中的【插入】|【工程视图】|【剖面视图】命令，此时会出现如图 6-36 所示的【剖面视图】属性管理器。

（5）在该属性管理器中的【剖切线】面板中设置相关参数，如图 6-37 所示。

- ➢ ▲▼（反转方向）选项：选择以反转切除的方向。
- ➢ ▯▯（标号）选项：编辑与剖面线或剖面视图相关的字母。
- ➢ 【字体】按钮：欲为剖面线标号选择文件字体以外的字体，方法为取消【文件字体】复选框，然后单击【字体】按钮。如果要更改剖面线的标号字体，可将新的字体应用到剖面视图名称。

（6）在该属性管理器中的【剖面视图】面板中设置相关参数，如图 6-38 所示。

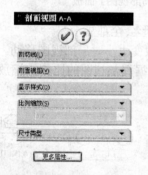
图 6-36 【剖面视图】属性管理器

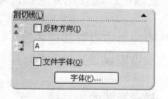
图 6-37 【剖切线】面板

图 6-38 【剖面视图】面板

- ➢ 【部分剖面】复选框：如果剖面线没完全穿过视图，提示信息会提示剖面线小于视图几何体，并提示是否想使之成为局部剖切。

- ◇ 选中复选框：剖面视图为局部剖面视图。
  - ◇ 取消选中复选框：剖面视图出现但没切除。可以后选择此复选框来生成局部剖视图。
- 【只显示曲面】复选框：只有被剖面线切除的曲面出现在剖面视图中。
- 【自动加剖面线】复选框：剖面线样式在装配体中的零部件之间交替，或在多实体零件的实体和焊件之间交替。

剖面视图的几种显示方式如图 6-39 所示。

完整剖视图　　　部分剖面　　　只显示曲面

图 6-39　剖面视图显示方式

（7）属性管理器中其他参数的设置方法，如同在【投影视图】属性管理器中设置的一样，在这里不再赘述。

（8）移动指针，会显示视图的预览，而且只能沿剖切线箭头的方向移动。当预览视图位于所需的位置时，单击以放置视图，如图 6-40 所示。

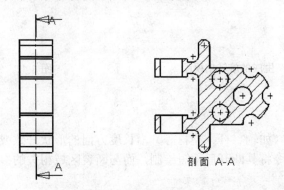

剖面 A-A

图 6-40　剖面视图

2. 旋转剖视图

旋转剖视图是用来表达具有回转轴的机件内部形状，与剖面视图所不同的是旋转剖视图的剖切线至少应由两条连续线段组成，且这两条线段具有一个夹角。

生成旋转视图的步骤如下。

（1）激活现有视图。

（2）单击【草图】工具栏中的（中心线）或（直线）按钮，或选择菜单栏中的【工具】|【草图绘制实体】|【中心线】或【直线】命令。

（3）根据需要绘制相交中心线或直线段，一般情况下交点与回转轴重合，并选择一条中心线或直线段。

（4）单击【工程图】工具栏中的（旋转剖视图）按钮，或选择菜单栏中的【插入】|【工程视图】|【旋转剖视图】命令。

（5）移动指针，显示视图预览。系统默认视图与所选择中心线或直线生成的剖切线箭头方向对齐。当视图位于所需位置时单击以放置视图。

如图 6-41 所示，高亮显示的视图显示了剖切线、方向箭头和标号，生成的旋转剖视图在右边。

如图 6-42 所示为多条剖面线生成旋转剖视图的范例。

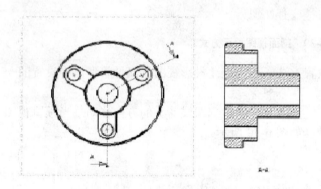 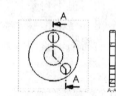

图 6-41　生成的旋转剖视图　　　　　　图 6-42　生成的旋转剖视图

6.3.6 断裂视图

对于较长的机件（如轴、杆、型材等）沿长度方向的形状一致或按一定规律变化时，可用"断裂视图"命令将其断开后缩短绘制，而与断裂区域相关的参考尺寸和模型尺寸反映实际的模型数值。

生成断裂视图的操作步骤如下所述。

（1）选择工程视图。

（2）选择菜单栏中的【插入】|【工程视图】|【竖直折断线】或【水平折断线】命令，视图中将出现两条折断线。

（3）拖动断裂线到所需位置。

（4）右击视图边界内部，从弹出的快捷菜单中选择【断裂视图】命令，此时断裂视图出现，如图 6-43 所示。

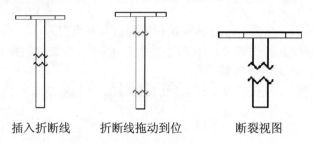

图 6-43　生成的旋转剖视图

如果想要修改生成的断裂视图，可以用如下几种方法。
➢ 要改变折断线的形状，右击折断线，并且从快捷键菜单中选择一种样式即可。
➢ 要改变断裂的位置，拖动折断线即可。
➢ 要改变折断间距的宽度，单击【工具】|【选项】|【文件属性】|【出详图】命令，在折断线下为间隙输入新的数值。欲显示新的间距，恢复断裂视图然后再断裂视图即可。

> 注意：只可以在断裂视图处于断裂状态时选择区域剖面线，但不能选择穿越断裂的区域剖面线。

6.3.7　相对视图

在绘制零件图时，有可能没考虑生成工程图时的视图投射方向，或绘制零件图者与生成工程图者选择图投射方向的观点有差异。

零件图要完全能清楚地表达形状结构，但用命名视图和投影视图生成的工程图，就不符合实际需要。而相对视图可以自行定义主视图，解决了零件图视图定向与工程图投射方向的矛盾。

生成相对视图的操作步骤如下所述。

（1）打开一幅工程图。

（2）选择菜单栏中的【插入】|【工程视图】|【相对于模型】命令，出现如图 6-44 所示的【相对视图】属性管理器，此时的指针会变成 形状。

（3）转换到在另一窗口中打开的模型，或右击图形区域，然后选择【从文件插入】命令来打开模型。

（4）用标准三视图中所述的方法选择模型，零件模型显示在屏幕上。

图 6-44　【相对视图】属性管理器

(5)单击模型的一个面,在【相对视图】属性管理器中选择"第一方向",然后单击确定按钮 。

(6)单击模型的另一个面,注意两次选择的面应互相垂直。

(7)在【相对视图】属性管理器中选择"第二方向",单击确定按钮 。在工程图窗口指针变为 形状,并出现视图预览。

(8)在工程图窗口,将视图预览移动到所需位置,单击以放置视图,生成相对视图,如图6-45所示。

指定斜面为前　　　　指定前面为左　　　　放置结果视图

图6-45　相对视图

> 注意:如果模型中面的角度发生变化,视图会更新以保持以前指定的方向。

6.4　工程视图操作

6.4.1　工程视图属性

一般来说,工程图包含由零件或装配体建立的几个视图,也可以是由现有视图建立的视图。

SolidWorks中由模型建立的视图称为标准工程视图,包括标准三视图和命名视图。由现有视图建立的视图,称为派生工程视图,包括投影视图、辅助视图、相对视图、局部视图、剪裁视图、断裂视图、剖面视图和旋转视图。工程视图属性提供关于工程视图及其所代表的模型或装配体的信息。

当鼠标指针指向工程视图边界的空白区域,其形状会变成 时右击或在特征管理器中右击工程视图名称,从快捷菜单中选择【属性】命令,出现如图6-46所示的【工程视图属性】对话框。

图 6-46 【工程视图属性】对话框

这里只介绍【工程视图属性】对话框中的【视图属性】选项卡的内容，它们的含义如下所述。

- 【视图信息】区域：该区域显示所选视图的名称和类型（只读）。
- 【模型信息】区域：该区域显示模型名称和路径（只读）。
- 【配制信息】区域：该区域下有两个选项。
  - ◆ 【使用模型"使用中"或上次保存的配置】单选按钮：该选项为默认值。
  - ◆ 【使用命名的配置】单选按钮：在下拉列表中显示模型文件中命名的各种配置名称。如要使用模型的某一配置，先选择使用命名的配置选项，再从下拉列表中选择配置。
- 【材料明细表（BOM）】区域：选择其中的【保持链接到材料明细表】复选框，将复制材料明细表自动链接到工程图视图。只要材料明细表存在且保持链接到材料明细表被选择，SolidWorks 软件就将使用所选材料明细表来指定零件序号。如果用户附加零件序号到不位于材料明细表配置中的零部件，则零件序号以星号（*）出现。
- 【折断线与父视图对齐】复选框：如果断裂视图是从另一个断裂视图导出，则选择此复选框可以对齐两个视图中的折断间距。

6.4.2 工程图规范

制作工程图虽然可以根据实际情况进行一些改变，但这些变化也要符合工程制图的标准。现行的标准大都采用国际标准，也就是 ISO 标准，下面就来介绍在 SolidWorks 中如何对工程图进行规范化设置。

选择菜单栏中的【工具】|【选项】命令，在【系统选项】选项卡中，单击【工程图】，将会出现如图 6-47 所示的【系统选项（s）—工程图】对话框。

图 6-47 【系统选项（S）—工程图】对话框

【系统选项—工程图】对话框中各选项的含义在前面的章节中已经介绍过，下面仅简单介绍其中的部分选项。

➢ 【自动放置从模型中插入的尺寸】复选框：当被选择时，指定将插入尺寸自动放置在距视图中的几何体适当距离处。
➢ 【自动缩放新工程视图比例】复选框：新工程视图会调整比例以适合图纸的大小，而不考虑所选的图纸大小。
➢ 【拖动工程视图时显示其内容】复选框：选择此复选框时，将在拖动视图时显示模型。未选择此选项时，拖动时只显示视图边界。
➢ 【选择隐藏的实体】复选框：当被选择时，可以选择隐藏（移除）的切线和边线（已经手动隐藏的）。当指针经过隐藏的边线时，边线将会以双点画线显示。
➢ 【在插入时消除复制模型尺寸】复选框：当选择此复选框时（默认值），复制尺寸在模型尺寸被插入时不插入工程图。在【插入模型项目】对话框内，此选项在【模型项目】属性管理器中被消除重复复制。

> 【在工程图中显示参考几何体名称】复选框：如果选择该复选框，那么当参考几何实体被输入工程图中时，它们的名称将显示。
> 【生成视图时自动隐藏零部件】复选框：如被选择，则装配体的任何在新的工程视图中不可见的零部件将隐藏，并列举在【工程视图属性】对话框中的【隐藏/显示零部件】选项卡上。零部件出现，所有零部件信息被装入。零部件名称在 FeatureManager 设计树中透明。
> 【显示草图圆弧中心点】复选框：如被选择，草图圆弧中心点将在工程图中显示。
> 【以剖面线方式打印过时的工程视图】：指定在打印（或打印预览）包含过时视图的工程图时进行的处理，此时要关闭打开工程图时允许自动更新。如果打开工程图时允许自动更新被选择，那么只要打印工程图，视图就会自动更新，剖面线也会被移除。
>   ◇ 【提示】（默认）：如果工程图包含过时的视图，则通知并询问如何继续。出现对话框时，单击【是】按钮打印工程图并在过时的视图中包含剖面线，或单击【否】按钮，打印工程图时不包含剖面线。
>   ◇ 【总是】：打印出的工程图总是在过时的视图中包含剖面线。
>   ◇ 【从不】：打印出的工程图从不在过时的视图中包含剖面线。
> 【局部视图比例缩放】文本框：为局部视图指定比例。该比例是指相对于生成局部视图的工程视图的比例。

6.4.3 选择与移动视图

要选择一个视图，当指针移动到视图边界的空白区域，出现 形状时单击。被选择的视图边框呈绿色虚线，如图 6-48 所示，视图的属性出现在相应视图的属性管理器中。

要想退出选择，单击此视图以外的区域即可。

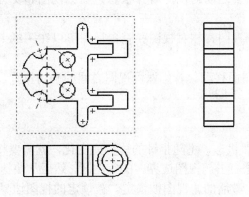

图 6-48 选择俯视图效果

选择视图还可以在特征管理器中直接单击视图名称，这时需用到视图选择的操作有以下 4 种：
- 生成投影视图。
- 为断裂视图插入折断线。
- 在图纸上移动视图。
- 重新调整视图边界的大小。

视图边界的大小是根据视图中模型的大小、形状和方向自动计算出来的。扩大视图边界可以使得选择或激活视图方便些，视图边界和所包含的视图可以重叠。

如果要改变视图边界的大小，可以采用下面的操作步骤。
（1）选择想要改变视图边界大小的视图。
（2）将指针指向绿色边框线上的拖动控标（即小方格）。
（3）当指针显示为调整大小形状时，按照需要拖动控标来调整边界的大小。但不能使视图边界小于视图中显示的模型。

如果想要移动视图，可以采用下面的两种方法之一。
- 按住 Alt 键，然后将指针放置在视图中的任何地方并拖动视图。
- 将指针移到视图边界上以高亮显示边界，或选择将要移动的视图，当移动光标出现 形状时，将视图拖动到所需要的位置。

在移动视图时，应该遵循下面的原则。
- 对于标准三视图，主视图与其他两个视图有固定的对齐关系。当移动它时，其他的视图也会跟着移动，而这两个视图可以独立移动，但是只能水平或垂直于主视图移动。
- 辅助视图、投影视图、剖面视图和旋转剖视图与生成它们的母视图对齐，并只能沿投影的方向移动。
- 断裂视图遵循断裂之前的视图对齐状态。剪裁视图和交替位置视图保留原视图的对齐。
- 命名视图、局部视图、相对视图和空白视图可以在图纸上自由移动，不与任何其他视图对齐。

子视图相对于父视图而移动。若想保留视图之间的确切位置，在拖动时按住 Shift 键。

6.4.4 视图锁焦

如要固定视图的激活状态，不随指针的移动而变化，就需要将视图锁定。

将视图锁定时，首先右击俯视图边界内的空白区，然后从快捷菜单中选择【视图锁焦】命令，如图 6-49 所示，激活的俯视图被锁定。被锁定的视图边界显示粉红色，如图 6-50 所示。

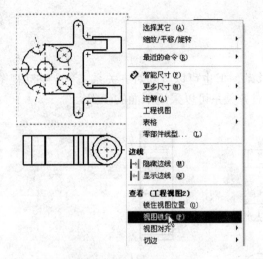
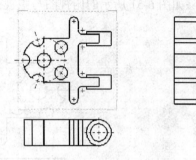

图 6-49 快捷菜单　　　　　　　　图 6-50 被锁定的视图

这时在图纸上作草图实体，例如在工程图中绘制了一个圆，不论此实体离俯视图的距离有多远，都属于该视图上的草图实体。因此视图锁焦确保了要添加的项目属于所选视图。

如要回到动态激活模式，则右击激活视图边界内的空白区，然后从快捷菜单中选择【解除视图锁焦】命令。

6.4.5 更新视图

如果想在激活的工程图中更新视图，则需要指定自动更新视图模式。用户可以通过设定选项来指定视图是否在打开工程图时更新。值得注意的是，不能激活或编辑需要更新的工程视图。更新视图有如下三种方式：

➢ 更改当前工程图中的更新模式。

在 FeatureManager 设计树顶部的工程图图标上右击，然后选中或取消选中【自动更新视图】。

➢ 手动更新工程视图。

在 FeatureManager 设计树顶部的工程图图标上右击，清除选中【自动更新视图】，然后单击【编辑】|【更新所有视图】。

➢ 在打开工程图时自动更新。

单击【工具】|【选项】|【系统选项】|【工程图】命令，然后选择【打开工程图时允许自动更新】。

注意：打开工程图时自动更新视图不影响激活的工程图文档的自动更新视图。

6.4.6 对齐视图

1. 解除对齐关系

对于已对齐的视图，只能沿投影方向移动，但也可以解除对齐关系，独立移动视图。要解除如图 6-51 所示的俯视图与主视图的对齐关系可以采用下面的步骤。

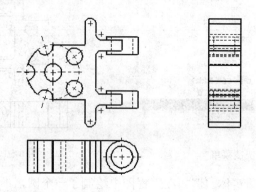

图 6-51 工程视图

（1）右击俯视图边界内部（不在图形上），出现如图 6-52 所示的快捷菜单。

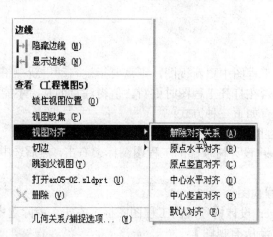

图 6-52 快捷菜单

（2）选择快捷菜单中的【视图对齐】|【解除对齐关系】命令，或选择菜单栏中的【工具】|【对齐视图】或【解除对齐关系】命令，现在俯视图可以独立移动了，解除视图对齐关系后移动的视图如图 6-53 所示。

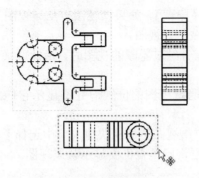

图 6-53 移动视图

(3) 如要再回到原来的对齐关系,则在俯视图边框内部(不是在图形上)右击,然后从快捷菜单中选择【视图对齐】|【默认对齐】命令,或选择菜单栏中的【工具】|【对齐视图】|【默认对齐关系】命令,俯视图回到默认对齐状态。

2. 对齐视图

对于默认为未对齐的视图,或解除了对齐关系的视图,可以更改对齐关系。使一个视图与另一个视图对齐的操作步骤如下。

(1) 右击工程视图,从弹出的快捷菜单中选择【视图对齐】|【水平对齐】或【竖直对齐】命令,或先选择一个工程视图,然后选择菜单栏中的【工具】|【对齐视图】|【水平对齐】或【竖直对齐】命令,指针变为 。

(2) 单击要对齐的参考视图,视图的中心沿所选的方向对齐,如图 6-54 所示为对齐后的视图,如果移动参考视图,对齐关系将保持不变。

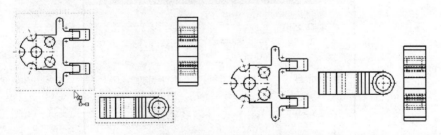

图 6-54 更改对齐关系后的视图

6.4.7 隐藏和显示视图

工程图中的视图可以被隐藏或显示,隐藏视图的操作步骤如下。

(1) 右击要隐藏的视图,或单击特征管理器中视图的名称。

（2）从快捷菜单中选择【隐藏】。如果该视图有从属视图（如局部、剖面视图等），则出现对话框询问是否也要隐藏从属视图。

（3）视图被隐藏后，当指针经过隐藏的视图时，指针形状变为，并且视图边界高亮显示。

（4）如果要查看图纸中隐藏视图的位置但并不显示它们，选择菜单栏中的【视图】|【显示被隐藏视图】命令。

（5）要再次显示视图，右击视图然后从快捷菜单中选择【显示】。当要显示的隐藏视图有从属视图时，则出现对话框询问是否也要显示从属视图。

6.5 工程图的输出

可以打印或绘制整个工程图纸，或只打印图纸中所选的区域，同时选择用黑白打印（默认值）或用彩色打印，也可为单独的工程图纸指定不同的设定，或者使用电子邮件应用程序将当前 SolidWorks 文件发送到另一个系统。

6.5.1 彩色打印工程图

彩色打印工程图的操作步骤如下。

（1）在工程图中，根据需要修改实体的颜色。然后选择菜单栏中的【文件】|【页面设置】命令，出现如图 6-55 所示的【页面设置】对话框。

图 6-55 【页面设置】对话框

（2）在【页面设置】对话框中，输入合适的参数，然后单击【确定】按钮。

（3）选择菜单栏中的【文件】|【打印】命令，在【打印】对话框中的【名称】下选择支持彩色打印的打印机。当指定的打印机已设定为使用彩色打印时，打印预览也以彩色显示工程图。

（4）单击【属性】，检查是否适当设定彩色打印所需的所有选项，然后单击【确定】按钮进行打印。

在【页面设置】对话框中对于【工程图颜色】中各选项的含义说明如下。

➢ 【自动】：SolidWorks 检测打印机或绘图机能力，如果打印机或绘图机报告能够彩色打印，则将发送彩色信息；否则，SolidWorks 将发送黑白信息。

➢ 【颜色/灰度级】：不论打印机或绘图机报告的能力如何，SolidWorks 将发送彩色数据到打印机或绘图机。黑白打印机通常以灰度级打印，彩色打印机或绘图机使用自动设定以黑白打印时，使用此选项可彩色打印图形。

➢ 【黑白】：不论打印机或绘图机的能力如何，SolidWorks 将以黑白发送所有实体到打印机或绘图机。

6.5.2 打印工程图的所选区域

打印工程图的所选区域的操作步骤如下。

（1）选择菜单栏中的【文件】|【打印】命令，出现【打印】对话框。在【打印】对话框中的【打印范围】区域选中【选择】单选按钮，如图 6-56 所示。

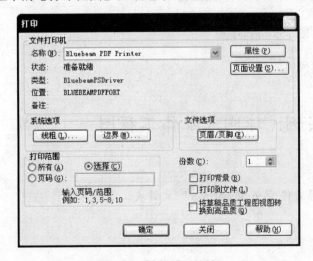

图 6-56 【打印】对话框

图 6-57 【打印所选区域】对话框

（2）单击【确定】按钮，出现【打印所选区域】对话框，且在工程图纸中出现一个如

图 6-57 所示的选择框，该框反映文件、页面设置、打印设置下所定义的当前打印机设置（纸张的大小和方向等）。

（3）选择比例因子以应用于所选区域。

对于【打印所选区域】对话框中各选项的含义如下所述。

- 模型比例（1:1）：此项为默认值，表示所选的区域按实际尺寸打印，即毫米的模型尺寸按毫米打印。
- 图纸比例（1:2）：所选区域按它在整张图纸中的显示进行打印。如果工程图大小和纸张大小相同，就将打印整张图纸。
- 自定义比例：所选区域按定义的比例因子打印。在文本框中输入需要的数值，然后单击【确定】按钮应用比例。当改变比例因子时，选择框大小将相应改变。

（4）将选择框拖动到想要打印的区域。可以移动或缩放视图，或在选择框显示时更换图纸。另外，可拖动整框，但不能拖动单独的边来控制所选区域，如图 6-58 所示。

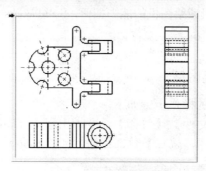

图 6-58 拖动整框

（5）单击【确定】按钮，打印所选区域。

6.6 综合实例：球阀装配体工程图

光盘链接：

零件源文件——见光盘中的"\源文件\第 6 章\part6-6\"文件夹。

6.6.1 案例预览

（参考用时：60 分钟）

本例将介绍球阀装配体工程图的绘制，装配体如图 6-59 所示。此例的学习内容为：装配体的剖面视图、局部视图、材料明细表的添加、爆炸视图、装配体轴测剖视图和交替位置视图。

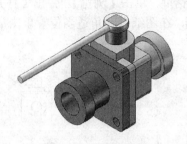

图 6-59 球阀装配

6.6.2 案例分析

本例为工程图的绘制，其与零件工程图最大的不同是需要为不同的零件添加间隙和角度不同的剖面线，并添加明细表。另外，为了示意清晰，还需要创建爆炸视图、装配体轴测剖视图和交替位置视图。

6.6.3 常用命令

- 【剖面视图】：【插入】|【工程视图】|【剖面视图】菜单命令；【工程图】工具栏的【剖面视图】按钮 。
- 【局部视图】：【插入】|【工程视图】|【局部视图】菜单命令；【工程图】工具栏的【局部视图】按钮 。

6.6.4 设计步骤

1. 创建装配体的剖面视图

（参考用时：20 分钟）

（1）新建工程图文件。

启动 SolidWorks 2007，选择【文件】|【新建】菜单命令，或者单击【标准】工具栏的【新建】按钮 ，在打开的【新建 SolidWorks 文件】对话框中单击【工程图】，创建一个新的工程图文件。

（2）选择图纸格式。

进入新建的工程图文件后，弹出【图纸格式/大小】对话框，选中【标准图纸大小】单选按钮,单击 GB_A4,然后单击【确定】按钮。

(3) 添加左视图。

左侧显示【模型视图】对话框,单击【浏览】,弹出【打开】对话框,选择工程图的模型【球阀装配】,单击【打开】,在图纸右上角适当位置单击放置左视图,如图 6-60 所示。

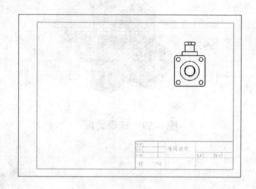

图 6-60　添加左视图

(4) 添加剖视图。

① 选择【插入】|【工程视图】|【剖面视图】菜单命令,或者单击【工程图】工具栏的【剖面视图】按钮,在左视图中绘制左右对称中心线。此时弹出【剖面视图】对话框,如图 6-61 所示,选中【自动打剖面线】复选框,单击【确定】按钮。在左视图左侧单击放置剖视图,如图 6-62 所示。

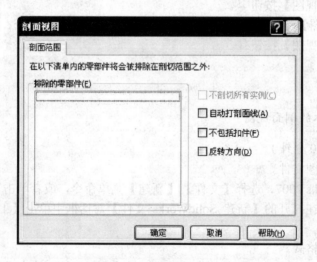

图 6-61　【剖面视图】对话框

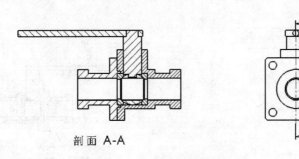

图 6-62　添加剖面视图 A-A

② 单击带有剖面线的区域，左侧显示【区域剖面线/填充】属性管理器，取消【材质剖面线】复选框，上部的【剖面线图样】、【剖面线图样比例】和【剖面线图样角度】均可自行进行设置，如图 6-63 所示。重新调整后的剖面图如图 6-64 所示。

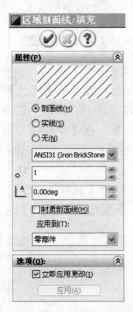

图 6-63　【区域剖面线/填充】属性管理器

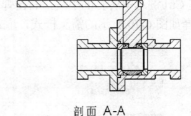

图 6-64　修改剖面线后的视图

（5）添加局部视图。

由于球心部分较小，表达不清楚，可添加局部视图。

选择【插入】|【工程视图】|【局部视图】菜单命令，或者单击【工程图】工具栏的【局部视图】按钮，左侧显示【局部视图 B】属性管理器，如图 6-65 所示。选中【钉住位置】和【缩放剖面线图样比例】复选框，单击按钮确定，在图纸的适当位置单击放置局部视

图，如图 6-66 所示。

图 6-65 【局部视图 B】属性管理器

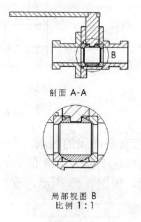

图 6-66 添加局部视图

（6）添加零件序号。

① 选择【插入】|【注解】|【自动零件序号】菜单命令，或者单击【注解】工具栏的【自动零件序号】按钮，左侧显示【自动零件序号】属性管理器，如图 6-67 所示。在【零件序号布局】下单击【靠右】，选中【忽略多个实例】复选框。在【零件序号设定】面板中选择【样式】为【下划线】，【大小】为【4 个字符】，如图 6-68 所示。单击按钮确定，如图 6-69 所示。

② 按住 Ctrl 键选中所有的引线，右击弹出快捷菜单，选择【属性】命令，弹出【属性】对话框，选择如图 6-70 所示的箭头样式，取消【智能显示】复选框，单击【确定】按钮。

图 6-67 【自动零件序号】属性管理器

图 6-68 【零件序号设定】面板

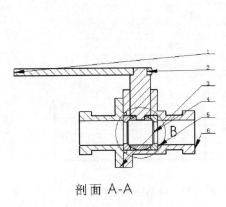

图 6-69 自动零件序号的添加

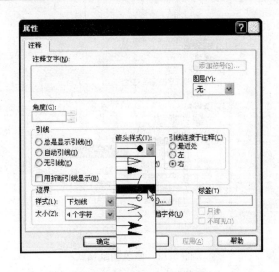

图 6-70 【属性】对话框

③ 拖动箭头调整到适当的位置,将圆点放置在零件剖面线上,完成后如图 6-71 所示。

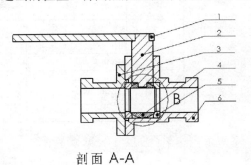

图 6-71 修改后的零件序号

(7)添加材料明细表。

① 在左侧的设计树中单击【图纸格式 1】前的加号(+),右击【材料明细表定位点 1】,弹出快捷菜单,如图 6-72 所示,选择【设定定位点】命令,单击标题栏左上角的点,如图 6-73 所示。

② 选择【插入】|【表格】|【材料明细表】菜单命令,或者单击【注解】工具栏的【表格】按钮 ,选择【材料明细表】 ,再单击剖面视图 A-A,左侧显示【材料明细表】属性管理器,如图 6-74 所示。在【定位的边角】下单击【左下】,选中【附加到定位点】复选框。在【材料明细表类型】下选中【仅限零件】单选按钮,单击 按钮确定,拖动表格中的竖线使其与标题栏等宽,如图 6-75 所示。

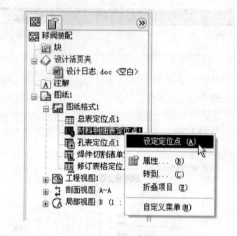

图 6-72 修改图纸格式

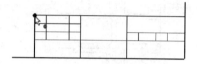

图 6-73 材料明细表的定位点

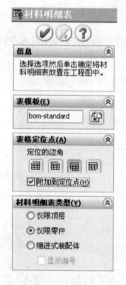

图 6-74 【材料明细表】属性管理器

项目号	零件号	说明	数量
1	扳手		1
2	阀杆		1
3	阀体接头		1
4	球心		1
5	密封圈		2
6	阀体		1

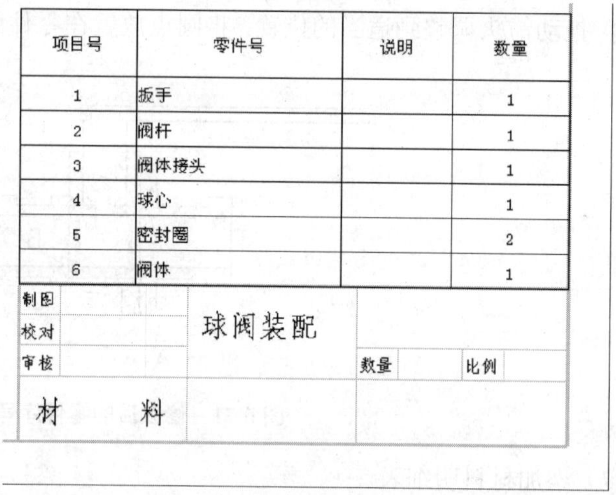

图 6-75 添加材料明细表

2. 创建装配体的爆炸视图

（参考用时：15 分钟）

爆炸视图需要首先在装配体中创建，然后添加到工程图中。

（1）在装配体中创建爆炸视图。

① 打开装配体“球阀装配”，选择【插入】|【爆炸视图】菜单命令，或者单击【装配体】工具栏的【爆炸视图】按钮，左侧显示【爆炸】属性管理器，如图 6-76 所示。单击

扳手激活该零件，零件上显示与默认坐标方向一致的三个坐标轴，再单击与默认的 Y 轴同向的轴，确定移动的方向，如图 6-77 所示。此时在【设定】的【方向】下，显示"Y@球阀装配.SLDASM"，在【距离】中输入值 100，如图 6-78 所示，单击【完成】按钮结束爆炸步骤 1。

图 6-76 【爆炸】属性管理器　　图 6-77 扳手移动的方向　　图 6-78 【设定】面板

② 单击阀杆激活该零件，零件上显示与默认坐标方向一致的三个坐标轴，再单击与默认的 Y 轴同向的轴，确定移动的方向，如图 6-79 所示。此时在【设定】的【方向】下，显示"Y@球阀装配.SLDASM"，在【距离】中输入值 60，单击【完成】按钮结束爆炸步骤 2。

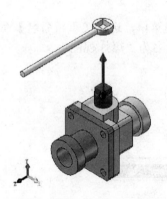

图 6-79 【阀杆】移动的方向

③ 爆炸步骤 3 的零件为阀体接头，【方向】为"Z@球阀装配.SLDASM"，【距离】为 100。

④ 爆炸步骤 4 的零件为阀体，【方向】为"Z@球阀装配.SLDASM"，并按下【反向】按钮，【距离】为 150。

注释：若未按下【反向】按钮，则可设置距离为 –150。

⑤ 爆炸步骤 5 的零件为密封圈 2，【方向】为"Z@球阀装配.SLDASM"，【距离】为 50。

⑥ 爆炸步骤 6 的零件为密封圈 1，【方向】为"Z@球阀装配.SLDASM"，并按下【反向】按钮，【距离】为 50。然后单击按钮确定，完成爆炸视图的创建。此时在左侧的配置管理器下将显示"爆炸视图 1"及其步骤，如图 6-80 所示，完成后的爆炸视图如图 6-81 所示。在此状态下保存装配体文件。

图 6-80 配置管理器

图 6-81 爆炸视图 1

（2）在工程图中添加图纸。

打开工程图球阀装配，在屏幕的左下角图纸 1 的右侧右击弹出快捷菜单，选择【添加图纸】命令，如图 6-82 所示，添加一张图纸。

（3）重新命名图纸。

右击【图纸 1】，弹出快捷菜单，选择【重新命名】命令，如图 6-83 所示，输入"剖面视图"。同样将【图纸 2】命名为"爆炸视图"。

图 6-82 添加图纸　　　　　　　　图 6-83 重新命名图纸

（4）插入爆炸视图。

选择【插入】|【工程视图】|【模型】菜单命令，或者单击【工程图】工具栏的【模型视图】按钮，左侧显示【模型视图】属性管理器，单击【浏览】按钮，弹出【打开】对话框，选择工程图的模型球阀装配，单击【打开】按钮，在【标准视图】下单击【等轴测】按钮，在图纸适当位置单击放置爆炸视图，如图 6-84 所示。

注意：单击爆炸视图，在弹出的对话框的最下端的【更多属性】区域中，取消选择【在爆炸状态中显示】复选框，可以将视图恢复为装配体效果图。

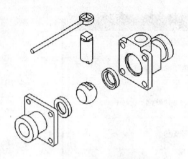

图 6-84　爆炸视图

（5）手动插入零件序号。

选择【插入】|【注解】|【零件序号】菜单命令，或者单击【注解】工具栏的【零件序号】按钮，左侧显示【零件序号】属性管理器，【零件序号设定】下选择【样式】为【下划线】，【大小】为【4 个字符】，如图 6-85 所示。依次在各个零件的适当位置单击放置序号，并拖动调整引线角度，完成后单击按钮确定。

按住 Ctrl 键选中所有的引线，右击弹出快捷菜单，选择【对齐】|【上对齐】，调整零件序号的位置，完成后如图 6-86 所示。

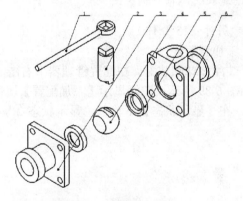

图 6-85　【零件序号】属性管理器　　　　图 6-86　调整零件序号

（6）插入装配立体图。

选择【插入】|【工程视图】|【模型】菜单命令，或者单击【工程图】工具栏的【模型视图】按钮，左侧显示【模型视图】属性管理器，单击【浏览】，弹出【打开】对话框，选择工程图的模型球阀装配，单击【打开】，在【标准视图】下单击【等轴测】按钮，在图纸的适当位置单击放置视图，然后在视图上右击，在弹出的快捷菜单中选择【属性】命令，弹出【工程视图属性】对话框，在【配置信息】下取消【在爆炸状态中显示】复选框，如图 6-87 所示，单击【确定】按钮完成，装配立体图如图 6-88 所示。

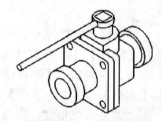

图 6-87 【工程视图属性】对话框　　　　图 6-88 装配立体图

3. 创建装配体轴测剖视图

（参考用时：15 分钟）

（1）添加新配置。

打开装配体球阀装配，在配置管理器下右击，在弹出的快捷菜单中选择【添加配置】命令，如图 6-89 所示，左侧显示【添加配置】属性管理器，在【配置名称】下输入"轴测剖视图"，在【显示状态】下输入"显示状态-2"，如图 6-90 所示，单击 ✔ 按钮确定。

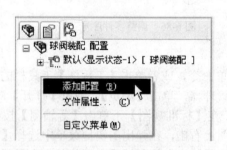

图 6-89 添加配置　　　　图 6-90 【添加配置】属性管理器

（2）添加装配体特征。

① 选择【插入】|【装配体特征】|【切除】|【拉伸】菜单命令，选择【上视基准面】为草图绘制平面，绘制如图 6-91 所示的矩形，单击【退出草图】按钮，左侧显示【切除-拉伸 1】属性管理器，在【方向 1】下选择【完全贯穿】，如图 6-92 所示。

图 6-91　绘制草图

图 6-92　【切除-拉伸 1】属性管理器

② 在下方的【特征范围】面板中，选中【所选零部件】单选按钮，取消【自动选择】复选框，选择零件阀体接头和阀体，如图 6-93 所示，单击 按钮确定。完成后的轴测剖视图如图 6-94 所示。

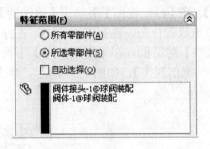

图 6-93　【特征范围】面板

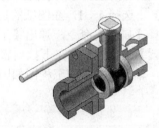

图 6-94　轴测剖视图

③ 在配置管理器下右击【默认】配置，从弹出的快捷菜单中选择【显示预览】命令，如图 6-95 所示，屏幕左下角显示预览状态，单击【设计树】按钮，将回退控制棒拖动到特征【切除-拉伸 1】以上，如图 6-96 所示。

注释：在配置管理器下双击配置名称可激活该配置。

图 6-95 【显示预览】命令

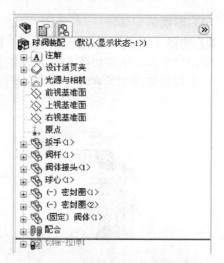

图 6-96 拖动回退控制棒

(3) 添加轴测剖视图。

① 打开工程图球阀装配,在屏幕的左下角爆炸视图的右侧右击弹出快捷菜单,选择【添加图纸】命令添加一张图纸,系统自动命名为"图纸1"。

② 右击【图纸1】,弹出快捷菜单,选择【重新命名】命令,输入"轴测剖视图"。

③ 选择【插入】|【工程视图】|【模型】菜单命令,或者单击【工程图】工具栏的【模型视图】按钮,左侧显示【模型视图】属性管理器,单击【浏览】,弹出【打开】对话框,选择工程图的模型球阀装配,单击【打开】,在【标准视图】下单击【等轴测】按钮,在【比例】下选择 1∶1,在图纸的适当位置单击放置视图,在视图上右击,在弹出的快捷菜单中选择【属性】命令,弹出【工程视图属性】对话框,在【配置信息】下选中【使用命名的配置】单选按钮,在下拉列表中选择【轴测剖视图】,如图 6-97 所示,单击【确定】按钮完成,轴测剖视图的工程图如图 6-98 所示。

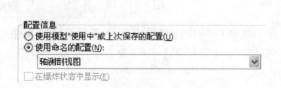

图 6-97 【配置信息】区域

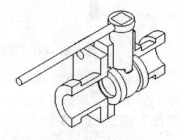

图 6-98 轴测剖视图

第 6 章 工程图

4. 创建装配体交替位置视图

（参考用时：10 分钟）

（1）在工程图中添加图纸。

打开工程图球阀装配，在屏幕的左下角轴测剖视图的右侧右击弹出快捷菜单，选择【添加图纸】命令，添加一张图纸，系统自动命名为"图纸 1"。

（2）重新命名图纸。

右击【图纸 1】，弹出快捷菜单，选择【重新命名】命令，输入"交替位置视图"。

（3）添加基本视图。

选择【插入】|【工程视图】|【模型】菜单命令，或者单击【工程图】工具栏的【模型视图】按钮，左侧显示【模型视图】属性管理器，单击【浏览】，弹出【打开】对话框，选择工程图的模型球阀装配，单击【打开】按钮，在【标准视图】下单击【等轴测】按钮，在【比例】下选择 1：2，在图纸适当位置单击放置视图，在视图上右击，在弹出的快捷菜单中选择【属性】命令，弹出【工程视图属性】对话框，在【配置信息】下选中【使用命名的配置】单选按钮，在下拉列表中选择【默认】，单击【确定】按钮完成。

（4）添加交替位置视图。

① 选择【插入】|【工程视图】|【交替位置视图】菜单命令，或者单击【工程图】工具栏的【交替位置视图】按钮，单击基本视图，左侧显示【交替位置视图】属性管理器，如图 6-99 所示，单击按钮确定，进入装配体环境，左侧显示【移动零部件】属性管理器，如图 6-100 所示。拖动零件扳手到水平位置，如图 6-101 所示，单击按钮确定，交替位置视图 1 自动叠加到基本视图中，如图 6-102 所示。

图 6-99 【交替位置视图】属性管理器

图 6-100 【移动零部件】属性管理器

 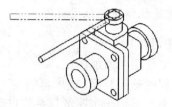

图 6-101　调整零件位置　　　　图 6-102　交替位置视图 1

② 选择【插入】|【工程视图】|【交替位置视图】菜单命令，或者单击【工程图】工具栏的【交替位置视图】按钮，单击基本视图，左侧显示【交替位置视图】属性管理器，单击 按钮确定，进入装配体环境，左侧显示【移动零部件】属性管理器。拖动零件扳手到斜上方 45°，如图 6-103 所示，单击 按钮确定，交替位置视图 2 自动叠加到基本视图中，如图 6-104 所示。

 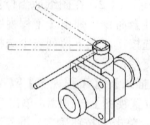

图 6-103　调整零件位置　　　　图 6-104　交替位置视图 2

6.7　本　章　小　结

在实际中用来指导生产的主要技术文件并不是前面介绍的三维零件图和装配体图，而是二维工程图。SolidWorks 可以使用二维几何绘制生成工程图，也可将三维的零件图或装配体图变成二维的工程图。零件、装配体和工程图是互相链接的文件。对零件或装配体所作的任何更改会导致工程图文件的相应变更。SolidWorks 最优越的功能是由三维零件图和装配体图建立二维的工程图。

思考与练习

1. 如何进入工程图设计环境？简单叙述一下。

2. 激活图纸的方法有几种？请简单介绍一种。
3. 派生工程视图包括哪几种？
4. 在工程图中如何修改图纸设定？请简单介绍。
5. 在工程视图中如何进行工程图对齐的设定？如何解除对齐关系？
6. 先根据如图 6-105 所示的工程图创建零件，然后将其生成该工程图。

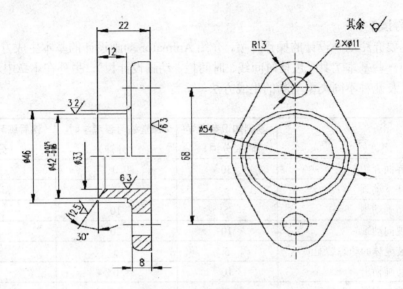

图 6-105 生成的工程图

第 7 章 动画设计

【本章导读】

本章主要介绍动画设计的操作环境，介绍 Animator 动画设计的基本生成方法，讲解动画设计中的一些基本工具（包括时间线、时间栏、动画设计树）。另外在本章中还介绍动画的类型，以及几种不同类型动画的生成方法。

序 号	名 称	基础知识参考学时（分钟）	课堂练习参考学时（分钟）	课后练习参考学时（分钟）
7.1	界面介绍	30	0	0
7.2	基本动画	5	10	5
7.3	精确动画	5	10	5
7.4	视向动画	10	20	10
7.5	装配体的动态装配演示	5	5	0
7.6	动画输出	10	0	0
7.7	综合实例：千斤顶	0	15	15
总 计		65	70	35

7.1 界面介绍

安装 Animator 以后并不会自动出现在 SolidWorks 用户界面中，首先要加载 Animator 插件。依次选择【工具】|【插件】命令，从【插件】对话框中选中 Animator，单击【确定】后即可将 Animator 载入。

将 Animator 载入后界面有所变化，最上方有 Animator 下拉菜单，在中间新增了一个 Animator 工具栏，在最下部新增加一个动画页面，即动画设计界面，如图 7-1 所示。

第 7 章 动画设计

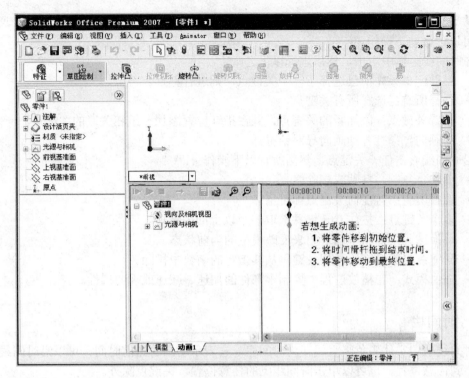

图 7-1 动画设计界面

7.1.1 时间线

时间线是动画的时间界面。它显示在动画设计树的右边，具体如图 7-2 所示。定位时间栏、在图形区域中移动零部件或更改视向属性时，时间栏会使用关键点和更改栏来显示这些更改。

时间线被竖直网格线均分，这些网格线对应于表示时间的数字标记。数字标记从 00:00:00 开始，其间距取决于窗口的大小。例如，沿时间线可能每隔 1 秒、2 秒或 5 秒就会有一个标记。

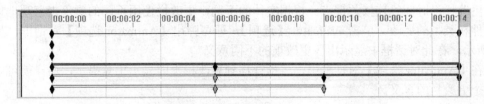

图 7-2 时间线

移动时间线，可以沿时间线单击任意位置，以更新该点的零部件位置。同时，通过时间线可以进行如下操作。

在时间线区域中右击，然后选择以下之一。
- 粘贴：如果先前已选择了一个关键点，则进行粘贴。
- 选择所有：选择所有关键点。
- 放置关键点：添加新的关键点，并在指针位置添加一组相关联的关键点。
- 动画向导：打开动画向导对话框。

沿时间线右击任一关键点，然后执行以下操作。
- 剪切、复制、粘贴或删除。
- 选择所有：对任何关键点都可用。
- 多个关键点：按住 Ctrl 键并选取一个以上的关键点。
- 替换键码：更新所选键码来反映模型的当前状态。
- 压缩：将所选键码及相关键码从其指定的函数中排除。
- 插值模式：在播放过程中控制零部件的加速、减速或视向属性。

7.1.2 时间栏

时间线上的实体黑色竖直线即为时间栏，它表示动画的当前时间。可以沿时间线拖动时间栏到任意位置。也可以单击时间线上的任意位置，关键点除外。

移动时间栏，即可更改动画的当前时间以及更新模型。

7.1.3 更改栏

动画的记录是通过在时间线上添加更改栏完成的，更改栏表示一段时间内所发生更改的水平实体，包括：
- Animator 时间长度
- 零部件运动
- 视图定向（如旋转）
- 视向属性（如颜色或视图）

更改栏沿时间线连接关键点。根据实体的不同，更改栏使用不同的颜色来直观地识别零部件和类型的更改。单击 Animator|【选项】，即可弹出【Animator 选项】对话框，如图 7-3 所示，在此对话框中显示出各更改项的不同意义。

在【Animator 选项】对话框中，将指针移到更改栏上即显示工具提示，这样就可以知道各个更改栏的含义。

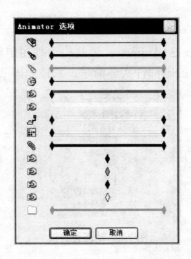

图 7-3 【Animator 选项】对话框

7.1.4 键码画面

每个键码画面在时间线上都包括代表开始运动或结束运动的时间的键码点。无论何时定位一个新的键码点，它都会对应于运动或视向属性的更改。如图 7-4 所示即为键码画面与键码点两者。

图 7-4 键码画面

1. 识别键码点

通过颜色来识别键码点。与连接大多数键码点的更改栏一样，也可以编辑颜色。同样单击 Animator|【选项】，即可弹出【Animator 选项】对话框，在此对话框中显示出各个更改项不同的意义。

2. 键码属性

将指针移到任一键码点上时，零件序号将会显示此键码点的键码属性，如图 7-5 所示。如果零部件在动画设计树中折叠，则所有的键码属性都会包含在零件序号中。

图 7-5 键码属性

7.1.5 动画设计树

动画设计树包括 SolidWorks Animator 工具栏、视图定向设置以及与 SolidWorks 的 FeatureManager 设计树上相同的零部件实体清单，具体如图 7-6 所示。

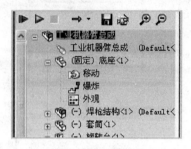

图 7-6　动画设计树

1. SolidWorks Animator 工具栏

通过 SolidWorks Animator 工具栏上的按钮，可以播放动画，生成动画，打开动画生成向导，并可以调整时间线来增加时间栏之间的间距。

2. 零部件实体

使用 Animator FeatureManager 设计树中所列的零部件实体来显示动画零部件属性。
- 移动：可以移动零部件。
- 爆炸：指示零部件以在图形区域中重新定位。
- 颜色：指示零部件的颜色已被修改。

7.1.6 动画向导

借助于动画向导，可以旋转零件或装配体、爆炸或解除爆炸装配体，生成物理模拟。单击【动画向导】工具按钮，即可显示 SolidWorks Animator 工具栏上的动画向导。

1. 旋转

选择旋转模型，单击【动画向导】工具按钮，弹出【动画类型】对话框。依次选择旋转轴、旋转次数、顺逆时针、时间长度（秒）、开始时间（秒）等属性，即可完成旋转动画的创建。

2. 爆炸、解除爆炸或物理模拟

添加爆炸、解除爆炸或物理模拟动画，时间的设置是相同的，但需要预做一些准备，具体如下：
（1）生成爆炸视图来爆炸和解除爆炸零部件。
（2）计算模拟来生成物理模拟。
单击【动画向导】工具按钮，在对话框中选择爆炸、解除爆炸或物理模拟，即可生成相应的动画。

7.2 基本动画

7.2.1 基本动画的概念

最基本的动画就是使许多零部件的运动根据时间函数进行，即存在先后运动顺序，一个运动必须在另外一个运动完成之后再进行，不然机构可能在空间发生物理干涉。下面讲解基本动画的生成，只要在恰当的时间将零件拖动到相应的位置即可。

7.2.2 课堂练习一：基本动画的生成

（参考用时：10 分钟）

通过以下方法生成基本动画：沿时间线拖动时间栏到某一时间关键点，然后移动零部件到目标位置。SolidWorks Animator 将零部件从其原始位置移动到在指定时间内指定的位置。

生成动画的过程如下：

（1）单击窗口底部的【动画】标签。图形区域被水平分割，顶部区域显示模型。底部区域被竖直分割成两个部分：左边是 SolidWorks Animator 工具栏和动画设计树，右边是带有关键点和时间栏的时间线。

（2）拖动时间栏，设定动画序列的时间长度。可以沿时间线单击任意位置放置时间栏，或者使用空格键递增移动时间栏。时间栏的时间长度设为 5 秒钟（00:00:00 到 00:00:05）。如图 7-7 所示。

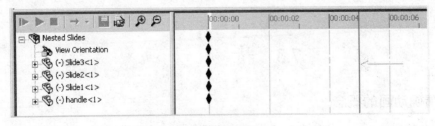

图 7-7 拖动时间栏

（3）拖动需要运动的装配体零部件到动画序列末端的所需位置，如图7-8所示。

图7-8　拖动需要运动的装配体零部件

（4）拖动时间条移动，即可以观察到设计环境中装配零件同样在移动。

（5）将时间条移动到开始位置，然后单击播放按钮▶即可开始播放动画，直接单击从头播放按钮▶同样可以开始播放动画。

在生成一个具有时间序列的动画时，添加的方式是相同的，只是在添加时要注意起始时间和运动时间长度。如图7-9所示，即为一个具有时间序列的动画时间条。通过观察关键点的位置和更改栏，即可知道此动画的运动过程。

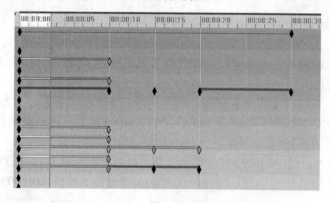

图7-9　时间序列

7.3　精确动画

7.3.1　精确动画的概念

在一个装配动画中，往往需要添加一些精确的动画，移动固定的距离或者旋转固定的角度。如何添加这一类动画呢？利用基本动画的添加方法肯定是不可以的，因为通过光标的拖动是无法精确地移动零件的。

在 SolidWorks Animator 中，演示机构移动距离或者角度，需要用动画距离或者角度来实现。在做这种类型的动画前，需要先进行距离或者角度的配合，合理约束自由度，然后将动画添加到相应的约束上。

7.3.2 课堂练习二：精确动画的生成

（参考用时：10 分钟）

如图 7-10 所示，装配体包括同一子装配体的三个实例。旋钮的每个实例都将以不同的速度返回初始位置，可以控制子装配体的每个实例。

图 7-10 控制子装配体

生成距离或角度配合来生成动画的过程如下：

（1）单击【动画】标签。
（2）沿时间线拖动时间栏。
（3）在所需位置放置装配体零部件并进行配合。需要注意的是，所添加的位置是通过各种类型的装配来完成的，如图 7-11 所示，即为添加完成的图案。

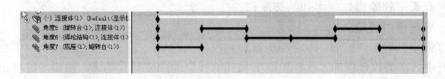

图 7-11 添加完成的图案

（4）如图 7-12 所示，双击相应的约束即可调整位置。通过约束所添加的约束，都可以进行精确定义。

（5）将时间条移动到开始位置，然后单击播放按钮▶即可开始播放动画，直接单击从头播放按钮▶同样可以开始播放动画。动画将会显示基于所生成配合的零部件的移动。

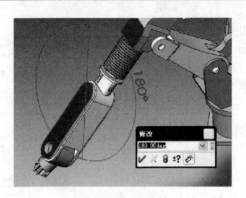

图 7-12 调整位置

7.4 视向动画

可使用相机视图从不同位置观阅静态物体。可使用 SolidWorks Animator 将相机附加到相机橇上的草图实体（顶点、边线、曲线、面或参考基准面），并为相机橇生成运动路径。这可以在相机沿着运动路径接近或经过静止对象时，查看相机所拍的内容。

7.4.1 创建相机橇

相机动画可包括也可不包括模型作为动画的一部分。可以将相机附加到假设零部件，创建一假零部件作为相机橇，然后将相机附加到相机橇上的一草图实体。接着在 FeatureManager 设计树中隐藏相机橇。在播放过程中，只看到相机所拍摄的内容。例如：
 ➢ 沿模型或通过模型而移动。
 ➢ 观看一解除爆炸或爆炸的装配体。
 ➢ 导览虚拟建筑。

也可将相机附加到模型，即将相机附加到模型上的草图实体。拍摄画面时，可将模型包括在视野中，在播放过程中，从相机所附加到的模型的角度观看动画。例如，可将相机附加到宇宙飞船模型，然后做宇宙飞船动画，这样相机显示模型以及其路径上的任何其他物体。

创建相机橇的过程如下。

（1）生成一假零部件作为相机橇。相机橇的大小无关紧要，因为这在动画先后顺序中会隐藏。

（2）打开一装配体并将相机橇（假零部件）插入到装配体中，结果如图 7-13 所示。

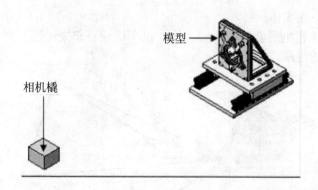

图 7-13　相机橇

（3）在以下项之间添加平行配合，配合将相对于模型而将相机橇置中，但不限制其移动。
- 相机橇边侧和模型。
- 相机橇前端和模型前端。

（4）使用前视视图将相机橇相对于模型而大致置中，完成相机橇的添加，结果如图 7-14 所示。

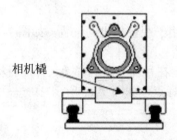

图 7-14　完成相机橇的添加

（5）这可便于附加相机并生成动画路径，最后保存此装配体。

7.4.2　添加与定位相机

在生成相机橇后，需要添加相机，将之附加在相机橇上，然后拍照。

可以在图形区域中拖动相机控制，也可在相机属性管理器中指定属性，具体选项如下，同时效果如图 7-15 所示。
- 相机位置：附加到相机橇上的草图实体，您可沿 X、Y、Z 轴更改相机位置。
- 目标点：将目标点附加到相机橇上的另一草图实体，或添加到相机所看到的目标对象上的草图实体。
> 视野：操纵相机所看到的区域。从广视（目标看起来遥远）到窄视（目标填满画面）控制透视图。

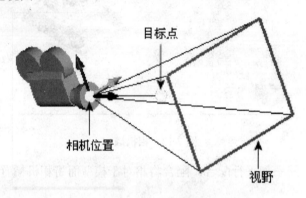

图 7-15 相机效果

添加并定位相机的过程如下。
（1）打开包括相机橇的装配体文档。
（2）单击前视工具按钮![img]，在 FeatureManager 设计树中，右击光源与相机![img]并选择添加相机。
（3）荧屏分割成视口，可用于观察相机的位置，如图 7-16 所示，同时显示【相机】对话框。
（4）在【相机】对话框中，在目标点下选择【选择的目标】。然后在图形区域中，选择相机橇上的草图实体以附加目标点，如图 7-17 所示。

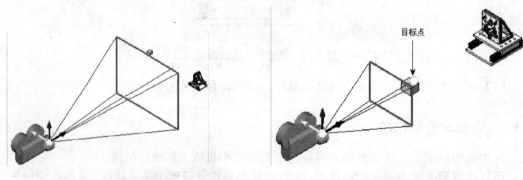

图 7-16 相机的位置　　　　　　图 7-17 附加目标点

（5）在【相机】对话框中，在相机位置下单击【选择的位置】。在图形区域中，选择相机橇上的草图实体以附加相机位置，结果如图 7-18 所示。

（6）如有必要，拖动视野以通过使用视口作为参考来进行拍照。

（7）在【相机】对话框中，在相机旋转下单击选择设定卷数。在图形区域中选择一个面以在拖动相机橇来生成路径时防止相机滑动。结果如图 7-19 所示。

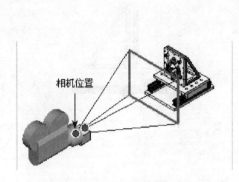
图 7-18　附加相机位置

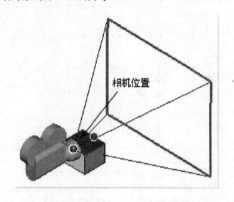
图 7-19　防止相机滑动

（8）完成这些设定并水平移动相机橇，可生成一相机移向模型的动画。可随时打开【相机】对话框来更改这些设定。

7.4.3　以相机生成动画

与在 SolidWorks Animator 中所生成的所有动画一样，基于相机的动画包括在时间线上设定时间栏。可生成简单动画，相机沿 X 轴水平移向模型，通过包括沿 Y 和 Z 轴的移动来添加花样，或生成更多的复杂动画。

普通动画与基于相机的动画的区别包括：
➢ 移动相机橇。
➢ 在 FeatureManager 设计树中隐藏相机橇。
➢ 单击相机视图 以显示通过相机的动画。

生成基于相机的动画的过程如下。

（1）打开带有相机附加到相机橇的装配体。

（2）在动画设计树中确定选取了 锁定。

（3）在【视图】工具栏上，单击适当的工具以在左边显示相机橇，在右侧显示装配体零部件，如图 7-20 所示。

（4）在时间线中拖动时间栏，以设定动画序列的时间长度。

（5）在图形区域中将相机橇拖入到位。

（6）重复步骤（4）和（5），直到完成相机橇的路径为止。

（7）在 FeatureManager 设计树中，用右键单击相机橇，然后选择【隐藏】。

(8) 单击相机视图 来选择相机。

(9) 将时间条移动到开始位置,然后单击播放按钮 ▶ 即可开始播放动画,直接单击从头播放按钮 ▶ 同样可以开始播放动画。

图 7-20　调整位置

7.5　装配体的动态装配演示

对于装配体爆炸与解除爆炸的动态演示,可以使用 Animator 工具栏上的【动画向导】来进行,并且 Aniamtor 能将零部件的位置信息自动转换成关键点。

装配体动态装配动画的生成过程如下:

(1) 首先切换到设计树【配置】标签,用鼠标右键单击【默认】,选择【新建爆炸图】。根据装配体零部件的装配级别和结构组成,用鼠标拖动零部件,生成爆炸视图,如图 7-21 所示。

(2) 切换到【动画 1】标签,单击 Animator 工具栏上的【动画向导】图标按钮,弹出【选择动画类型】对话框,如图 7-22 所示,选择【爆炸】单选按钮,单击【下一步】按钮。

图 7-21　爆炸视图

图 7-22　【选择动画类型】对话框

(3) 弹出【动画控制选项】对话框,时间长度选择默认,单击【完成】按钮。

（4）可以看到在 Animator 时间状态栏中出现各个零部件的位置关键点，这些自动生成的关键点和零部件爆炸的顺序是吻合一致的，如图 7-23 所示。单击 Animator 控制工具栏上的【播放】图标按钮，可以对动画进行预览。

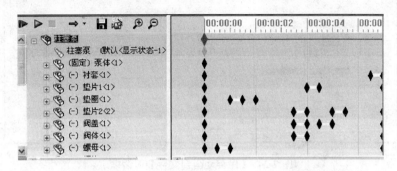

图 7-23　动画序列

7.6　动 画 输 出

当完成动画的设计后，最后就要输出成为相应的文件，从而在适当的文件中将其用以展示。

7.6.1　生成动画

在生成动画中，可以将以下任一动画保存为.avi 文件：
- 使用【模拟】工具栏上的工具生成的物理模拟。
- 使用动画向导生成的动画。
- 通过移动时间栏以及定位装配体零部件生成的动画。

保存动画的过程如下：

（1）单击动画设计树弹出式工具栏上的保存按钮 ，弹出【保存动画到文件】对话框，如图 7-24 所示。

（2）在【保存动画到文件】对话框中，
- 键入文件名的名称。
- 为保存类型选择一格式（.avi 格式、一系列 .bmp 或 .tga 静态图像）。
- 为渲染器选择数值。

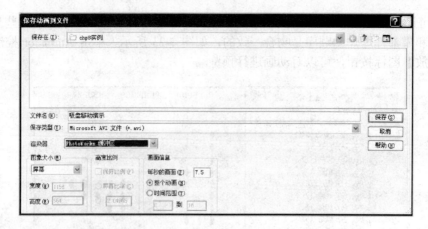

图 7-24 【保存动画到文件】对话框

（3）在画面信息下，
- 为每秒的画面键入一数值（默认为 7.5）。
- 选择整个动画或者保存部分动画，选择时间范围并键入开始和结束数值的秒数（例如 3.5 到 15）。

（4）单击【保存】按钮。

（5）在【视频压缩】对话框中调整数值，然后单击【确定】按钮。

7.6.2　PhtotoWorks 选项

【保存动画到文件】对话框能使用逼真视频渲染，带有阴影、真实反射及反走样等效果。使用渲染器会影响所保存图像的品质。可选择的项目包括以下几项。
- SolidWorks 屏幕：制作荧屏动画的副本。
- PhotoWorks 缓冲区：增强文件副本的图形品质，以包括诸如阴影、真实反射及反走样等特征。

录制动画提供使用其他如 Media Player 或 ActiveMovie 等应用程序显示的额外格式类型。可选择的项目包括以下几项。
- SolidWorks 屏幕：将荧屏显示保存为动画。
- PhotoWorks 缓冲区：保存并增强动画的图形品质，以包括诸如阴影、真实反射及反走样等特征。

图像大小可调整显示的大小。可选择的项目包括以下几项。
- 自定义：选择用户定义的设定。
- 屏幕：从 SolidWorks 图形窗口的大小以及若干预定义选项进行选择。

7.6.3 压缩视频

以 Windows（.avi）视频文件格式来保存动画可压缩图像。影响结果的设定为：压缩、移动及窗口大小。

压缩量会影响图像的品质。较低的压缩比例会生成较小的文件，但图像的品质也较差。根据所使用的压缩程序不同，压缩量会有所不同。

当生成有许多移动零件或快速移动零件的动画时，画面的间格数会影响图像的品质。间隔数是指当一个屏幕显示时，保存动画片的频率。所有其他动画片只包括自最后一张主动画片之后的变更。如果画面之间有过多变化，则降低间隔数。

压缩视频的过程如下。

（1）选择压缩程序（Microsoft Video 1、Cinepak、Codec by Radius 等）。
（2）调整【压缩品质】滑杆。
（3）为画面间隔数键入数值。
（4）单击【确定】按钮。

7.7 综合实例：千斤顶

光盘链接：
零件源文件——见光盘中的"\源文件\第 7 章\part7-7\"文件夹。
录像演示——见光盘中的"\avi\第 7 章\7-7 千斤顶.avi"文件。

7.7.1 案例预览

✵（参考用时：15 分钟）

本例将完成一个机构运动的仿真动画，如图 7-25 所示。

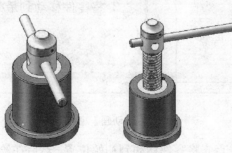

图 7-25 千斤顶的初始及终止位置

7.7.2 案例分析

本例通过对其进行机构运动仿真的动画设定，可以清晰地观察到千斤顶是如何工作的。

7.7.3 设计步骤

1. 基本动画设定

（参考用时：2分钟）

基本动画是组成动画的基础，任何一个复杂的动画都可以分解成若干个小的、基本的动画。但注意基本动画是不精确的。基本动画的生成只要在适当的时间将零件拖动到相应的位置即可。

> **注释**：要想生成基本动画，在装配的过程中应保留若干个方向的自由度，即不能将零件进行完全约束，应该部分约束。若对零件完全约束，则不能进行拖动，这一点与Pro/Engineer的机构运动仿真类似。

2. 基本动画生成过程

（参考用时：5分钟）

（1）装载插件中的 SolidWorks Animator 动画模块。在绘图区下面会有【模型】和【动画】两个切换窗口，当前是切换到了【动画】窗口，如图7-26所示。然后对装配体进行装配。在装配过程中请注意，不需要进行运动的零件可将其完全约束；需要进行运动的零件可将其部分约束，即保留若干自由度。

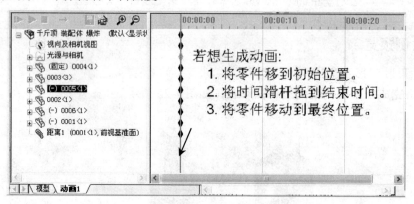

图7-26 【动画】窗口

（2）生成动画的步骤是首先将零件移动到初始位置，然后在绘图区中单击拖动时间线，到动画结束的时间位置，最后将零件移动到最终的位置。这样，一段简单的动画就做好了。

（3）下面开始播放动画，将时间线移动到开始位置，然后单击【播放】按钮▶，这时就可以看到动画的演示过程了。

3．精确动画设定的准备工作

（参考用时：4分钟）

在基本动画中可以自由地拖动零件，但是位置是不精确的。要想让每个零件在一段动画里的运动都有确定的位移和角度，就应进行精确动画设定。

注意：要想生成精确动画，在装配的过程中应使其完全约束，但需要改动的位移和角度都应设定出来。

精确动画应对各个零件进行完全约束，但是位移和角度都不能设置为 0，当位移和角度都不能设置为 0 的时候，在动画设计树中会发现有距离和角度的约束，如图 7-27 所示。以后就可以对其进行修改，但如果设为 0，在动画设计树中就会没有相对应的约束了。

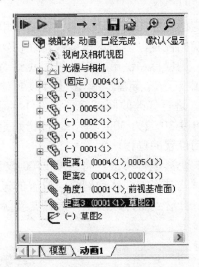

图 7-27 动画设计树中的角度和位移约束

例如，在图 7-28 所示的零件 1 和零件 2 之间正常的装配要求是两个对应的面重合，但是在动画中不行，应将两者的面之间的距离至少设置为 1，如图 7-27 所示的距离 2。

接下来，插入一根基准轴，在基准轴上插入一个点，如图 7-29 所示。然后将零件 3 的一个端面和点之间的约束距离设定为值 2500，如图 7-27 所示的距离 3。

最后在零件 3 的另一个端面创建一个小的长方形，如图 7-30 所示。令加亮的面（如图 7-31 所示）与前视基准面成一个角度，设为值 30°，如图 7-27 所示的角度 1。

这样动画的准备工作就告一段落。

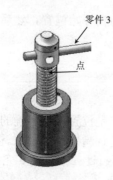

图 7-28　零件 1 和零件 2　　图 7-29　插入点　　图 7-30　创建小长方形　　图 7-31　加亮面

4．精确设定动画

（参考用时：4 分钟）

下面开始设定动画。设定的顺序与基本动画的设定基本相同。

首先还是将零件移动到初始位置，但在这里零件均在初始位置，所以这一步省略不作设置。下面对零件 1 作修改。用鼠标左键单击拖动时间线到动画结束的时间位置，然后在如图 7-27 所示的动画设计树中双击距离2，弹出【修改】对话框，如图 7-32 所示。将 1 改为 3000，单击✔确定即可。进行修改的同时就是将零件移动到最终的位置的过程。

再对零件 3 作修改，将角度 30 改为 300，单击✔按钮确定即可。同样对值进行修改的同时就是将零件移动到最终的位置的过程。

最后对零件 3 与插入点的距离进行修改，将角度 2500 改为 1500，单击✔按钮确定即可。同样对值进行修改的同时就是将零件移动到最终位置的过程。

全设置完毕后进行播放，会看到千斤顶的工作原理与实际生活中是一致的。其最后的位置如图 7-33 所示。

图 7-32　【修改】对话框　　　　图 7-33　千斤顶的最终位置

机构运动仿真很重要，可以对产品或机构进行模拟运动或机构分析。本例很简单，主要是使千斤顶模型的运动与现实生活中的运动相吻合，从而让使用者更加了解模型的使用情况。

7.8 本章小结

SolidWorks Animator 是一个与 SolidWorks 完全集成的动画制作软件，它可以方便地制作丰富的动画效果。SolidWorks Animator 使用基于键码画面的界面，先决定装配体在各个时间点的外观，然后 SolidWorks Animator 应用程序会计算从一个位置移动到下一个位置所需的顺序。

思考与练习

1. 时间线的作用是什么？
2. 如何生成间隔的时间栏？
3. 键码的作用是什么？有几种颜色？分别代表什么意思？
4. 什么叫精确动画？
5. 打开"液压夹具体"装配文件，如图 7-34 所示，添加如下动画。

（1）利用"装配切除"特征添加 0 到 10 秒的剖切动画。

（2）添加 11 到 20 秒的爆炸动画。

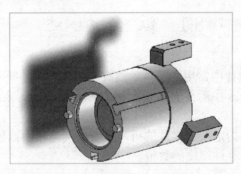

图 7-34 液压夹具体装配图

第 8 章 钣金设计

【本章导读】

本章将介绍钣金特征的制作以及使用钣金特征设计钣金零件的知识。钣金设计是 SolidWorks 中的一个独立模块,其设计方法与零件的设计基本一致,希望读者好好学习,掌握钣金模块的设计。

序号	名称	基础知识参考学时（分钟）	课堂练习参考学时（分钟）	课后练习参考学时（分钟）
8.1	钣金概述	15	0	0
8.2	钣金特征	20	0	0
8.3	钣金设计	20	40	30
8.4	钣金编辑	20	30	30
8.5	综合实例：钣金零件	0	30	20
	总计	75	100	80

8.1 钣金概述

在 SolidWorks 钣金设计中常用的基本术语有：折弯系数、折弯扣除、K 因子等。

折弯系数在 SolidWorks 中除了直接指定和由 K 因子来确定之外，还可以利用折弯系数表来确定。

在折弯系数表中可以指定钣金零件的折弯系数或折弯扣除数值等，折弯系数表还包括折弯半径、折弯角度以及零件厚度的数值。

8.1.1 折弯系数

零件要生成折弯时，可以指定一个折弯系数给一个钣金折弯，但指定的折弯系数必须介于折弯内侧边线的长度与外侧边线的长度之间。

折弯系数可以由钣金原材料的总展开长度减去非折弯长度来计算，如图 8-1 所示。

用来决定折弯系数值时，总平展长度的计算公式如下：

$$L_t = A + B + BA$$

式中：BA——折弯系数；
L_t——总展开长度；
A、B——非折弯系数。

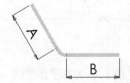

图 8-1 折弯系数示意图

8.1.2 折弯扣除

在生成折弯时，用户可以通过输入数值来给任何一个钣金折弯指定一个明确的折弯扣除。折弯扣除由虚拟非折弯长度减去钣金原材料的总展开长度来计算，如图 8-2 所示。

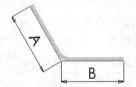

图 8-2 折弯扣除示意图

用来决定折弯扣除值时，总平展长度的计算公式如下：
$$L_t = A + B - BD$$

式中：BD——折弯扣除；
A、B——虚拟非折弯长度；
L_t——总展开长度。

8.1.3 K 因子

K 因子表示钣金中性面的位置，以钣金零件的厚度作为计算基准，如图 8-3 所示。K 因子即为钣金内表面到中性面的距离 t 与钣金厚度 T 的比值，即等于 t/T。

当选择 K 因子作为折弯系数时，可以指定 K 因子折弯系数表。SolidWorks 应用程序随附 Microsoft Excel 格式的 K 因子折弯系数表格，位于<安装目录>\SolidWorks\lang\Chinese-Simplified\Sheetmetal Bend Tables\kfactor base bend table.xls。

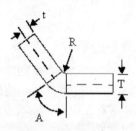

图 8-3　K 因子示意图

使用 K 因子也可以确定折弯系数，计算公式如下：

$$BA = \pi(R + KT)A / 180$$

式中：BA——折弯系数；
　　　R——内侧折弯半径；
　　　K——K 因子，即 t/T；
　　　T——材料厚度；
　　　t——内表面到中性面的距离；
　　　A——折弯角度（经过折弯材料的角度）。

由上面的计算公式可知，折弯系数即为钣金中性面上的折弯圆弧长。因此，指定的折弯系数的大小必须介于钣金的内侧圆弧长和外侧弧长之间，以便与折弯半径和折弯角度的数值一致。

8.1.4　折弯系数表

在 SolidWorks 中有两种折弯系数表可供使用：一是带有.btl 扩展名的文本文件，二是嵌入的 Excel 电子表格。

1. 带有.btl 扩展名的文本文件

在 SolidWorks 的<安装目录>\SolidWorks\lang\Chinese-Simplified\Sheetmetal Bend Tables\sample.btl 中提供了一个钣金操作的折弯系数表样例。如果要生成自己的折弯系数表，可使用任何文字编辑程序复制并编辑此折弯系数表。

在使用折弯系数表文本文件时，只允许包括折弯系数值，不包括折弯扣除值。折弯系数表的单位必须用米制单位指定。

如果要编辑拥有多个折弯厚度表的折弯系数表，半径和角度必须相同。例如要将一新的折弯半径值插入有多个折弯厚度表的折弯系数表，则必须在所有表中插入新数值。

> **注意**：折弯系数表范例仅供参考使用，此表中的数值不代表任何实际折弯系数值。如果零件或折弯角度的厚度介于表中的数值之间，那么系统会插入数值并计算折弯系数。

2. 嵌入的 Excel 电子表格

SolidWorks 生成的新折弯系数表保存在嵌入的 Excel 电子表格程序内，根据需要可以将折弯系数表的数值添加到电子表格程序中的单元格内。

电子表格的折弯系数表只包括 90°折弯的数值，其他角度折弯的折弯系数或折弯扣除值由 SolidWorks 计算得到。

生成折弯系数表的方法如下。

（1）在零件文件中，选择菜单栏中的【插入】|【钣金】|【折弯系数表】|【新建】命令，弹出如图 8-4 所示的【折弯系数表】对话框。

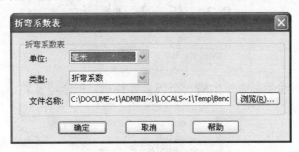

图 8-4 【折弯系数表】对话框

（2）在【折弯系数表】对话框中设置单位，键入文件名，单击【确定】按钮，则包含折弯系数表电子表格的嵌置 Excel 窗口出现在 SolidWorks 窗口中，如图 8-5 所示。折弯系数表电子表格包含默认的半径和厚度值。

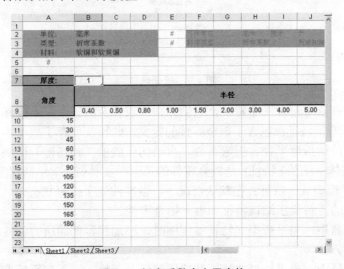

图 8-5 折弯系数表电子表格

（3）在表格外但在 SolidWorks 图形区内单击，以关闭电子表格。

生成钣金零件的特征工具集中在如图 8-6 所示的【钣金】工具栏中。下面先来介绍钣金特征。

图 8-6 【钣金】工具栏

8.2 钣 金 特 征

8.2.1 钣金特征

利用 ◎（基体—法兰）命令生成一个钣金零件后，钣金特征将出现在如图 8-7 所示的特征管理器中。

图 8-7 钣金特征

在该特征管理器中包含三个特征，它们分别代表钣金的三个基本操作。

- ▶ ◎（钣金）特征：包含了钣金零件的定义。此特征保存了整个零件的默认折弯参数信息，如折弯半径、折弯系数、自动切释放槽（预切槽）比例等。
- ▶ ◎（基体—法兰）特征：是钣金零件的第一个实体特征，包括深度和厚度等信息。
- ▶ ◎（平板型式）特征：在默认情况下，当零件处于折弯状态时，平板型式特征是被压缩的，解除压缩该特征即展开钣金零件。

在特征管理器中，当平板型式特征被压缩时，添加到零件的所有新特征均自动插入到平板型式特征上方。

在特征管理器中，当平板型式特征解除压缩后，新特征插入到平板型式特征下方，并且不在折叠零件中显示。

8.2.2 零件转换为钣金特征

利用已经生成的零件转换为钣金特征时，首先在 SolidWorks 中生成一个零件，通过插入折弯按钮 生成钣金零件，这时在特征管理器中有三个特征，如图 8-8 所示。

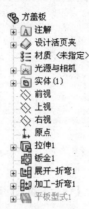

图 8-8 钣金特征

这三个特征分别代表钣金的三个基本操作。

➢ （钣金）特征：包含了钣金零件的定义。此特征保存了整个零件的默认折弯参数信息，如折弯半径、折弯系数、自动切释放槽（预切槽）比例等。

➢ （展开—折弯）特征：该项代表展开的钣金零件。此特征包含将尖角或圆角转换成折弯的有关信息。每个由模型生成的折弯作为单独的特征列出在【展开—折弯】下。

注释：【展开—折弯】面板中列出的【尖角—草图】包含由系统生成的所有尖角和圆角折弯的折弯线，此草图无法编辑，但可以隐藏或显示。

➢ （加工—折弯）特征：该选项包含的是将展开的零件转换为成形零件的过程。由在展开状态中指定的折弯线所生成的折弯列在此特征中。

注释：特征管理器中的 （加工—折弯）图标后列出的特征不会在零件展开视图中出现。读者可以通过将特征管理器退回到【加工—折弯】特征之前以展开零件的视图。

8.2.3 设定选项

在【钣金】属性管理器中可以完成【钣金规格】、【折弯参数】、【折弯系数】、【自动切释放槽】等选项的设定，【钣金】属性管理器如图 8-9 所示。

图 8-9 【钣金】属性管理器

1. 【钣金规格】面板

如果在此面板中选择【使用规格表】复选框，将预定义生成基体-法兰时的规格厚度、允许的折弯半径及 K 因子等。

2. 【折弯参数】面板

【折弯参数】面板如图 8-10 所示，在此面板中可设定固定面或边线、折弯半径以及钣金厚度等参数。

3. 【折弯系数】面板

在此面板中有【折弯系数表】、【K 因子】、【折弯系数】以及【折弯扣除】4 个选项，如图 8-11 所示。这些选项的含义在前面已经介绍过了，这里不再赘述。

图 8-10 【折弯参数】面板

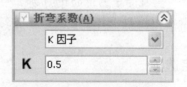

图 8-11 【折弯系数】面板

4. 【自动切释放槽】面板

当生成钣金时，如果选择【自动切释放槽】复选框，系统会自动添加释放槽切割，如图 8-12 所示，SolidWorks 支持三种类型的释放槽。

如果要自动添加【矩形】或【矩圆形】释放槽，就必须指定释放槽比例。另外【撕裂形】释放槽是插入和展开零件所需的最小尺寸需求。

要自动添加【矩形】释放槽，必须指定释放槽比例，释放槽比例数值必须在 0.05～2.0 之间。比例值愈高，插入折弯的释放槽切除宽度愈大，如图 8-13 所示。

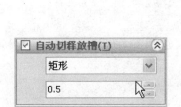

图 8-12　【自动切释放槽】面板

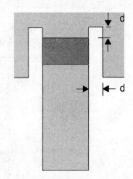

图 8-13　释放槽比例示意

图中：d 代表矩形或矩圆形释放槽切除的宽度，深灰颜色区域代表折弯区域，同时也是由矩形或矩圆形释放槽切除所延伸经过折弯区域的边上所测量的深度，由以下公式确定：

$$d = 释放槽比例 \times 零件厚度$$

8.3　钣金设计

在 SolidWorks 中主要有两种设计钣金零件的方式：创建一个零件，然后将其转换到钣金；使用钣金特定的特征生成的零件为钣金零件。

8.3.1　基体法兰

基体法兰特征是新钣金零件的第一个特征，该特征被添加到 SolidWorks 零件后，系统就会将该零件标记为钣金零件，折弯也将被添加到适当的位置。

如果要生成基体法兰特征，其操作步骤如下。

（1）编辑生成一个标准的草图，该草图可以是单一开环、单一闭环或多重封闭轮廓的草图。

(2) 单击【钣金】工具栏中的 ◎ (基体-法兰/薄片) 按钮，或选择菜单栏中的【插入】|【钣金】|【基体法兰】命令，出现【基体法兰】属性管理器。

> 注释:【基体法兰】属性管理器中的控件会根据草图的不同而自动更改，例如，如果是单一闭环轮廓草图，就不会出现两个方向框，如图 8-14 所示。

图 8-14 【基体法兰】属性管理器

(3) 在两个方向框中，设置拉伸终止条件及总深度 参数。同时在【钣金规格】面板中确定是否选择使用规格表，如果不是用规格表，则继续按下面的步骤进行。

(4) 在【钣金参数】面板中将厚度设置为所需的钣金厚度 ，将折弯半径 设置为所需的折弯半径。

(5) 确定是否选择【反向】复选框，以确定是否反向加厚草图。

(6) 分别设定【折弯系数】面板和【自动切释放槽】面板中的选项。

(7) 单击确定按钮 ，便会生成如图 8-15 所示的基体法兰钣金零件。

图 8-15 基体法兰钣金零件

8.3.2 边线法兰

边线法兰特征是将法兰添加到钣金零件的所选边线上。生成边线法兰特征的操作步骤如下:

(1) 首先生成某一钣金零件, 然后在该零件中执行下面的步骤。

(2) 单击【钣金】工具栏中的 按钮, 或选择菜单栏中的【插入】|【钣金】|【边线法兰】命令, 出现如图 8-16 所示的【边线-法兰】属性管理器。

图 8-16 【边线-法兰】属性管理器

(3) 在图形区域选择要放置特征的边线。

(4) 在如图 8-17 所示的【法兰参数】面板中, 单击【编辑法兰轮廓】按钮, 编辑轮廓的草图。

(5) 若要使用不同的折弯半径(非默认值), 应取消选中【使用默认半径】复选框, 然后根据需要设置折弯半径 。

(6) 在如图 8-18 所示的【角度】与【法兰长度】面板中, 分别设置法兰角度 、长度 、终止条件及其相应参数值等。

图 8-17 【法兰参数】面板　　　图 8-18 【角度】与【法兰长度】面板

图 8-19 【法兰位置】面板

（7）如果选择【给定深度】选项，则必须单击长度和外部虚拟交点或内部虚拟交点图标来决定长度开始测量的位置。

（8）在如图 8-19 所示的【法兰位置】面板中设置法兰位置时，将折弯位置设置为材料在内、材料在外、折弯向外或虚拟交点中的折弯。

（9）要移除邻近折弯的多余材料，可选中【剪裁侧边折弯】复选框。

（10）如果要从钣金体等距排列法兰，选中【等距】复选框，然后设定等距终止条件及其相应参数。

（11）选择并设置【自定义折弯系数】和【释放槽类型】面板下的相应参数。

（12）单击按钮确定，生成如图 8-20 所示的边线法兰。

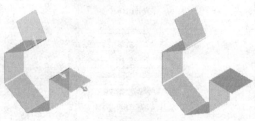

图 8-20 生成边线法兰

> 注意：使用边线法兰特征时，所选边线必须为线形，且系统会自动将厚度链接为钣金零件的厚度，轮廓的一条草图直线必须位于所选边线上。

对于以 SolidWorks 2006 应用程序打开的旧制零件，边线法兰尺寸只在编辑现有边线法兰或重建零件模型后才出现。

8.3.3 斜接法兰

斜接法兰特征可将一系列法兰添加到钣金零件的一条或多条边线上。

斜接法兰的草图必须遵循以下条件：运用斜接法兰特征时，斜接法兰的草图可以包括直线或圆弧，也可以包括一个以上的连续直线，草图基准面必须垂直于生成斜接法兰的第一条边线。

生成斜接法兰特征的操作步骤如下。

（1）在钣金零件中生成一个符合标准的草图。

（2）单击【钣金】工具栏中的（斜接法兰）按钮，或选择菜单栏中的【插入】|【钣金】|【斜接法兰】命令，出现如图 8-21 所示的【斜接法兰】属性管理器。

（3）系统会选定斜接法兰特征的第一条边线，且图形区域中将出现斜接法兰的预览，在图形区域选择要斜接的边线。

（4）若要选择与所选边线相切的所有边线，单击所选边线中点处出现的 ![icon] （延伸）图标。

（5）在如图 8-22 所示的【斜接参数】面板中，若要使用不同的折弯半径（而非默认值），需取消选中【使用默认半径】复选框，然后根据需要设置折弯半径。

图 8-21　【斜接法兰】属性管理器　　　图 8-22　【斜接参数】面板

（6）将法兰设置为材料在内 ![icon]、材料在外 ![icon] 或折弯向外 ![icon]。

（7）要移除邻近折弯的多余材料，选中【剪裁侧边折弯】复选框。若要使用默认间隙以外的间隙，将间隙距离设置为所需的距离。

（8）根据需要在【启始/结束处等距】面板中为部分斜接法兰指定等距距离，如果要使斜接法兰跨越模型的整个边线，则将【启始/结束处等距】选项的数值设置为 0。

（9）选择【矩形】、【撕裂形】或【矩圆形】释放槽，如果选择了【矩形】或【矩圆形】释放槽，应设定释放槽比例，或消除选择使用释放槽比例，然后为释放槽宽度 ![icon] 和释放槽深度 ![icon] 设定一数值。

（10）单击 ![icon]（确定）按钮，即可生成如图 8-23 所示的斜接法兰。

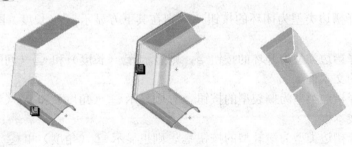

图 8-23　生成斜接法兰

如果使用圆弧生成斜接法兰，则圆弧不能与厚度边线相切。圆弧可与长边线相切，或通过在圆弧和厚度边线之间放置一小的草图直线。

8.3.4 褶边

利用"褶边"工具可将褶边添加到钣金零件的所选边线上。

> 注意：在使用该工具时，所选边线必须为直线，而斜接边角被自动添加到交叉褶边上，如果选择多个要添加褶边的边线，则这些边线必须在同一个面上。

生成褶边特征的操作步骤如下。

（1）在打开的钣金零件中，单击【钣金】工具栏中的 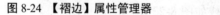（褶边）按钮，或选择菜单栏中的【插入】|【钣金】|【褶边】命令，出现如图 8-24 所示的【褶边】属性管理器。

（2）在图形区域中，选择想加褶边的边线，则所选边线出现在【边线】面板的列表框中。

（3）在【边线】面板中，单击 （材料在内）或 （折弯在外）按钮，也可以单击 图标选择褶边在相反的方向。

（4）在如图 8-25 所示的【类型和大小】面板中：

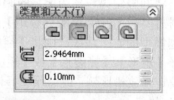

图 8-24 【褶边】属性管理器　　图 8-25 【类型和大小】面板

- 若选择褶边类型为闭环的按钮 ，则在其下方显示 （长度）图标及对应文本框。
- 若选择褶边类型为开环的按钮 ，则显示 （长度）和 （间隙距离）图标及对应的文本框。
- 若选择褶边类型为撕裂型的按钮 ，则显示 （角度）和 （半径）图标及对应的文本框。
- 若选择褶边类型为滚轧型的按钮 ，则也显示 （角度）和 （半径）图标及对应的文本框。

选择不同的类型后，下方显示的图标也不相同：长度 （只对于闭合和开环褶边）、间隙距离 （只对于开环褶边）、角度 （只对于撕裂形和滚轧褶边）、半径 （只对于撕裂形和滚轧褶边）。

不同的褶边类型生成的钣金如图 8-26 所示。

图 8-26　不同的褶边生成的钣金

（5）在斜接缝隙下，如果有交叉褶边，则需要设定切口缝隙，斜接边角被自动添加到交叉褶边上，用户可以设定这些褶边之间的缝隙。

（6）如果使用默认折弯系数以外的其他项目，则选择自定义折弯系数，然后设定一折弯系数类型和数值。

（7）单击 （确定）按钮，如图 8-27 所示为生成的褶边特征。

图 8-27　生成褶边特征

8.3.5　绘制折弯

使用绘制折弯特征在钣金零件处于折叠状态时将折弯线添加到零件中，可将折弯线的尺寸标注到其他折叠的几何体中。

> 注意：绘制折弯特征时，草图中只允许是直线，在每个草图中可添加一条以上的直线，但折弯线长度不一定非得与正折弯的面的长度相同。

生成绘制折弯特征的操作步骤如下。

（1）在钣金零件的平面上绘制一直线。此外还可在生成草图前（但在选择基准面后）选择绘制的折弯特征，当选择绘制的折弯特征时，一草图在基准面上打开。

（2）单击【钣金】工具栏中的 （绘制的折弯）按钮，或单击【插入】|【钣金】|【绘制折弯】命令，出现如图 8-28 所示的【绘制的折弯】属性管理器。

图 8-28　【绘制的折弯】属性管理器

（3）选择一个不因折弯而移动的面作为固定面。

（4）单击 （折弯中心线）、 （材料在内）、 （材料在外）或 （折弯在外）图标选择折弯位置。

（5）设定折弯角度，如有必要，可单击反向按钮 。

（6）如果使用默认折弯半径以外的选择，可取消选择【使用默认半径】，设定所需的折弯半径 。

（7）如要使用默认折弯系数以外的其他项目，选择自定义折弯系数，然后设定一折弯系数类型和数值。

（8）单击 （确定）按钮，生成如图 8-29 所示的折弯特征。

图 8-29　生成折弯特征

8.3.6 闭合角

用户可以在钣金法兰之间添加闭合角。闭合角特征在钣金特征之间添加材料，主要包括以下功能。

> 通过为想闭合的所有边角选择面来同时闭合多个边角。
> 关闭非垂直边角。
> 将闭合边角应用到带有 90°以外折弯的法兰。
> 调整缝隙距离，即由边界角特征所添加的两个材料截面之间的距离。
> 调整重叠/欠重叠比率，即重叠的材料与欠重叠材料之间的比率。数值 1 表示重叠和欠重叠相等。
> 闭合或打开折弯区域。

闭合一个角的操作步骤如下。

（1）用基体法兰和斜接法兰生成一钣金零件。

（2）单击【钣金】工具栏中的 ![] （闭合角）按钮，或单击【插入】|【钣金】|【闭合角】命令，出现如图 8-30 所示的【闭合角】属性管理器。

（3）选择角上的一个平面，作为要延伸的面 ![]。

（4）选择 ![] （对接）、![] （重叠）或 ![] （重叠在下）等边角类型。

（5）单击 ![] （确定）按钮，则面被延伸以闭合角，如图 8-31 所示为钣金零件生成的闭合角。

图 8-30 【闭合角】属性管理器

图 8-31 闭合角

8.3.7 转折

转折特征是通过从草图线生成两个折弯而将材料添加到钣金零件上。

> 注意：草图必须只包含一条直线；直线不需要是水平和垂直直线；折弯线长度不一定非得与正在折弯的面的长度相同。

在钣金零件上生成转折特征的操作步骤如下。

（1）在想生成转折的钣金零件的面上绘制一直线。此外可以在生成草图前（但在选择基准面后）选择转折特征。当选择转折特征时，便可在基准面上打开一草图。

（2）单击【钣金】工具栏中的 ♂（转折）按钮，或单击【插入】|【钣金】|【转折】命令，出现如图 8-32 所示的【转折】属性管理器。

图 8-32 【转折】属性管理器

（3）在图形区域中，为固定面 ♎ 选择一个面。

（4）在如图 8-33 所示的【选择】面板下，如要编辑折弯半径，则取消选中【使用默认半径】复选框，然后为 ♂（折弯半径）键入新的值。

（5）在如图 8-34 所示的【转折等距】面板下的终止条件中选择一项目，并为等距距离 ♎ 设定一数值。

图 8-33 【选择】面板　　　图 8-34 【转折等距】面板

（6）选择尺寸位置：外部等距 、内部等距 或总尺寸 。如果想使转折的面保持相同长度，就选择固定投影长度。

（7）在转折位置下，选择折弯中心线 、材料在内 、材料在外 或折弯向外 ，为转折角度 设定一数值。

（8）如要使用默认折弯系数以外的其他项目，则选择自定义折弯系数，然后设定一折弯系数类型和数值。

第 8 章 钣金设计

（9）单击（确定）按钮，即可生成转折，如图 8-35 所示为钣金零件生成的转折。

原始零件　　　　　　　　　　取消固定投影长度

图 8-35　固定投影长度生成的转折示例

8.4　钣金编辑

8.4.1　编辑折弯

用户可以为单一折弯或整个钣金零件编辑折弯参数，折弯参数包括默认的折弯半径、折弯系数或折弯扣除数值等。

在折弯的特征上右击，在弹出的快捷菜单中选择【编辑定义】命令，利用该命令可以编辑折弯的数据。

1. 编辑单一折弯

用户可为特征折弯改变释放槽切割的类型和大小。特征折弯与单独折弯的不同之处在于特征折弯为实际钣金特征。

为单独的折弯改变折弯系数、释放槽切割的类型和大小的操作步骤如下。

（1）在特征管理器中，在所要改变的尖角折弯、圆角折弯或平面折弯项目上右击，在弹出的快捷菜单中选择【编辑定义】命令。

（2）此时会显示属性管理器，在其中可对折弯的半径、阶数、自定义释放槽作必要的改变。

（3）单击（确定）按钮，重建模型零件，即可完成对单一折弯的编辑。

2. 编辑一组折弯

【折弯】属性管理器可允许用户生成钣金零件。

当使用插入折弯工具时，首先必须生成一实体，然后使用插入折弯将零件转换到钣金。同时可使用【基体-法兰】命令从钣金直接生成零件。

将零件转换到钣金可采用下面的步骤。

(1) 在统一厚度的零件中，单击【钣金】工具栏上的 ![] (插入折弯) 按钮，或选择菜单栏中的【插入】|【钣金】|【折弯】命令，显示【折弯】属性管理器。

(2) 在【折弯参数】下，选择 ![] (固定的面或边线)，并设定【折弯半径】。

(3) 在【折弯系数】下，选择下列的选项：折弯系数表、K 因子、折弯系数或折弯扣除。如果选择了 K 因子或折弯系数，需要输入一个数值。

(4) 如果要释放槽切除被自动添加，需要选中【自动切释放槽】复选框，然后选择释放槽切除的类型。如果选择【矩形】或【矩圆形】，那么必须指定【释放槽比例】。

(5) 如有必要，在【切口参数】下选择要切口的边线，然后进行如下操作：

如果想反转切口的方向，就单击【更改方向】；如果想设定一间隙距离，就消除选中【默认缝隙】复选框，然后在【切口缝隙】框中键入数值。

(6) 单击 ![] (确定) 按钮，折弯被添加，零件被转换成钣金。

3. 编辑零件的所有折弯

钣金特征包含默认的折弯参数，SolidWorks 编辑整个零件的折弯参数，也就是编辑默认值。编辑整个零件的折弯的操作步骤如下。

(1) 在特征管理器中，右击钣金特征，在弹出的快捷菜单中选择【编辑定义】命令。

(2) 在【钣金】属性管理器中，改变默认折弯半径、选择不同的边线或面来改变固定边线或面、设置折弯系数和自动切释放槽等。

(3) 单击 ![] (确定) 按钮，重建模型零件，则完成对整个零件折弯的编辑。

8.4.2 切口特征

该特征是生成一个沿所选模型边线的切口特征。生成切口特征可以采用以下方法：沿所选内部或外部模型边线；从线性草图实体；通过组合模型边线或单一线性草图实体。

虽然切口特征通常用在钣金零件中，但可将切口特征添加到任何零件。生成切口特征的操作步骤如下。

(1) 生成一个具有相邻平面且厚度一致的零件，这些相邻平面形成一条或多条线性边线或一组连续的线性边线。

(2) 利用草图绘制工具绘制通过平面的单一线性实体（在顶点开始并在顶点结束），如图 8-36 所示。

(3) 单击【钣金】工具栏中的 ![] (切口) 按钮，或选择菜单栏中的【插入】|【钣金】|【切口】命令，出现如图 8-37 所示的【切口】属性管理器。

第 8 章 钣金设计

图 8-36　零件及草图实体

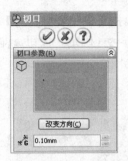

图 8-37　【切口】属性管理器

（4）在【切口参数】下面选择刚刚绘制的线性草图实体，如图 8-38 所示。

（5）如只要在一个方向插入一个切口，则单击在【要切口的边线】下列举的边线名称，然后单击【更改方向】按钮。

> 注释：根据默认，在两个方向插入切口。在每次单击【更改方向】时，切口方向都切换到一个方向，接着是另一方向，然后返回到两个方向。

（6）如果要更改缝隙距离，那么需要在更改切口缝隙 框中键入缝隙距离数值。

（7）单击 （确定）按钮，生成切口特征，如图 8-39 所示。

图 8-38　选择边线及草图实体

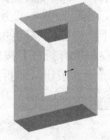

图 8-39　生成切口特征

8.4.3　展开与折叠

使用展开和折叠工具可在钣金零件中展开和折叠一个、多个或所有折弯。如果要在具有折弯的零件上添加特征，如钻孔、挖槽或折弯的释放槽等，就必须将零件展开或折叠。

1. 利用展开特征展开钣金

使用展开特征可在钣金零件中展开一个、多个或所有折弯，具体操作步骤如下。

（1）在钣金零件中，单击【钣金】工具栏中的 （展开）按钮，或选择菜单栏中的【插入】|【展开】命令，出现如图 8-40 所示的【展开】属性管理器。

（2）选择一个不因特征而移动的面作为固定面 ，选择一个或多个折弯作为要展开的折弯，或单击【收集所有折弯】按钮，选择零件中所有合适的折弯。

（3）单击 ✓（确定）按钮，即展开选定的折弯，如图 8-41 所示。

图 8-40 【展开】属性管理器

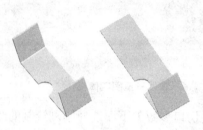

图 8-41 折弯的展开

2. 利用折叠特征折叠钣金

使用折叠特征可在钣金零件中折叠一个、多个或所有折弯。此组合在沿折弯上添加切除时很有用。具体操作步骤如下。

（1）在钣金零件中，单击【钣金】工具栏中的（折叠）按钮，或选择菜单栏中的【插入】|【折叠】命令，出现如图 8-42 所示的【折叠】属性管理器。

（2）选择一个不因特征而移动的面作为固定面，选择一个或多个折弯作为要折叠的折弯，或单击【收集所有折弯】按钮 来选择零件中所有合适的折弯。

（3）单击 ✓（确定）按钮，即折叠选定的折弯，如图 8-43 所示。

图 8-42 【折叠】属性管理器

图 8-43 折弯的折叠

8.4.4 切除折弯

在钣金折弯处生成切除特征的操作步骤如下。

（1）在现有的钣金零件上，展开钣金。

（2）在零件的平坦面打开一张草图，并绘制切除拉伸到折弯线的草图形状。

（3）单击【特征】工具栏中的 ▣（拉伸切除）按钮，或单击【插入】|【切除】|【拉伸】命令。

（4）在【终止条件】面板中，选择【完全贯穿】选项，并单击 ✓（确定）按钮。将零件恢复到折叠的状态，即完成钣金折弯的切除操作，如图 8-44 所示。

图 8-44　钣金折弯的切除

8.4.5　断开边角

"断开边角"工具是从钣金零件的边线或面切除材料。当钣金零件被折叠或展开时，可使用"断开边角"工具，如果在钣金零件处于展开模式时使用该工具，则 SolidWorks 在零件被折叠时会压缩断开边角。

在钣金零件上生成断开边角的操作步骤如下。

（1）在 SolidWorks 中生成钣金零件，如图 8-45 所示。

（2）单击【钣金】工具栏中的 ◳（断开边角）按钮，或选择菜单栏中的【插入】|【钣金】|【断开边角】命令，出现如图 8-46 所示的【断开边角】属性管理器。

图 8-45　原始零件　　　　图 8-46　【断开边角】属性管理器

（3）在图形区域中，选择需要断开的边角边线或法兰面 ◳，此时在图形区域中显示断开边角的预览。

（4）选择断开类型为 ◥（倒角）或 ◥（圆角），设定 ⟵D（距离）的数值。
（5）单击 ✓（确定）按钮，所选的边角被断开，如图 8-47 所示。

（a）加倒角的断开边角

（b）加圆角的断开边角

图 8-47 断开边角

8.4.6 放样的折弯

在钣金零件中可以生成放样的折弯。放样的折弯同放样特征一样，使用由放样连接的两个草图。基体法兰特征不能与放样的折弯特征一起使用，且放样的折弯不能被镜像。

要生成放样的折弯的操作步骤如下。

（1）生成两个单独的开环轮廓草图。

☞ 注意：两个草图必须符合准则：草图必须为开环轮廓；轮廓开口应同向对齐，以使平板型式更精确；草图不能有尖锐边线。

（2）单击【钣金】工具栏中的 ▥（放样的折弯）按钮，或者选择菜单栏中的【插入】|【钣金】|【放样的折弯】命令，会出现【放样的折弯】属性管理器。

（3）在图形区域中选择两个草图，确认选择想要放样路径经过的点，查看路径预览。

（4）如有必要，单击 ↑（上移）或 ↓（下移）图标来调整轮廓的顺序，或重新选择草图，将不同的点连接在轮廓上。

（5）为钣金零件设定厚度，如有必要可单击反向图标 ⇄。

（6）单击 ✓（确定）按钮，生成放样的折弯如图 8-48 所示。

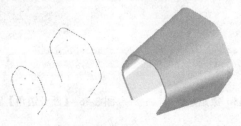

图 8-48 生成放样的折弯

8.5 综合实例：钣金零件

8.5.1 案例预览

（参考用时：30 分钟）

本节将利用前面所学的内容详细介绍如何建立如图 8-49 所示的钣金零件。

图 8-49 钣金零件

8.5.2 案例分析

本例首先是绘制基体法兰，然后绘制边线法兰，本例的重点是创建斜接法兰，此钣金零件的展开图如图 8-50 所示。

图 8-50 钣金零件展开图

8.5.3 常用命令

- 【基体-法兰】：【工具】|【钣金】|【基体法兰】菜单命令；【钣金】工具栏中的【基体-法兰】按钮 。
- 【边线法兰】：【工具】|【钣金】|【边线法兰】菜单命令；【钣金】工具栏中的【边线法兰】按钮 。
- 【斜接法兰】：【工具】|【钣金】|【斜接法兰】菜单命令，或者单击【钣金】工具栏中的【斜接法兰】按钮 。

8.5.4 设计步骤

1. 基体法兰

（参考用时：3 分钟）

（1）首先进入 SolidWorks，选择菜单栏中的【文件】|【新建】命令，并进入钣金零件设计状态。在特征管理器中选择前视基准面。

（2）选择【草图】工具栏中的 按钮，进入草图绘制界面，绘制如图 8-51 所示的直线，并标注图中直线的尺寸。

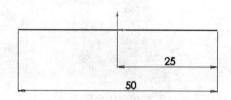

图 8-51　绘制草图并标注尺寸

（3）选择菜单栏中的【工具】|【钣金】|【基体法兰】命令，或者选择【钣金】工具栏中的 按钮，在出现的【基体法兰】属性管理器中设置各参数，如图 8-52 所示，即可得到如图 8-53 所示的效果，单击 按钮。

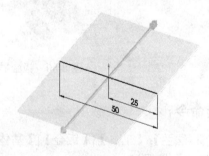

图 8-52　【基体法兰】属性管理器　　　图 8-53　基体法兰效果预览

（4）选择菜单栏中的【工具】|【钣金】|【断开边角】命令，或者选择【钣金】工具栏中的 按钮，在出现的【断开边角】属性管理器中设置各参数如图 8-54 所示，即可得到如图 8-55 所示的预览效果，单击 按钮。

图 8-54 【断开边角】属性管理器　　　图 8-55 断开边角预览

2. 边线法兰

（参考用时：3 分钟）

（1）选择菜单栏中的【工具】|【钣金】|【边线法兰】命令，或者单击【钣金】工具栏中的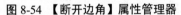（边线-法兰）按钮，选择外边线，在弹出的【边线-法兰】属性管理器中设置各参数，如图 8-56 所示，生成的预览效果如图 8-57 所示，单击 按钮。

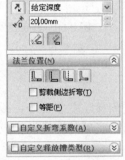

图 8-56 【边线-法兰】属性管理器　　　图 8-57 边线法兰预览

（2）选择钣金零件的底面作为参考面，选择【草图】工具栏中的 按钮，绘制如图 8-59 所示的二维草图，设置直线通过坐标原点。

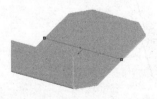

图 8-58 绘制二维直线草图

（3）选择菜单栏中的【工具】|【钣金】|【转折】命令，或者单击【钣金】工具栏中的 （转折）按钮，在出现的【转折】属性管理器中设置各参数，如图 8-59 所示，此时生成的钣金零件预览效果如图 8-60 所示。单击 ✓（确定）按钮，即可完成斜接法兰的生成。

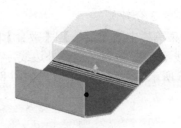

图 8-59 【转折】属性管理器　　　　图 8-60 转折效果预览

3. 斜接法兰

（参考用时：3 分钟）

（1）选择菜单栏中的【工具】|【钣金】|【斜接法兰】命令，或者单击【钣金】工具栏中的 （斜接法兰）按钮，如图 8-61 所示，选择底部外边线以生成与所选边线垂直的草图基准面。

（2）选择【草图】工具栏中的 按钮，进入草图绘制界面，利用相关草图绘制命令绘制草图，并标注其尺寸，如图 8-62 所示。

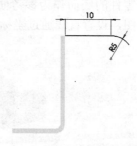

图 8-61 选择边线　　　　图 8-62 绘制二维草图

(3) 退出草图，并在【斜接法兰】属性管理器中设置各参数，如图 8-63 所示，此时生成的钣金零件预览效果如图 8-64 所示。单击 ✔（确定）按钮，即可完成斜接法兰的生成。

图 8-63 【斜接法兰】属性管理器　　　　图 8-64 斜接法兰预览效果

4. 展开

（参考用时：3 分钟）

(1) 选择菜单栏中的【工具】|【钣金】|【展开】命令，或者单击【钣金】工具栏中的 ↧（展开）按钮，在出现的【展开】属性管理器中设置各参数，如图 8-65 所示（固定面为底面，单击 收集所有折弯(A) 按钮，选择所有折弯），展开后的钣金零件如图 8-66 所示。

图 8-65 【展开】属性管理器　　　　图 8-66 钣金折弯展开效果

(2) 选择【草图】工具栏中的 ✐ 按钮，进入草图绘制界面，绘制如图 8-67 所示的直线，并标注图中直线的尺寸。

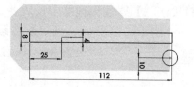

图 8-67 绘制二维草图

（3）选择【特征】工具栏中的 (拉伸切除) 按钮，在弹出的【切除-拉伸】属性管理器中设置【方向 1】面板为【完全贯穿】，如图 8-68 所示，单击 按钮，即可得到如图 8-69 所示的效果。

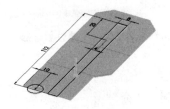

图 8-68 【切除-拉伸】属性管理器　　　图 8-69 切除拉伸效果

5. 折叠

（参考用时：3 分钟）

选择菜单栏中的【工具】|【钣金】|【折叠】命令，或者单击【钣金】工具栏中的 （折叠）按钮，在出现的【折叠】属性管理器中设置各参数如图 8-70 所示（固定面为底面，单击 收集所有折弯(A) 按钮，选择所有折弯），单击 （确定）按钮，得到折叠后的钣金零件，如图 8-71 所示。

图 8-70 【折叠】属性管理器　　　图 8-71 钣金折叠效果

6. 褶边

（参考用时：3分钟）

（1）选择菜单栏中的【工具】|【钣金】|【褶边】命令，或者单击【钣金】工具栏中的 （褶边）按钮，在弹出的【褶边】属性管理器中设置各参数如图 8-72 所示，其预览效果如图 8-73 所示，单击 （确定）按钮。

图 8-72 【褶边】属性管理器

图 8-73 钣金褶边效果

（2）选择菜单栏中的【插入】|【参考几何体】|【基准面】命令，或者单击【参考几何体】工具栏中的 （基准面）按钮，在弹出的【基准面】属性管理器中设置各参数如图 8-74 所示，生成的基准面如图 8-75 所示，单击 （确定）按钮。

图 8-74 【基准面】属性管理器

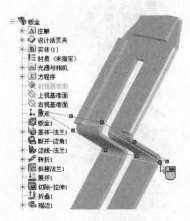

图 8-75 基准面预览

7. 斜接法兰

（参考用时：3分钟）

（1）选择菜单栏中的【工具】|【钣金】|【斜接法兰】命令，或者单击【钣金】工具栏中的 (斜接法兰) 按钮，如图 8-76 所示，选择外边线以生成与所选边线垂直的草图基准面。

（2）选择【草图】工具栏中的 按钮，进入草图绘制界面，利用相关草图绘制命令绘制如图 8-77 所示的草图并标注尺寸。

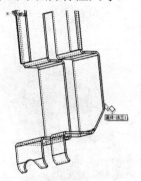

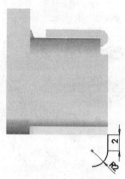

图 8-76　选择边线　　　　　　　　　图 8-77　绘制二维草图

（3）退出草图，并在【斜接法兰】属性管理器中设置各参数，如图 8-78 所示，此时生成的钣金零件预览效果如图 8-79 所示。单击 (确定) 按钮，即可完成斜接法兰的生成。

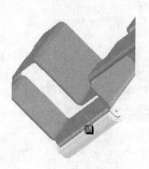

图 8-78　【斜接法兰】属性管理器　　　图 8-79　绘制二维草图

8. 镜像

（参考用时：3分钟）

（1）选择菜单栏中的【工具】|【特征】|【镜像】命令，或者选择【特征】工具栏中的 【镜像】按钮，在弹出的【镜像】属性管理器中设置各参数，如图 8-80 所示，单击 （确定）按钮，即可得到如图 8-81 所示的效果。

图 8-80 【镜像】属性管理器

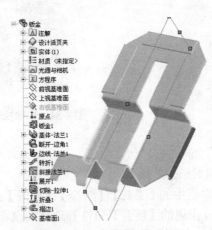

图 8-81 钣金镜像效果

（2）选择【草图】工具栏中的 按钮，进入草图绘制界面，利用相关草图绘制命令绘制如图 8-82 所示的草图，并标注尺寸。

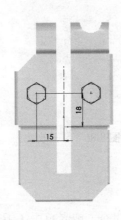

图 8-82 绘制二维草图

图 8-83 【切除-拉伸】属性管理器

(3) 选择【特征】工具栏中的 ▣（拉伸切除）按钮，在弹出的【切除-拉伸】属性管理器中设置【方向 1】面板为【完全贯穿】，如图 8-83 所示，单击 ✓ 按钮，即可得到如图 8-84 所示的效果。

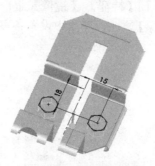

图 8-84　切除拉伸效果预览

9. 展开

（参考用时：3 分钟）

选择菜单栏中的【工具】|【钣金】|【展开】命令，或者单击【钣金】工具栏中的 ⬒（展开）按钮，在出现的【展开】属性管理器中设置各参数如图 8-85 所示（固定面为底面，单击 收集所有折弯(A) 按钮，选择所有折弯），展开后的钣金零件如图 8-86 所示。

图 8-85　【展开】属性管理器　　　图 8-86　展开效果

10. 折叠

（参考用时：3 分钟）

（1）选择菜单栏中的【工具】|【钣金】|【折叠】命令，或者单击【钣金】工具栏中的 ⬓（折叠）按钮，在出现的【折叠】属性管理器中设置各参数，如图 8-87 所示（固定面

为底面，单击 收集所有折弯(A) 按钮，选择所有折弯)，单击 ✓（确定）按钮，得到折叠后的钣金零件如图 8-88 所示。

图 8-87 【折叠】属性管理器

图 8-88 折叠效果

（2）在钣金零件设计树中右击，在弹出的快捷菜单中选择【解除压缩】命令，如图 8-89 所示，即可得到如图 8-90 所示的钣金零件。

图 8-89 钣金零件设计树快捷菜单

图 8-90 钣金零件展开效果

8.6 本章小结

SolidWorks 提供了顶尖的、全相关的钣金设计能力。在 SolidWorks 中可以直接使用各种类型的法兰、薄片等特征，使正交切除、角处理以及边线切口等钣金操作变得非常容易，可以直接按比例进行放样折弯、圆锥折弯、复杂的平板型式的处理。

SolidWorks 中钣金设计的方式和方法与零件设计的完全一样,用户界面和环境也相同,而且可以在装配环境下进行关联设计;自动添加与其他相关零部件的关联关系,修改其中一个钣金零件的尺寸,其他与之相关的钣金零件或其他零件会自动进行修改。

钣金件通常都是外部围绕件或包容件,需要参考别的零部件的外形和边界,才能设计出相关的钣金件,从而达到对其他零部件的修改变化会自动影响钣金件变化的效果。

SolidWorks 的二维工程图可以生成成型的钣金零件工程图,也可以生成展开状态的工程图,还可以把两种工程图放在一张工程图中,同时可以提供加工钣金零件的一些过程数据,生成加工过程中的每个工程图。

思考与练习

1. 在 SolidWorks 钣金设计中常用的基本术语有哪几种?
2. 零件在生成折弯时,给定折弯系数需要遵守什么原则?
3. 零件转换为钣金特征时,在特征管理器中有几个特征?分别是什么?
4. 生成斜接法兰时,斜接法兰的草图必须遵循什么条件?
5. 在 SolidWorks 中绘制如图 8-91 所示的钣金零件。

图 8-91　钣金零件及其展开图

第 9 章 渲 染 设 计

【本章导读】

本章主要介绍了 PhotoWorks 的基础知识（PhotoWorks 也是一个独立的模块），介绍如何添加材质、如何改变布景、如何贴图以及如何将图片输出。在做产品设计时一个好的渲染设计，能增加产品的卖点。希望读者能够熟悉此模块，渲染出漂亮的产品。

序号	名称	基础知识参考学时（分钟）	课堂练习参考学时（分钟）	课后练习参考学时（分钟）
9.1	渲染设计的基本概念	30	0	0
9.2	材质	20	10	5
9.3	布景	20	10	5
9.4	光源	20	0	0
9.5	贴图	20	0	0
9.6	图像输出	10	0	0
9.7	综合实例：螺旋桨渲染	0	20	10
	总计	120	40	20

9.1 渲染设计的基本概念

渲染作为一个独立的模块存在于 PhotoWorks 中，下面简介 PhotoWorks 的启动、界面组成等相关基础知识。

9.1.1 启动 PhotoWorks

安装 PhotoWorks 以后，它并不会自动出现在 SolidWorks 用户界面中，而是要先加载 PhotoWorks 插件。

依次选择【工具】|【插件】命令，从如图 9-1 所示的【插件】对话框中选中 PhotoWorks，单击【确定】后即可将 PhotoWorks 载入。

图 9-1 【插件】对话框

9.1.2 用户界面

PhotoWorks 与 SolidWorks 使用同一个界面,其中略有不同,增加了新的菜单、工具栏和渲染管理设计树。

1. PhotoWorks 菜单

启动 PhotoWorks 后,用户可以通过 PhotoWorks 菜单获得 PhotoWorks 的所有功能,如图 9-2 所示。

图 9-2 PhotoWorks 菜单

2. PhotoWorks 工具栏

当激活零件或装配窗口时，系统将显示 PhotoWorks 工具栏，如图 9-3 所示。

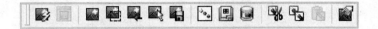

图 9-3　PhotoWorks 工具栏

3. PhotoWorks 渲染管理设计树

PhotoWorks 在设计树上新增加了一个新的渲染管理设计树图标，如图 9-4 所示。PhotoWorks 渲染管理设计树显示了与激活的零件和装配体相关的材质、贴图和布景，指明了产品设计中各个几何体所添加的材质与贴图。

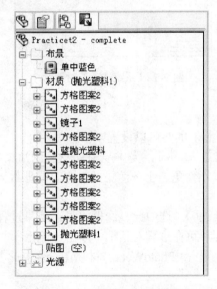

图 9-4　渲染管理设计树

通过 PhotoWorks 渲染管理设计树，可以理解材质和贴图作用于模型的方式；选择并编辑与模型相关的材质和贴图；在零部件、特征和模型表面之间变换材质和贴图。

9.1.3　渲染选项

渲染选项用于自定义渲染操作。选择下拉菜单中的 PhotoWorks|【选项】或者单击 PhotoWorks 工具栏上的【工具】按钮，即可打开【系统选项】对话框，如图 9-5 所示。

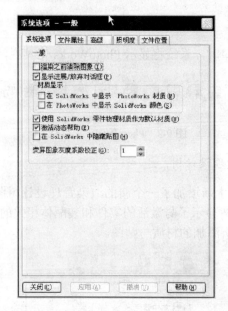

图 9-5 【系统选项】对话框

1. 系统选项

在【系统选项】选项卡上，主要可以设置以下选项。

➤ 【渲染之前清除图像】：选中此复选框会在每次新的渲染前消除 SolidWorks 图形区域。取消此复选框以增量更新上一渲染并可更容易地看到对材质、光源等所作更改的影响。

➤ 【显示进展/放弃对话框】：选中此复选框将显示渲染过程中的进展对话框。在任何时候要中断渲染过程，可在进程对话框中单击"停止"。

➤ 【在 SolidWorks 中显示 PhotoWorks 材质】：选中此复选框在渲染模型时使用 SolidWorks 材质属性。

➤ 【在 PhotoWorks 中显示 SolidWorks 颜色】：选中此复选框将在渲染模型时使用 SolidWorks 颜色。

➤ 【使用 SolidWorks 零件物理材质作为默认材质】：选中此复选框在渲染模型时使用 SolidWorks 物理材质。

➤ 【激活动态帮助】：选中此复选框在 SolidWorks FeatureManager 设计树中激活动态帮助为另一标签。

➤ 【在 SolidWorks 中隐藏贴图】：贴图在添加时可见，但当关闭贴图特征管理器时，贴图将隐藏（除非在渲染时）。

➤ 【荧屏图像灰度系数校正】：灰度系数校正为校正输出，以补偿输出设备的过程。

输出为渲染的图像,输出设施通常为监视器或打印机。由于图像通过监视器的显示丢失某些明亮度,因此需要灰度系数以妥善显示图像。

2. 文件属性

在【文件属性】选项卡上,可以调整生成文件时的渲染品质,主要有如下属性。
- 反走样品质:有些渲染的图像包含"楼梯形"(应是平滑却为对角线的可见规则阶梯)、"捆缚"(其宽度定时规则但不正确变更的细线)或其他走样人工效果。通过此选项可以消除这些图形的走样。
- 光线跟踪:选中【激活自定义设定】复选框为每个文件设定光线跟踪深度。光线跟踪深度决定 PhotoWorks 在光线碰到反射或折射对象时如何处理光线。
- 内存管理:选中【激活内存设定】复选框来控制渲染过程所使用的内存量。

3. 高级

轮廓渲染:轮廓渲染允许渲染模型的轮廓以及模型本身,之后的图像使用【渲染模型和轮廓】选项进行渲染。轮廓线为白色。

4. 照明度

在【照明度】选项卡上可以调整与光源相关的一些属性。
- 间接照明度:选中此复选框将允许模型的间接照明。当照明的模型将光线反射到模型或布景的其他实体上时,则发生间接照明。
- 焦散线:选中此复选框将允许模型的焦散效果。焦散效果为间接照明的结果。光从一光源发射,经过一个或多个光泽反射或透射,碰到一散射物体,然后发射给观阅者。若想让焦散效果出现,必须为材质和光源额外设定选项。
- 整体照明度:选中此复选框将允许模型的整体照明效果。整体照明度还包括除了由焦散效果所引起之外的所有形式的间接照明。整体照明度通常影响布景中的大部分物体。若想让整体照明度效果出现,必须为材质和光源额外设定选项。

5. 文件位置

- 激活的文件夹:激活的自定义文件夹。即使材质文件在其原有位置存在,PhotoWorks 将先在此文件夹使用材质文件,这将允许在交换文件夹时为模型使用相同名称,切换到不同的材质。
- 文件位置:可为 PhotoWorks 软件设定额外文件夹,以便在一材质、布景或贴图文件不能找到时进行搜索。

9.1.4 渲染的基本流程

在 PhotoWorks 对模型进行渲染时,所需要的步骤基本上是相同的。模型的基本渲染流程如下。

(1) 放置模型:将需要渲染的模型放置在设计环境的恰当位置上。
(2) 应用材质:指定材质和任何贴图。
(3) 设置布景:选择一布景或环境。
(4) 设置光源:选择光源效果,渲染以测试光源。
(5) 精细调整:通过调整光源效果、整体照明度、间接照明度、焦散线、图像品质、折射(对于透明物体)、反射(对于反射物体)、反走样等属性,完成产品的渲染。
(6) 最终渲染:通常设定高反走样以生成高品质图像。
(7) 选择输出:PhotoWorks 的渲染图像既可以输出为电子文件,也可以直接进行打印,用户可以在输出图像时确定文件的类型、大小和分辨率。

9.1.5 预览窗口

预览窗口显示了对当前设置修改的预览图像,可使用预览对话框快速预览材质、布景及贴图。

通过单击 PhotoWorks 工具栏上的工具按钮 ,即可打开【系统选项】对话框。在【系统选项】选项卡上,选择显示预览对话框。预览对话框包括以下几项。

- 【几何体】菜单。从预览对话框中,单击几何体,然后选择 5 个简化的几何实体之一:立方体、基准面、圆柱、球面及环面。所选项目旁带有复选符号并出现在菜单及预览更新中。
- 【成分】菜单。从预览对话框中,选择以下项目之一:反射系数、透明度、分布方式、贴图、布景、光源图标及阴影。取消选中【成分】复选框将之关闭。
- 【渲染】菜单。通过【渲染】菜单可决定 PhotoWorks 如何在预览对话框中渲染图像。可在提供更快性能的选项和提供更精确预览的选项之间进行选择。
- 【预览窗口】工具栏。通过预览工具栏来影响预览对话框中图像的大小和方向,可渲染图像并保持对话框打开。

9.2 材 质

材质影响模型表面对光线起作用的方式,可以在零件、特征或者模型表面应用材质。

9.2.1 材质编辑器

材质的应用主要通过材质编辑器,用户可以控制应用于模型、特征或表面的材质和材质属性。

单击 PhotoWorks 工具栏上的【材质】工具按钮 ，或单击 PhotoWorks|【材质】,或在渲染特征管理器上右击一材质,然后选择【编辑】,或双击材质,打开【材质】属性管理器及预览对话框,如图 9-6 所示。

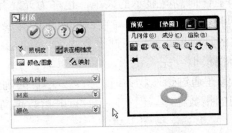

图 9-6 【材质】属性管理器

1. 照明度

在【材质】属性管理器上切换到【照明度】面板,如图 9-7 所示。

图 9-7 【照明度】面板

在【照明度】面板上,在材质类型清单中可以选择异向性、汽车漆、圆形异向性、导体、恒定、带贴图切孔等多种样式。

在上半部用于设定基本的照明度属性。可用的属性依赖所选的材质类型而定。

- 出样率:控制计算光亮零部件基值的样本数。增加出样率可减少人工效果但增加计算时间。在材质类型为缎料抛光、精确反射被选取且光亮不是零时可供使用。
- 环境光源:估算从各个方向照明表面而无衰减系数或阴影的光源强度。

- 散射度：控制表面上光源的强度。此属性依赖于其与光源的角度而独立于观察者的位置。
- 光泽度：控制表面上光源的强度。此属性依赖于光源的位置及观察者的位置。
- 光亮：控制材质的反射度。增加光亮值可使反射度更可见。光亮反射模糊，模糊量依赖于粗糙度。光亮还控制光在表面上的强度，这依赖于光源的位置及观察者的位置。
- 粗糙度：控制表面上任何高亮显示的大小，也称为光泽光强度。

在下半部设定高级照明度属性。可用的属性依赖所选的材质类型而定。
- 反射度：控制材质的反射度。如果属性设置为无，表面上将无反射可见。如果属性设置为完整，材质将模拟一完美镜子。
- 折射指数：控制光源在通过透明物体时的折弯。尽管的确依赖于所输入的透明材质和退出的材质之间的指数比率，但实际上，折射指数越高，光源折弯越多。典型的数值为：空气 1.0、水 1.33、玻璃 1.44。
- 透明度：控制材质允许光源通过的度数。
- 透射度：控制表面通过自身传送光源的度数。
- 半透明：控制材质能够过滤并散射光源的度数。
- 孔的密度：控制侵蚀和腐蚀材质中网格孔的大小和密度。

2. 表面粗糙度

在【材质】属性管理器上切换到【表面粗糙度】面板，如图 9-8 所示。通过此面板可以调整表面粗糙度。

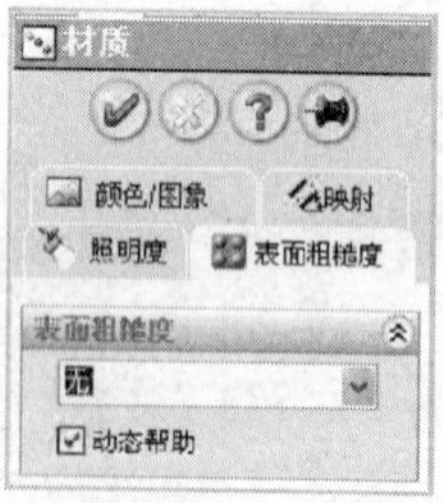

图 9-8 【表面粗糙度】面板

在【表面粗糙度】面板上，可选择的样式如下。
- 无：材质上无表面粗糙度应用。
- 从文件：根据图像文件应用图案。
- 铸造：应用不规则的铸造图案。
- 粗糙：应用粗糙、不均匀的图案。
- 防滑沟纹平板：应用规则的防滑沟纹平板图案。
- 酒窝形：应用规则的酒窝形图案。
- 滚花形：应用规则的滚花形图案。

在不同的样式下，可以调整相应的属性，具体如下。
- 高低幅度：设定隆起的高低幅度。
- 比例：设定隆起的大小。
- 细节：设定隆起中的系列层次。
- 清晰度：影响隆起的形状。将滑杆设定到清晰，以使用原有的隆起映射。将滑杆设定到平滑，以过滤隆起映射中的细节。

- 混合:控制每一个隆起与表面间的界限范围。
- 半径:控制相邻隆起的相对大小和间距。此属性只可为防滑沟纹平板及酒窝形样式使用。

9.2.2 材质库

PhotoWorks 提供带有数个预定义材质的材质库。此外,材质库可包含在 PhotoWorks 中创建的自定义材质。

1. 材质类型

材质定义物体表面的外观,并决定如照明度、反射和透明度之类的表面属性。几何模型的典型材质使用由其环境、散射及光泽属性所指定的简单、统一的颜色。实景物体几乎从无统一的颜色。它们像木材、石材或织物,或者它们有贴图、文字或泥垢。

材质类型一般有如下三种类型。

(1)2D 纹理映射:基于图像文件并可无限伸展和折叠。2D 纹理看起来绕物体缩小包覆,像墙纸一样,其边线与墙纸匹配。

(2)程序(3D 纹理):以 3D 定义,使物体看起来似乎从纹理切开来,尽管纹理只在表面。3D 纹理在三维空间中为每个点定义颜色。

(3)混杂:可重复的图案,如瓷砖和木材,可在此指定图案中(而非另一图案图像)的颜色。

2. 材质文件夹

材质库分成不同的文件夹及材质的子文件夹。默认文件夹及子文件夹包含一系列材质,材质库的主文件夹和子文件夹如下。

- 塑料:高光泽、带纹理、透明塑料、缎料抛光、EDM、带图案、复合、网格。
- 金属:钢、铬、铝、青铜、黄铜、红铜、镍、锌、镁、铁、钛、钨、金、银、白金、铅、电镀。
- 油漆:汽车、喷射、电喷漆层。
- 橡胶:无光泽、光泽、纹理。
- 玻璃:光泽、带纹理。
- 织物:棉布、地毯。
- 有机:木材、水、天空、其他。
- 石材:铺路石、粗陶瓷、砖块、建筑。
- 其他:相室材质、图案。

3. 自定义材质

通过修改预定义的材质并在材质库的自定义文件夹中保存材质，可以添加自定义材质。材质的定义及保存都在【管理程序】选项卡下操作。

9.3 布　　景

PhotoWorks 布景是渲染图像中除模型以外所看到的物体，由前景、背景和背景图像组成。为了提高最初渲染的效率和简便性，PhotoWorks 预定义了不同类型的布景，建构了最基本的布景库，通过布景编辑器进行管理。

9.3.1 布景编辑器

使用布景编辑器从布景库中选择并编辑布景。

单击 PhotoWorks 工具栏上的【布景】工具按钮，或单击 PhotoWorks|【布景】，或在渲染管理设计树上右击一布景后选择编辑布景，或者双击其中一个布景，即可打开【布景编辑器】对话框，如图 9-9 所示。

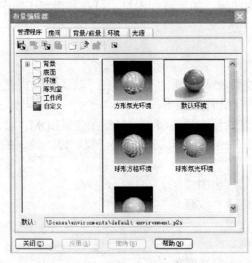

图 9-9 【布景编辑器】对话框

1. 管理程序

使用布景编辑器的【管理程序】选项卡从 PhotoWorks 布景库选择、复制、剪切并粘贴布景。

布景编辑器的【管理程序】选项卡包括以下要素。

- 工具栏：便于复制材质、保存材质等。
- 布景树：以树视图显示不同的材质文件夹。预定义的文件夹为黄色，自定义的文件夹为蓝色。
- 布景选择：为打开的布景文件夹显示布景为缩略图图像。

2. 房间

在布景编辑器中切换到【房间】选项卡，如图 9-10 所示，通过此选项卡，可以调整环境大小、位置等。

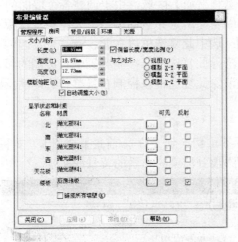

图 9-10 【房间】选项卡

在上半部分是【大小/对齐】区域，主要包括以下选项。

- 【长度】：控制方形布景中楼板的长度。
- 【宽度】：控制方形布景中楼板的宽度。
- 【保留长度/宽度比例】：选中此复选框来保留方形布景中楼板尺寸之间的比率。
- 【高度】：控制方形布景中墙壁的高度。
- 【楼板等距】：设定楼板相对于 SolidWorks 模型的位置。
- 【自动调整大小】：选中此复选框，PhotoWorks 将调整房间大小以适合模型。
- 【与之对齐】：设定房间的对齐。选择以下之一。
    ◆ 【视图】：布景与模型后的视图对齐，这样楼板总为水平，且墙壁总为竖直。
    ◆ 【模型 X-Y 平面】、【模型 X-Z 平面】、【模型 Y-Z 平面】：布景与模型上的平面对齐，具体如图 9-11 所示。

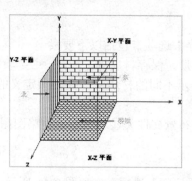

图 9-11 模型平面

在下半部是【显示状态和材质】区域,用于调整各个墙面的材质。

> 【材质】:观阅并编辑与所选布景的墙壁、天花板及楼板相关联的材质。
> 【链接所有墙壁】:选中此复选框以在北、南、东及西墙壁上使用同样材质。
> 【可见】:选中或消除此复选框以控制布景单独边侧的显示。
> 【反射】:选中或消除此复选框以控制布景单独边侧的反射。

3. 背景/前景

单击【背景/前景】标签可切换到【背景/前景】选项卡,如图 9-12 所示,通过此选项卡可将图像、颜色或纹理添加到渲染的布景的背景或前景。

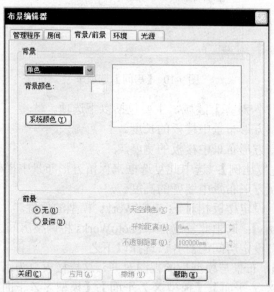

图 9-12 【背景/前景】选项卡

没被模型或布景所遮盖的区域称为背景,在最上方的【背景】区域可以调整此区域的样式。
- 【无】:设定黑背景。
- 【单色】:设定恒定的背景颜色。若想编辑背景颜色,单击颜色框然后从颜色调色板选择。
- 【渐变】:在出现在图像顶部和底部的两种背景颜色之间设定渐变混合色。若要编辑背景颜色,则单击上层颜色和下层颜色框,然后从颜色调色板中选择。
- 【图像】:从文件中显示背景图像。图像根据情况被放大、缩小或平铺,以套合 SolidWorks 图形区域。若想选择图像,则单击 浏览... 按钮,浏览图像。
- 【系统颜色】:从 SolidWorks 检索视区背景、上层渐变颜色和下层渐变颜色。在 SolidWorks 中,单击工具、选项、系统选项、颜色来设定这些颜色。

在【环境】部分即可调整布景的背景可见与否,并调整模型反射方式等属性。
- 无反射环境:布景的背景可见,不从模型反射。
- 激活反射环境:布景的背景可见,并从模型反射。
- 激活球形环境:布景的背景不可见,而从模型反射。背景图像扩展以球形方式包覆。如果在背景下选择缩放的图像或平铺的图像,则此选项可供使用。
- 激活方形环境:布景的背景不可见,而从模型反射。背景图像在围绕模型的虚拟立方体的 6 个边上表示。如果在背景下选择缩放的图像或平铺的图像,则此选项可供使用。

前景属性模拟空气稀薄的效果,在下面【前景】部分即可调整。
- 【无】:设定透明前景。
- 【景深】:增强布景中的深度信息。

4. 光源

单击【光源】标签可切换到【光源】选项卡,如图 9-13 所示,通过此选项卡可在布景中添加预定义的光源并控制整体阴影。

在上半部分【预先定义的光源】区域即可添加预定义光源。
- 【选择光源略图】:单击此按钮以将预定义的光源从光源库添加到布景。SolidWorks 文件的现有光源(除了环境光源外)被新的预定义的光源所替代。
- 【保存光源】:单击此按钮以保存当前的光源略图为 PhotoWorks 光源(.p2l)文件。

在下半部分【整体阴影控制】区域添加整体阴影,可增强渲染的图像的品质。
- 【无阴影】:光源无任何阴影显示。
- 【不透明】:所有光源有简单不透明阴影显示。
- 【透明】:所有光源有高品质阴影显示。在阴影计算过程中,透明材质被考虑在内。

选择【不透明】或【透明】,也可设定边线滑杆:

➢ 【边线】：粗硬的设定会使阴影的边缘较尖锐，细柔的设定会使阴影的边缘较平滑。
➢ 【边线品质】：低品质设定产生锯齿状阴影边界，高品质设定产生反走样阴影边界。

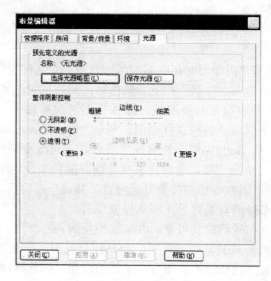

图 9-13 【光源】选项卡

9.3.2 布景库

PhotoWorks 提供带有数个预定义布景的布景库。此外，布景库可包含自定义的布景。布景库按包含相似布景的不同文件夹分组，每个布景储存在单一布景文件（.p2s）中。

1. 布景文件夹

为更快速和更有效地访问布景收藏，布景库按不同的文件夹分组。文件夹包含一系列在布景编辑器【管理程序】选项卡中由缩略图预览图像所代表的相似材质。

布景库的文件夹如下。
➢ 背景：包含 4 个预定义的背景样式。
  ◇ 单色背景颜色
  ◇ 渐变背景颜色
  ◇ 缩放的图像
  ◇ 平铺的图像
➢ 底面：包含带有不同相关联材质的预定义底面。底面为一特殊情形立方体展厅，其中只有地板可见并反射。
➢ 环境：包含带有不同相关联材质的立方体和球形的预定义环境。立方体和球形的边侧不可见但反射。
- 陈列室：包含带有不同相关联材质的预定义立方体展厅。4 个墙壁、天花板及地板可见并反射。
- 工作室：包含 PhotoWorks Studio 的布景。

2. 自定义布景库

通过修改预定义的布景并在布景库的自定义文件夹中保存布景，可以添加自定义布景。布景的定义及保存都在【管理程序】选项卡下操作。

9.4 光　源

使用适当的光源，可以极大地提高渲染的效果。光源的数量、位置、颜色以及其他属性在 SolidWorks 中添加和编辑，用户可以在 PhotoWorks 中进行一些附加控制来定义光源的质量和阴影。光源类型及光源的建立等已经在前面的章节进行了介绍。在 PhotoWorks 中各个光源都有自身独特的属性。

9.4.1 线光源属性

通过在特征管理器上右击其中的某个线光源，即可在弹出的快捷菜单中选择【属性】命令，从而打开【线光源】属性管理器，如图 9-14 所示。

图 9-14 【线光源】属性管理器

最上方的【基本】面板具有如下选项。
- 【在 PhotoWorks 中打开】：选中此复选框可在 PhotoWorks 布景中使用此光源。
- 【保持光源】：从布景编辑器中的【光源】选项卡打开预定义的光源时保持此光源。

在下面是【阴影】面板，具有如下选项。
- 【整体阴影】：为光源显示阴影。阴影的外观和品质由布景编辑器中的【光源】选项卡上的整体阴影控制所控制。
- 【无阴影】：光源无阴影显示。
- 【阴影打开】：为光源显示不透明阴影。

当【阴影打开】被选中时，有两个额外的选项。
- 【边线】：粗硬的设定会使阴影的边缘较尖锐。细柔的设定会使阴影带模糊边缘。
- 【边线品质】：低品质设定产生锯齿状阴影边界。高品质设定产生反走样阴影边界。

9.4.2 点光源属性

通过在特征管理设计树上右击其中的某个点光源，即可在弹出的快捷菜单中选择【属性】命令，从而打开【点光源】属性管理器，如图 9-15 所示。

图 9-15 【点光源】属性管理器

在最上方的【基本】部分，具有如下独特选项，其他选项与线光源相同。
- 【雾灯】：光被散射。
- 【雾浓度】：控制雾灯效果的明暗度。

在下面是【阴影】部分，具有的独特选项如下。

【雾品质】：当设定到低时，阻挡光源的物体将被忽略并不投射阴影，从而使性能更好。对于任何其他设定，计算体积阴影时会考虑阻挡光源的对象，由于计算使用数字积分，因此增加渲染时间。

9.4.3 聚光源属性

聚光源属性同样通过右击打开，聚光源属性与线光源相似，仅有如下独特属性。
- 【圆锥边线】：控制光源所发出的光线强度。
- 【聚光性】：控制光源强度的变化（从圆锥中心处的完整强度到圆锥以外的强度为0）。较低聚光性数值导致从完整强度转到突降。较高的聚光性数值导致大部分光源以完整强度照射。

9.4.4 光源库

PhotoWorks 提供带有数个预定义光源情形的光源库。若想选择一预定光源，则从布景编辑器上的【光源】选项卡上单击选择光源略图。

9.5 贴　　图

贴图是应用于模型表面的图像，在某些方面类似于应用在零件表面的纹理图形，并可以按照表面类型进行映射。一般的商标等图形即为贴图渲染。

单击 PhotoWorks 工具栏上的【新的贴图】工具按钮，即可打开【贴图】属性管理器，如图 9-16 所示，通过此属性管理器可以设置贴图。

图 9-16　【贴图】属性管理器

9.5.1 图像和掩码文件

【图像】选项卡在上半部用于显示、调整图像。
- 【贴图预览】:在窗口中显示贴图。
- 【图像文件路径】:显示图像文件路径。单击【浏览】按钮可选择其他路径和文件。

9.5.2 纹理映射

【贴图】属性管理器的【映射】选项卡控制贴图的位置、大小和方向,并提供渲染功能,如图 9-17 所示。

图 9-17 【映射】选项卡

1. 所选几何体

在装配体中，可以调整贴图在装配体零部件层和在零件文档层。同时，选择要放置贴图的几何体，包括：面、曲面、实体和特征。

2. 映射

通过【映射】部分调整映射的类型。
- 【标号】：也称为 UV，以一种类似于在实际零件上放置黏合剂标签的方式将贴图映射到模型面（包括多个相邻非平面曲面），此方式不会产生伸展或紧缩现象。
- 【投影】：将所有点映射到指定的基准面，然后将贴图投影到参考实体。
- 【球形】：将所有点映射到球面。
- 【圆柱形】：将所有点映射到圆柱面。

3. 大小/方向

【大小/方向】选项对所有映射类型均相同。
- 固定高宽比例。
- 将宽度套合到选择。
- 将高度套合到选择。
- 宽度：指定贴图宽度。
- 高度：指定贴图高度。
- 高宽比例（只读）：显示当前的高宽比例。
- 旋转：键入一个数值、移动滑块或在图形区域中拖动来指定贴图旋转角度。
- 水平镜像：水平反转贴图图像。
- 竖直镜像：竖直反转贴图图像。
- 重设到图像：将高宽比例恢复为贴图图像的原始高宽比例。

9.5.3 照明度

【照明度】选项卡用来选择贴图对照明度的反映，可以选择使用下遮的材质，也可以选择其他贴图材质。

9.5.4 贴图文件夹

在渲染管理器上有【贴图】项，右击后即可弹出相应的快捷菜单，如图 9-18 所示。

图 9-18 快捷菜单

9.6 图像输出

完成材质、布景、光源、贴图等的添加与修改就可以对零件与产品进行渲染，对相应的区域进行渲染，可以生成文件、打印图像。

9.6.1 渲染区域

在 PhotoWorks 工具栏上，可以渲染相应的区域，具体选择如下所示。
- 在 SolidWorks 图形区域渲染模型。
- 在 SolidWorks 图形区域中渲染部分模型。
- 在 SolidWorks 图形区域渲染所选区域。

9.6.2 图像输出到文件

单击 PhotoWorks 工具栏上的工具按钮【渲染到文件】，即可弹出【渲染到文件】对话框。具体设置如下选项。
- 【文件名】：为文件键入一名称。
- 【格式】：选择输出格式。
- 【图像大小】：设置输出的图像的大小。
- 【图像品质】：图像品质控制可为某些图像格式使用。

9.7 综合实例:螺旋桨渲染

光盘链接:

零件源文件——见光盘中的"\源文件\第 9 章\part9-7\"文件夹。

录像演示——见"avi\第 9 章\9-7 螺旋桨渲染.avi"文件。

9.7.1 案例预览

(参考用时:30 分钟)

本例是制作一个玩具直升飞机的简易螺旋桨部分,主要介绍对其整体的渲染设计,渲染结果如图 9-19 所示。

图 9-19 渲染结果

9.7.2 案例分析

此例主要介绍渲染设计的基本流程,学习光源的设置位置,重点需要读者掌握点光源的设置。

9.7.3 常用命令

- ➢ 【布景】:PhotoWorks|【布景】菜单命令;PhotoWorks 工具栏的【布景】按钮 。
- ➢ 【选项】:PhotoWorks|【选项】菜单命令;PhotoWorks 工具栏的【选项】按钮 。

9.7.4 设计步骤

1. 打开文件

(参考用时:1 分钟)

打开螺旋桨装配文件,将模型视图调整到【左右二等角轴测】视图,单击【视图】中的【透视图】,其他采用默认设置即可。

2. 布景设定

(参考用时: 3 分钟)

(1)单击 PhotoWorks 工具栏中的【布景】按钮,弹出【布景编辑器】对话框,如图 9-20 所示。

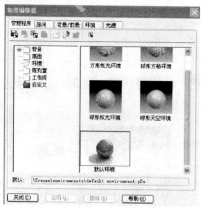

图 9-20 【布景编辑器】对话框

(2)单击【房间】标签,进入【房间】选项卡,如图 9-21 所示。将【链接所有墙壁】选中,同时【楼板】选择【会议室桌】;在【大小/对齐】中按如图 9-21 所示进行选择。同时选中【模型 X-Z 平面】单选按钮。其他均按图 9-21 所示进行选择。然后单击【应用】按钮,最后单击【关闭】按钮,这样就设定好布景了。

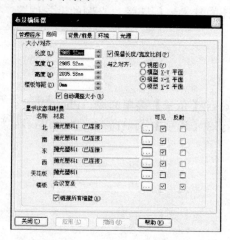

图 9-21 【房间】选项卡

第9章 渲染设计

3. 光源设定

（参考用时：5 分钟）

（1）删除线光源。在这里使用的均是点光源，但是将设计树中的【光源与相机】栏展开发现在装配体的设计树中系统默认的是线光源。这时应该主动删掉它，方法很简单，在设计树中右击线光源，在弹出的快捷菜单中选择【删除】命令即可。

（2）添加点光源。在设计树中将【光源与相机】栏展开，右击弹出快捷菜单，选中 添加点光源(B) 进行添加。在这里添加两个点光源。添加的点光源如图 9-22 所示。

图 9-22　点光源

（3）设定点光源。添加完毕点光源后就要对其进行设置，先对点光源 1 进行设置。右击弹出一个快捷菜单，如图 9-23 所示。选择【属性】，将会弹出【点光源 1】属性管理器，具体设置情况如图 9-24 所示。设置完毕单击 ✓ 确定即可。

点光源 2 的设置与点光源 1 相同，【点光源 2】属性管理器的设置如图 9-25 所示。

图 9-23　快捷菜单　　图 9-24　【点光源 1】属性管理器　　图 9-25　【点光源 2】属性管理器

设定完后我们可以先渲染一下，看一看效果。

4. 阴影设定

（参考用时：2 分钟）

在现实生活中，因为光是发散的，所以我们所看见的影子的边缘都是模糊的，而不是像现在渲染的那样。下面来处理一下。

单击 PhotoWorks 工具栏中的【布景】按钮，弹出【布景编辑器】对话框，单击【光源】，如图 9-26 所示。在【整体阴影控制】中选中【不透明】单选按钮，其余设置如图 9-26 所示。然后单击【应用】，最后单击【关闭】，这样阴影就设定好了。

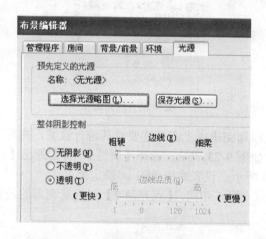

图 9-26 【光源】选项卡的设置

5. 最终设定

（参考用时：3 分钟）

为了达到最佳的渲染效果，在最终渲染之前还要做一些必要的设置。

单击 PhotoWorks 工具栏中的【选项】按钮，如图 9-27 所示。弹出【系统选项】对话框，如图 9-28 所示。打开【文件属性】选项卡，如图 9-29 所示。将【反走样品质】设定为【中】，反射数设置为"1"，折射数设置为"0"。其他设置请参看图 9-29。

注意：因为本例并没有透明材料，所以折射数设置为"0"。

图 9-27 PhotoWorks 工具栏

第 9 章 渲染设计

图 9-28 【系统选项】选项卡的设置

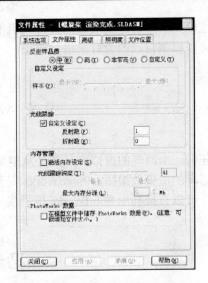

图 9-29 【文件属性】选项卡的设置

6. 渲染

（参考用时：6 分钟）

渲染的准备工作结束，下面开始渲染。

（1）局部渲染。单击【局部渲染】按钮，选择要渲染的区域进行渲染，结果如图 9-30 所示。

图 9-30 局部渲染

（2）渲染。单击【渲染】按钮，进行整体渲染，结果如图 9-31 所示。

图 9-31 渲染

这样，一个有金属质感的直升飞机的螺旋桨的图就渲染完毕了，当然，读者在练习的时候可以根据自己的爱好来进行渲染。

9.8 本章小结

任何一个漂亮的虚拟产品都是从渲染中走出来的，PhotoWorks 软件用于渲染产品，可产生逼真的渲染效果图。PhotoWorks 完全集成于 SolidWorks，两者实现无缝集成。通过此插件，可以直接利用 SolidWorks 模型生成真实效果图。

思考与练习

1. 如何加载 PhotoWorks 插件？
2. 贴图与材质的最大区别是什么？
3. 有哪几种光源种类？请分别简单介绍。
4. 输出图像时可以设置哪些选项？
5. 打开光盘中的"Travel Mug.sldpr"，对现有模型进行渲染。最终结果如图 9-32 所示。

图 9-32 渲染结果